普通高等教育"十三五"规划教材

无机化学与
分析化学实验

WUJI HUAXUE YU FENXI HUAXUE SHIYAN

李巧玲　主编

李延斌　景红霞　段红珍　副主编

U0205755

化学工业出版社

·北京·

《无机化学与分析化学实验》根据大学化学实验教学的基本要求，结合多年实验教学改革成果编撰而成。本着"加强基本操作训练、加强基础实验、注重培养学生的思维能力和创新精神，培养化学、化工、材料领域的复合型应用技术人才"的原则，把无机化学实验和分析化学实验结合起来。

　　全书共 6 章，主要内容包括无机化学与分析化学实验的目的、方法、成绩评定等；化学实验基础知识：实验室安全规则、废物的处理、实验室常用仪器及基本操作、实验数据的表达与处理等；无机化学实验（基础训练）部分，共 18 个实验；分析化学实验（基础训练）部分，共 19 个实验；综合实验和研究性实验，共 25 个实验；附录。本书在编写时博采众长，注重对学生创新精神和科研能力的培养，同时关注化学学科发展的前沿领域。

　　《无机化学与分析化学实验》可作为化学、化工、材料、生物以及环境工程等相关专业实验课教材，也可作为相关领域科学研究人员的实用参考书。

图书在版编目（CIP）数据

无机化学与分析化学实验/李巧玲主编 . —北京：
化学工业出版社，2020.3（2024.8重印）
　普通高等教育"十三五"规划教材
　ISBN 978-7-122-36158-5

　Ⅰ.①无…　Ⅱ.①李…　Ⅲ.①无机化学-化学实验-
高等学校-教材②分析化学-化学实验-高等学校-教材
Ⅳ.①061-33②0652.1

中国版本图书馆 CIP 数据核字（2020）第 023496 号

责任编辑：刘俊之
责任校对：张雨彤　　　　　　　　　装帧设计：韩　飞

出版发行：化学工业出版社（北京市东城区青年湖南街 13 号　邮政编码 100011）
印　　装：北京科印技术咨询服务有限公司数码印刷分部
787mm×1092mm　1/16　印张 13　字数 325 千字　　2024 年 8 月北京第 1 版第 5 次印刷

购书咨询：010-64518888　　　　　　售后服务：010-64518899
网　　址：http://www.cip.com.cn
凡购买本书，如有缺损质量问题，本社销售中心负责调换。

定　　价：29.00 元

前言

化学实验教育既是传授知识与技能、训练科学思维、提高创新能力、全面实施化学素质教育的有效形式，又是建立与发展化学理论的"基石"与"试金石"。当代化学学科的发展突飞猛进，学科之间的交叉与渗透，研究领域的拓宽与应用周期的缩短，都要求高校培养出的大学生具有较强的动手、动脑的综合素质及与这个时代相适应的创新精神和应变能力。有必要对化学实验内容进行改革，强化以提高学生创新精神和实践能力为主的新体系与新内容。

《无机化学与分析化学实验》是在继承中北大学化学系基础化学实验教材的基础上，并参阅了校外同类实验教材，充分吸收近年来化学研究和实验教学改革的成果，主要按照以下原则编排和修订：

1. 将无机化学实验和分析化学实验的基础训练部分分开编写，更有利于实验与化学基础理论课程的衔接；

2. 根据学科发展，对实验内容进行必要的增减和修改；

3. 增加一些新的开放实验、综合实验和研究性实验项目，使基础实验教学与学生综合能力培养相结合。

本着学生掌握知识循序渐进的原则，将实验内容按"无机化学实验基础训练部分""分析化学实验基础训练部分"和"综合、研究性实验部分"三个教学单元进行重组与编排，剔除重复内容，增加了在生活、生产中的实际应用性实验和热点领域的研究性实验，突出了对学生"三基"（基本理论、基本操作、基本技能）能力培养与训练的特点，使选材更贴近科研与生产实践，并力求体现"绿色"化学的教育思想。使用本教材时，可以根据教学进度和教学大纲的要求进行取舍、组合，不必拘泥于教材的编写顺序。

全书共有六章。以无机化合物的制备与物质的组成、含量和特性分析为主。本书由李巧玲任主编，李延斌、景红霞、段红珍任副主编；全书由李巧玲教授统稿。高晓峰教授担任全书的主审工作，对书稿提出宝贵的意见与建议，特此致谢。

借本书出版之际，对多年来为此系列实验教材做出贡献的中北大学化学系从事实验教学的教师和实验技术人员表示最诚挚的谢意；特别感谢参与前面系列实验教材编写的各位老师的大力支持和无私奉献。也向中北大学全体参与基础化学实验教学与改革工作的教师以及支持该项工作的各级领导和广大师生表示深切的谢意。

由于水平有限，经验不足，本书难免存在不足之处，敬请读者指正。

《无机化学与分析化学实验》编写组

2019 年 12 月

目录

第1章

绪 论

1.1 学生实验守则

（1）学生必须在规定时间内参加实验，不得迟到，迟到 10 分钟以内给予批评教育，10 分钟以上者，取消本次实验资格。累计三次迟到者，记"实验成绩不及格"，不能参加该课程考试。

（2）学生在进行实验之前，必须作好预习，熟悉实验指导书规定的实验内容；进入实验室后，要听从指导教师的指挥，严格按照各种仪器设备操作规程、使用方法和注意事项进行实验。要特别注意易燃易爆物、有毒有害、腐蚀性等危险特性的化学品和贵重仪器的保管和使用，严防事故发生。

（3）在实验过程中要集中精力、认真操作、仔细观察、做好记录，以达到巩固理论、培养独立分析和解决问题能力的目的。

（4）在实验中若发现仪器设备有损坏或异常现象时，应立即关闭仪器设备电源，停止操作，保持现场，并马上将详细情况向指导教师报告，待查明原因并作出妥善处理后，方可继续进行实验。

（5）实验完毕后，要关闭实验室内的电源和水源，要把实验用的工具、器材等整理好，当面向主管人员交代清楚，要取得主管教师同意后，方可离开实验室。

（6）要爱护实验室的一切财物。凡与本次实验无关的仪器设备和物品，一律不准动用，更不准在实验期间利用仪器设备和物品做与本次实验无关的事情。

（7）实验室的一切物品，未经主管人员同意，不得擅自搬动或带出实验室。如有违者，除退还所带物品外，根据情节给予批评或处分。

（8）如有特殊原因未能按时参加实验者，经教师同意后可以补做。无故不参加者，以旷课论处。

（9）因病、事假而耽误 1/4 以上实验课的同学，必须在课程考试之前补做，否则不能参加该课程的考试。

（10）实验室要保持清洁卫生，不得高声喧哗和打闹，不准吸烟，不准随地吐痰。实验完毕后，值日学生要协助搞好实验室卫生。

（11）在实验室进行实验的学生，必须遵守本规则，否则实验教师有权停止其参加实验。对损坏的仪器设备，要按规定予以赔偿。

1.2 大学化学实验课程的目的

随着世界科学技术的飞速发展，现代化学的发展已进入到理论与实践并重的阶段。在我国高等教育进入大众化教育的背景下，在全面推进通识和素质教育的形势下，大学化学实验作为高等理工科院校化工、材料、环境、生物等工程专业的主要基础课程，是培养学生动手和创新能力的重要课程。本书将实验内容按"无机化学实验基础训练部分""分析化学实验基础训练部分"和"综合、研究性实验部分"三个教学单元进行重组与编排，增加了在生活、生产中的实际应用型实验和热点领域的研究性实验，按照基本化学原理，化合物制备、合成、结构、性能的基本关系和化学实验技能培养重新组织实验课教学。

本课程以包含基本原理、基本方法和基本技术的化学实验作为素质教育的媒体，通过实验教学过程达到以下目的：

以基本知识→基础训练实验部分→综合、设计与研究性实验三个层次的实验教学，模拟化学知识的产生与发展为化学理论的基本过程，培养学生以化学实验为工具获取新知识的能力。经过严格的实验训练后，使学生具有一定的分析和解决较复杂问题的实践能力、收集和处理化学信息的能力、文字表达实验结果的能力，培养学生的科学精神、创新意识和创新能力以及团结协作的精神。

1.3 大学化学实验课程的要求

为了达到上面提出的课程目的，规范实验教学过程，学生应在以下环节严格要求自己。

1.3.1 实验前的预习

弄清实验目的和原理、仪器结构、使用方法和注意事项、药品或试剂的等级、物化性质（熔点、沸点、折射率、密度、毒性等数据）。实验装置、实验步骤要做到心中有数，避免边做边翻书的"照方抓药"式实验。实验前认真写出预习报告。预习报告应简明扼要，但切忌照抄书本。实验过程或步骤可以用框图或箭头等符号表示（参照实验报告格式例 1～例 3）。

1.3.2 学习方法

本教材所选的基本实验是经过多年教学实践验证过，内容较为成熟，因而容易得出预期的结果。但不要认为生产或科研中的实际问题都可以如此顺利地解决，应当多问几个为什么。对于性质和表征实验，要搞清楚化合物的性质和相关的表征手段，这些手段基于什么理论和原理，以及表征方法的使用条件和局限性。对于综合、设计和研究性实验，重在培养创新和开拓以及综合应用化学理论和知识的能力，对这部分实验，首先要明确需要解决的问题；然后根据所学的知识（必要时应当查阅文献资料）和实验室能提供的条件选定实验方法，并深入研究这些方法的原理、仪器、实验条件和影响因素，以此作为设计方案的依据；最后写成预习报告并和指导教师讨论、修改、定稿后即可实施。本书所选的题目较为简单，目的是给学生在"知识"和"应用"之间架设一座"能力"的桥梁。

1.3.3 实验过程与记录

为培养学生严谨的科学研究精神，在需要等待的时间内不能做其他事情，要养成专心致志的观察实验现象的良好习惯。善于观察、勤于思考、正确判断是能力的体现。实验过程中要准确记录并妥善保存原始数据，不能随意记在纸片上，更不能涂改。对可疑数据，如确知原因，可用铅笔轻轻圈去，否则宜用统计学方法判断取舍，必要时应补做实验核实，这是科学精神与态度的具体体现。实验结束后，请指导教师签字，留作撰写实验报告的依据。

1.3.4 实验报告

实验报告不仅是概括与总结实验过程的文献性资料，而且是学生以实验为工具，获取化学知识实际过程的模拟，因而同样是实验课程的基本训练内容。实验报告从一定角度反映了一个学生的学习态度、实际水平与能力。实验报告的格式与要求，在不同的学习阶段略有不同，但基本应包括：实验目的、实验简明原理、实验仪器（厂家、型号、测量精度）、药品（纯度等级）、实验装置（画图表示）、原始数据记录表（附在报告后）、实验现象与观测数据。实验结果（包括数据处理）用列表或作图形式表达并讨论。

处理实验数据时，宜用列表法、作图法，具有普遍意义的图形还可以回归成经验公式，得出的结果应尽可能地与文献数据进行比较。通过这种形式培养学生科学的思维模式，提高学生的文献查阅能力和文字表达能力。

对实验结果进行讨论是实验报告的重要组成部分，往往也是最精彩的部分。包括实验者的心得体会（是指经提炼后学术性的体会，并非感性的表达），做好实验的关键所在，实验结果的可靠程度与合理性评价，实验现象的分析和解释等，提出实验的改进意见，或提出另一种更好的路线等。注重培养学生思考和分析问题的习惯，尤其是培养发散性思维和收敛思维模式，为具有真正的创新性思维打下基础。

实验结束后，应严格地根据实验记录，对实验现象作出解释，写出有关反应方程式，或根据实验数据进行处理和计算，作出相应的结论，并对实验中的问题进行讨论，独立完成实验报告，及时交指导教师审阅。

特别强调，开始化学实验课的学习时，学生必须做好预习，准备好两本实验报告并将每页编上页码。实验数据只能记在实验报告上，不能随意记在纸片上。学生必须主动接受规范化的严格训练，掌握实验的基本操作技术，并进一步掌握有关的理论知识。

书写实验报告应字迹端正，简明扼要，整齐清洁。实验报告写得潦草者应重写。

实验报告包括六部分内容：

一、实验目的。

二、实验步骤。尽量采用表格、框图、符号等形式，清晰、明了地表示。

三、实验现象和数据记录。表达实验现象要正确、全面，数据记录要规范、完整。

四、数据处理。获得实验数据后，进行数据处理是一个重要环节。

五、实验结果的讨论。对实验结果的可靠程度与合理性进行评价，并解释所观察到的实验现象。

六、问题讨论。针对本实验中遇到的疑难问题，提出自己的见解或收获，也可对实验方法、检测手段、合成路线、实验内容等提出自己的意见，从而训练创新思维和创新能力。

下面举出三种不同类型实验报告的格式，供同学们参考。

例1   **粗食盐的提纯**

班级＿＿＿＿＿ 姓名＿＿＿＿＿ 日期＿＿＿＿＿

一、实验目的

二、提纯步骤

纯 NaCl 结晶质量＿＿＿＿＿ g

纯 NaCl 产率＝

三、产品纯度检验

检验方法	现象(粗盐溶液)	现象(精盐溶液)
加 $BaCl_2$ 溶液		
加 $(NH_4)_2C_2O_4$ 溶液		
加 NaOH＋镁试剂		

离子方程式

$$Ba^{2+}+\qquad ===$$
$$C_2O_4^{2-}+\qquad ===$$
$$OH^-+Mg^{2+}\qquad ===$$

四、讨论

根据产率、纯度和本人在操作中遇到的问题简单谈谈实验后的体会。

例2   **弱电解质的解离平衡**

班级＿＿＿＿＿ 姓名＿＿＿＿＿ 日期＿＿＿＿＿

一、实验目的

二、实验内容

1. 酸碱溶液的 pH

溶液	0.10 mol·L^{-1} HCl	0.10mol·L^{-1} HAc	蒸馏水	0.10 mol·L^{-1} NaOH	0.10 mol·L^{-1} NH$_3$·H$_2$O
pH 测定值					
pH 计算值					

2. 同离子效应

(1) 5 滴 0.1mol·L^{-1} HAc＋甲基橙＋NH$_4$Ac（s）

现象

解释

(2) 5 滴 0.1mol·L^{-1} 氨水＋酚酞＋?

现象

解释

3. 盐类的水解及其影响因素

(1) 盐溶液的 pH

溶液	pH 计算值	pH 测定值	解释(写出水解方程式)
0.1 mol·L^{-1}NaAc			
0.1 mol·L^{-1}NH$_4$Cl			
0.1 mol·L^{-1}NH$_4$Ac			
0.1 mol·L^{-1}NaCl			
0.1 mol·L^{-1}Al$_2$(SO$_4$)$_3$			

(2) 温度对水解平衡的影响

① 步骤

现象

解释

② 步骤

现象

解释

(3) 溶液酸度对水解平衡的影响

步骤

现象

解释

(4) 能水解的盐类间的相互作用

步骤

现象

解释

4. 缓冲溶液的配置和性质

编号	溶液	pH 计算值	pH 测定值
1	? mL 1mol·L^{-1} HAc ＋ ? mL 1mol·L^{-1} NaAc	5	
2	1号缓冲溶液加几滴 0.1mol·L^{-1} HCl		
3	1号缓冲溶液加几滴 0.1mol·L^{-1} NaOH		
4	1号缓冲溶液稀释1～2倍		

三、结论

例3 电子天平

_____年___月___日

一、实验目的

1. 了解电子天平的构造及其主要部件；

2. 掌握电子天平的基本操作；

3. 学会直接法和减量法称量试样；

4. 学会正确使用称量瓶；

5. 掌握准确、简明规范地记录实验原始数据的方法。

二、实验步骤

(1) 天平外观检查

取下天平罩→检查天平状态→插上电源→调电子天平的零点。

(2) 直接称量法练习

用电子天平准确称出两锥形瓶和一个装有样品的称量瓶的质量。

按"电子天平操作"整理好天平，调零后，取两个洁净、干燥并编有号码的锥形瓶（1#，2#）和1个装有样品的称量瓶（3#）。将1#锥形瓶轻轻放在天平盘中央，当显示数字稳定后，即可读数，记录称量结果 m_1；重复操作分别称出2#锥形瓶质量 m_2 与3#称量瓶质量 m_0，记录在相应表格位置上。

(3) 减量法称量练习

本实验要求用减量法从称量瓶（3#）中准确称量出0.20～0.25g的固体试样（称准至±0.0002g）。

① 分别准确称取1#和2#锥形瓶的质量 m_1 和 m_2（即直接称量法称得的数据 m_1 和 m_2）。

② 准确称取3#称量瓶的质量 m_0（即直接称量法称得的数据 m_0）。

③ 取出3#称量瓶，用瓶盖轻轻地敲打称量瓶口上方，使样品落在1#锥形瓶中，估计倾出的试样在0.2g左右时停止。将称量瓶再放回天平中称其质量 m_0'，两次质量之差（m_0-m_0'）即为倾出试样的质量。若倒出的试样还少于0.2g，应再次敲取（注意不应一下敲取过多），直到倾出的试样在0.20～0.25g之间；重复操作，在2#锥形瓶中也倾入0.20～0.25g样品。

④ 用直接称量法准确称量（1#锥形瓶＋样品）的质量 m_1' 与（2#锥形瓶＋样品）质量 m_2'，并计算绝对误差。

⑤ 数据记录与处理见下表。

三、数据记录与处理

实验次数	I	II
（称量瓶＋样品）m_0/g	17.5549	17.3331
倾出样品后质量 m_0'/g	17.3331	17.1308
（m_0-m_0'）/g	0.2218	0.2023
（锥形瓶＋样品）m_1'（m_2'）/g	20.4818	21.8844
空锥形瓶质量 m_1（m_2）/g	20.2602	21.6818
$m_1'-m_1$（$m_2'-m_2$）/g	0.2216	0.2026
绝对误差	−0.0002	＋0.0003

四、结果讨论

第2章

化学实验室基本知识

2.1 实验室安全知识

2.1.1 实验室安全规则

实验室安全包括人身安全及实验室仪器、设备的安全。进行化学实验时，经常要使用有毒药品、易燃易爆的气体和溶剂以及有腐蚀性的浓盐酸、浓硫酸等。若这些药品使用不当，则可能发生中毒、烧伤等各种事故。除此之外，由于玻璃仪器、电器设备等的违规操作，也会造成人身伤害及仪器设备的损坏。为此，必须树立安全第一的思想，严格遵守实验室安全规则，高度重视安全操作，预防事故的发生。

（1）实验室内严禁吸烟、饮食和嬉闹喧哗，切勿以实验用容器代替水杯、餐具使用，勿让试剂入口，实验结束后要细心洗手。

（2）水、电、气使用完毕要及时关闭。

（3）剧毒品和危险品要有专人管理，使用时要特别小心，必须记录用量。不可乱扔、乱倒，要进行回收或特殊处理。

（4）使用浓酸、浓碱及其他有强烈腐蚀性的试剂时应避免溅落在皮肤、衣服或书本上。挥发性的有毒或有强烈腐蚀性的液体和气体的使用，应在通风柜或密封良好的条件下进行。

（5）使用高压气体钢瓶时，要严格按操作规程进行操作。

（6）使用可燃性有机试剂时，要远离火焰及其他热源，尽可能在通风柜中进行。用后要塞紧瓶塞，置阴凉处存放。低沸点、低熔点的有机溶剂不要在明火下直接加热，而应在水浴或电热套中加热。

（7）估计可能发生危险的实验，在操作时应使用防护眼镜、面罩、手套等防护用具。

（8）使用大型或较为贵重仪器前，要认真阅读仪器操作规程，经教师讲解后再动手操作。不要随意拨弄仪器，以免损坏或发生其他事故。

（9）事故的处理和急救：发生事故应立即采取适当措施并报告教师。

实验中发生事故后的紧急处置和应急处理办法：

① 酸或碱造成腐蚀烧伤时，应先用大量水冲洗，再用饱和碳酸氢钠溶液或2%的硼酸溶液洗涤，最后用蒸馏水冲洗。

② 烫伤勿用水冲洗，在灼伤处抹上黄色苦味酸溶液、高锰酸钾溶液或凡士林、烫伤膏、

红花油均可。严重者应尽快去医院进行医治。

③ 创伤，用药棉擦净伤口，搽上龙胆紫药水，再用纱布包扎，若伤口较大应立即去医院治疗。

④ 吸入刺激性或有毒气体，如 Br_2 蒸气、Cl_2 气、HCl 气等，可吸入少量酒精和乙醚的混合蒸气使之解毒，吸入 H_2S 气体感到不舒服时，应立即到室外呼吸新鲜空气。

⑤ 实验过程中万一发生火灾，不要惊慌，应尽快切断电源或燃气源。用石棉布或湿抹布熄灭（盖住）火焰。密度小于水的有机溶剂着火时，不可用水浇，以防止火势蔓延。电器着火时，不可用水冲，以防触电，应使用干冰或干粉灭火器。着火范围较大时，应立即用灭火器灭火，必要时拨打火警呼叫电话119。

2.1.2 消防知识

当实验室不慎起火时，首先要冷静。由于物质燃烧需要空气和一定的温度，所以灭火的首要原则是降温或将燃烧的物质与空气隔绝。化学实验室常用的灭火措施如下。

（1）小火用湿布、石棉布覆盖燃烧物即可灭火，大火可用泡沫灭火器灭火。对活泼金属 Na、K、Mg、Al 等引起的着火，应用干燥的细沙覆盖灭火。有机溶剂着火，切勿用水灭火，而应用二氧化碳灭火器、沙子和干粉灭火器等灭火。

（2）在加热时着火，立即停止加热，切断电源，把一切易燃易爆物移至远处。

（3）电器设备着火，先切断电源，再用四氯化碳灭火器灭火，也可用干粉灭火器或二氧化碳灭火器灭火。常用灭火器常识见表 2-1。

表 2-1 常用灭火器种类及其适用范围

名　称	适　用　范　围
泡沫灭火器	用于一般失火及油类着火。此种灭火器是由 $Al_2(SO_4)_3$ 和 $NaHCO_3$ 溶液作用产生大量的 $Al(OH)_3$ 及 CO_2 泡沫，泡沫把燃烧物质覆盖与空气隔绝而灭火。因为泡沫能导电，所以不能用于扑灭电器设备着火
四氯化碳灭火器	用于电器设备及汽油、丙酮等有机溶剂着火。此种灭火器内装液态 CCl_4。CCl_4 沸点低，相对密度大，不会被引燃，所以把 CCl_4 喷射到燃烧物的表面，CCl_4 液体迅速汽化，覆盖在燃烧物上隔绝空气而灭火
二氧化碳灭火器	用于电器设备失火及忌水的物质着火。内装液态 CO_2
干粉灭火器	用于油类、电器设备、可燃气体及遇水燃烧等物质的着火。内装 $NaHCO_3$ 等物质以及适量的润滑剂和防潮剂，此种灭火器喷出的粉末能覆盖在燃烧物上，组成阻止燃烧的隔离层，同时它受热分解出 CO_2，能起中断燃烧的作用，因此灭火速度快

（4）当衣服上着火时，切勿慌张跑动，应赶快脱下衣服或用石棉布覆盖着火处，或在地上卧倒打滚，起到灭火的作用。

（5）及时报火警。另外一些有机化合物如过氧化物、干燥的重氮盐、硝酸酯、多硝基化合物等，具有爆炸性，必须严格按照操作规程进行实验，以防爆炸。

大量溢水也是验室中时有发生的事故，所以应注意水槽的清洁，废纸、玻璃等物应扔入废物缸中，保持下水道畅通。有机实验冷凝管的冷却水不宜开得过大，万一水压高时，橡皮管弹开会引起溢水事故。

2.1.3 三废处理

在化学实验中会产生各种有毒的废气、废液和废渣，常称之为"三废"。"三废"不仅污染环境、造成公害，而且其中的贵重和有用的成分没能回收，在经济上也是损失。因此，在实验课程开始时就应进行三废处理以及减少污染的教育，树立环境保护和绿色化学的实验观念。

有毒废气的排放：当做产生有毒气体的实验时，应在通风橱中进行。应尽量安装气体吸收装置来吸收这些气体，然后进行处理。例如，卤化氢、二氧化硫等酸性气体须用氢氧化钠吸收后排放，碱性气体用酸溶液吸收后排放，CO 可点燃转化为 CO_2 气体后排放。

废酸和废碱溶液经过中和处理，使 pH6～8 之间，并用大量水稀释后方可排放。

含镉废液：加入消石灰等碱性试剂，使所含的金属离子形成氢氧化物沉淀而除去。

在含六价铬的化合物中加入硫酸亚铁、亚硫酸钠，使其变成三价铬后，再加入 NaOH 和 Na_2CO_3 等碱性试剂，调 pH 在 6～8 之间时，使三价铬形成氢氧化铬沉淀除去。

含氰化物的废液：方法一为氯碱法，即将废液调节成碱性后，通入氯气或次氯酸钠，使氰化物分解成二氧化碳和氮气而除去；方法二为铁蓝法，将含有氰化物的废液中加入硫酸亚铁，使其变成氰化亚铁沉淀除去。

含汞及其化合物：有较多的方法。方法一为离子交换法，此法处理效率高，但成本也较高，所以少量含汞废液的处理不适宜用此方法；方法二为化学沉淀法，通常用来处理少量含汞的废液，即在含汞废液中加入 Na_2S，使其生成难溶的 HgS 沉淀而除去。

铅盐及重金属废液处理：其方法是在废液中加入 Na_2S 或 NaOH 溶液，使铅盐及重金属离子转化为难溶的硫化物或氢氧化物而除去。

含砷及其化合物：在废液中鼓入空气的同时加入硫酸亚铁，然后用氢氧化钠来调 pH 至 9。这时砷化合物就和氢氧化铁与难溶性的亚砷酸钠或砷酸钠产生共沉淀，经过滤除去。另外，还可用硫化物沉淀法，即在废液中加入 H_2S 或 Na_2S，使其生成硫化砷沉淀而除去。

有毒的废渣应深埋在指定的地点，因有毒的废渣可能溶解于地下水，污染饮用水源，所以不能未经过处理就深埋。有回收价值的废渣应该回收利用。

2.2　实验室常用玻璃仪器

常用玻璃仪器及其用途简表见表 2-2。

表 2-2　常用玻璃器皿及其用途

仪 器 名 称	规　格	用途及注意事项
烧杯　锥形瓶(磨口)	以容积(单位:mL)表示，一般有 50、100、150、200、400、500、1000、2000 等规格	加热时烧杯应置于石棉网上，使受热均匀，所盛反应液体一般不能超过烧杯容积的 2/3
试管　离心试管	普通试管是以管外径×长度(单位:mm)表示。一般有 12×150、15×100、30×200 等规格。离心试管以容积(单位:mL)表示。一般有 5、10、15 等规格	1. 防止振荡或受热时液体溅出 2. 加热后不能骤冷，以防炸裂 3. 反应液体一般不能超过试管容积的 1/2，加热时不能超过 1/3 4. 离心试管不能用火直接加热 5. 普通试管可直接加热，加热时应用试管夹夹持

仪器名称	规　　格	用途及注意事项
量筒　　量杯	以所能量度的最大容积（单位：mL）表示。如量筒：250、100、50、25、10，量杯：100、50、25、10	不能量取热的液体，不能加热，不可用作反应容器
吸量管　移液管	以容积（单位：mL）表示。有1、2、5、10、25、50等规格	1. 吸量管管口上标示"吹出"或"快"字样者，使用时末端的溶液应吹出 2. 使用前应先用少量待吸液体淋洗三次 3. 要垂直放出溶液 4. 移液管底部要与接收容器内壁接触，每次放完溶液后要停留相同时间后再移开，并以蒸馏水冲洗接触点
容量瓶	以容积（单位：mL）表示。有25、50、100、250、1000、2000等规格	1. 不能加热，不能量热的液体 2. 要磨口瓶塞配套使用，不能互换 3. 使用前要充分摇匀
(a) 碱式滴定管　(b) 酸式滴定管	以容积（单位：mL）表示。常用酸式、碱式滴定管的容积为50mL	1. 量取溶液时应先排除滴定管尖端部分的气泡 2. 不能加热以及量取热的液体，酸、碱滴定管不能互换使用 3. 用待装溶液（少量）淋洗三次
漏斗	以口径和漏斗颈长短表示。如6cm（长颈）、4cm（短颈）	1. 不能用火加热。 2. 过滤时滤纸应低于上沿2~3mm，滤纸与内壁间不能有气泡
(a) 布氏漏斗　(b) 吸滤瓶	吸滤瓶以容积（单位：mL）表示。布氏漏斗或玻璃砂芯漏斗以容积（单位：mL）或口径（单位：mm）表示	1. 不能用火加热 2. 抽气过滤。过滤时，先倒入少许溶剂或水，使滤纸在负压下与底部贴紧后再倒入待滤物
蒸发皿	以口径（单位：mm）或容积（单位：mL）表示	1. 能耐高温，但不能骤冷 2. 蒸发溶液时一般放在石棉网上，也可直接用火加热 3. 材质有瓷质、石英或金属等
泥三角　坩埚	泥三角有大小之分，用铁丝弯成，套上瓷管。坩埚以容积（单位：mL）表示	1. 依试样性质选用不同材料的坩埚，材质有瓷质、石英、铁、铂、镍等 2. 瓷坩埚加热后不能骤冷 3. 泥三角铁丝断裂的不能再使用

仪器名称	规　　格	用途及注意事项
干燥器	以外径(单位:mm)表示	1. 不得放入过热物体。温度较高物体放入后,在短时间内应把干燥器盖打开一两次,以免器内造成负压 2. 用侧推法开启或关闭干燥器。打开时,盖子应朝上,防止边口的凡士林油中粘入尘土
研钵	以口径(单位:mm)表示	1. 视固体性质选用不同材质的研钵,材质有瓷、玻璃、玛瑙等 2. 不能用火加热 3. 不能研磨易爆物质
简易水浴锅	一般用 400mL 烧杯制作	烧杯不能烧干
滴管	由尖嘴玻璃管与橡皮乳头构成	1. 滴液时保持垂直,避免倾斜,尤忌倒立 2. 管尖不可接触试管壁和其他物体,以免沾污
分液漏斗	以容积(单位:mL)表示	1. 不能加热,玻璃活塞不能互换 2. 用于分离和滴加 3. 当充分摇动后马上放出逸出的蒸气,防止冲开塞子
点滴板		1. 不能加热 2. 材质有透明玻璃和瓷质
称量瓶 (a)　　(b)	分扁形(a)和高形(b),以外径×高表示。如 25mm×400mm、50mm×30mm	1. 不能直接用火加热 2. 盖与瓶配套,不能互换 3. 要求准确称取一定量的固体样品时用
洗瓶	规格多为 500mL	1. 用于盛装蒸馏水或去离子水,洗涤沉淀和容器时用 2. 不能盛装自来水

　　许多仪器已有标准磨口仪器出售。标准磨口仪器是具有标准内磨口和外磨口的玻璃仪器。使用时根据实验的需要选择合适的容量和合适的口径。相同编号的磨口仪器,它们的口

径是统一的，连接是紧密的，使用时可以互换，用少量的仪器可以组装多种不同的实验装置。注意：仪器使用前首先将内外口擦洗干净，再涂少许凡士林，然后口与口相对转动，使口与口之间形成一层薄薄的油层，再固定好，以提高严密度和防粘连。常用标准磨口玻璃仪器口径编号见表 2-3。

表 2-3　常用标准磨口玻璃仪器口径编号

编号	10	12	14	19	24	29	34
口径(大端)/mm	10.0	12.5	14.5	18.5	24	29.2	34.5

2.3　试剂规格与存放

2.3.1　化学试剂的规格

化学试剂的规格是以其所含杂质的多少来划分的，一般可分为四级，其规格和适用范围见表 2-4。

表 2-4　试剂规格和适用范围

等级	名称	英文名称	符号	适用范围	标签颜色
一级品	优级纯(保证试剂)	Guaranteed Reagent	G. R.	纯度很高,适用于精密分析工作和科学研究	绿色
二级品	分析纯(分析试剂)	Analytical Reagent	A. R.	纯度仅次于一级品,适用于多数分析工作和科学研究工作	红色
三级品	化学纯	Chemically Pure	C. P.	纯度较二级品差些,适用于一般分析工作	蓝色
四级品	实验试剂(生化试剂)	Laboratorial Reagent	L. R. (B. R.)	纯度较低,适用作实验辅助试剂	棕色(或其他颜色)

此外还有光谱纯试剂、基准试剂、色谱纯试剂等。

光谱纯试剂（符号 S. P.）的杂质含量用光谱分析法已测不出，或者杂质的含量低于某一限度，这种试剂主要用来作为光谱分析中的标准物质。

基准试剂的纯度相当或高于保证试剂，常用来作容量分析的基准物，或直接配制标准溶液。

在分析工作中，选择试剂的纯度除了要与所用方法相当外，其他如实验用的水、操作器皿也要与之相适应。若试剂都选用 G. R. 级的，则不宜使用普通的蒸馏水或去离子水，而应用两次蒸馏制得的重蒸馏水。所用器皿的质地也要求较高，使用过程中不应有物质溶解到溶液中，以免影响测定的准确度。

各种级别的试剂及工业品因纯度不同价格相差很大。工业品和保证试剂之间的价格可相差数十倍。所以选用试剂时，要注意节约原则，不要盲目追求纯度高，应根据工作具体要求取用。

例如，配制大量洗液使用的 $K_2Cr_2O_4$、浓 H_2SO_4，制备气体时大量使用的 HCl 以及冷却浴所使用的各种盐类等都可以选用工业品。

2.3.2　取用试剂时的注意事项

① 取用试剂时应注意保持清洁，瓶塞不许任意旋转；取用后应立即盖好密封，以防被

其他物质沾污或变质。

　　② 固体试剂应用洁净、干燥的小勺取用。取用强碱性试剂后的小勺应立即洗净，以免腐蚀。

　　③ 用吸管吸取试剂溶液时，决不能用未经洗净的同一吸管插入不同的试剂瓶中取用。

　　④ 所有盛装试剂的瓶上都应贴有明显的标签，并写明试剂的名称、纯度、浓度和配制日期，标签外面可涂蜡或用透明胶带等保护。没有标签的试剂在未查明前，不能随便使用。

2.3.3　化学试剂的存放

　　试剂的保管在实验室中也是一项十分重要的工作。有的试剂因保管不好而变质失效，这不仅是一种浪费，而且还会使分析工作失败，甚至会引起事故。一般的化学试剂应保存在通风良好、干净、干燥的室内，防止水分、灰尘和其他物质沾污。同时，根据试剂性质应有不同的保管方法。

　　固体试剂一般存放在易于取用的广口瓶内，液体试剂则存放在细口的试剂瓶中。一些用量小而使用频繁的试剂，如指示剂、定性分析试剂等可盛装在滴瓶中。

　　对于易燃、易爆、强腐蚀性、强氧化剂及剧毒品的存放应特别加以注意，一般需要分类单独存放，如强氧化剂要与易燃、可燃物分开隔离存放。

　　① 容易侵蚀玻璃而影响试剂纯度的，如氢氟酸，含氟盐（氟化钾、氟化钠、氟化铵），苛性碱（氢氧化钾、氢氧化钠）等，应保存在塑料瓶或涂有石蜡的玻璃瓶中。

　　② 见光会逐渐分解的试剂，如过氧化氢（双氧水）、硝酸银、焦性没食子酸、高锰酸钾、草酸、铋酸钠等，与空气接触易逐步被氧化的试剂，如氯化亚锡、硫酸亚铁、亚硫酸钠等，以及易挥发的试剂如溴、氨水及乙醇等，应置于阴暗处保存。

　　③ 吸水性强的试剂，如无水碳酸盐、苛性钠、过氧化钠等应严格密封（应该蜡封）。

　　④ 相互易作用的试剂，如挥发性的酸与氨、氧化剂与还原剂，应分开存放。易燃的试剂如乙醇、乙醚、苯、丙酮与易爆炸的试剂如高氯酸、过氧化氢、硝基化合物，应分开储存在阴凉通风，不受阳光直接照射的地方，更要远离明火。闪点在 $-4℃$ 以下的液体（如石油醚、苯、乙酸乙酯、丙酮、乙醚等）理想的存放温度为 $-4\sim4℃$；闪点在 $25℃$ 以下的（如甲苯、乙醇、丁酮、吡啶等）存放温度不得超过 $30℃$。

　　⑤ 剧毒试剂如氰化钾、氰化钠、氢氟酸、二氯化汞、三氧化二砷（砒霜）等，应特别妥善保管，经一定手续取用，以免发生事故。

2.4　试纸与滤纸

2.4.1　用试纸检验溶液的酸碱性

　　常用 pH 试纸检验溶液的酸碱性。将小块试纸放在干燥清洁的点滴板上，再用玻璃棒蘸取待测溶液，滴在试纸上，观察试纸的颜色变化（不能将试纸投入溶液中检验），将试纸呈现的颜色与标准色板颜色对比，可以知道溶液的 pH（用过的试纸不能倒入水槽内）。有时由于待测液浓度过大，试纸颜色变化不明显，应适当稀释后再比较。pH 试纸分为两类：一类是广泛 pH 试纸，用来粗略地检验溶液的 pH，其变色范围为 $1\sim14$；另一类是精密 pH 试纸，精密试纸的种类很多，可用于比较精确地检验溶液的 pH 变化。而精密 pH 试纸可以根据不同的需求选用。广泛 pH 试纸变化为 1 个 pH 单位，而精密 pH 试纸的单位变化为小于

1个 pH 单位。

2.4.2 用试纸检验气体

pH 试纸或石蕊试纸也常用于检验反应所产生气体的酸碱性。用蒸馏水润湿试纸并黏附在干净玻璃棒的尖端，将试纸放在试管口的上方（不能接触试管），观察试纸颜色的变化。不同的试纸检验的气体不同，用淀粉-KI 试纸来检验 Cl_2，此试纸是用淀粉和 KI 溶液浸泡在滤纸上，晾干使用。当 Cl_2 遇到试纸，将试纸上 I^- 氧化为 I_2，I_2 当即与试纸上的淀粉作用，使试纸变蓝。

用 $Pb(Ac)_2$ 试纸来检验 H_2S 气体，H_2S 气体遇到试纸后，生成黑色沉淀而使试纸呈黑褐色。此试纸是用 $Pb(Ac)_2$ 溶液浸泡滤纸后晾干使用。用 $KMnO_4$ 试纸来检验 SO_2 气体。

2.4.3 滤纸

化学实验室中常用的有定量分析滤纸和定性分析滤纸两种，按过滤速度和分离性能的不同，又分为快速、中速和慢速三种。在实验过程中，应当根据沉淀的性质和数量，合理地选用滤纸。

我国国家标准《化学分析滤纸》（GB/T 1914—2017）对定量滤纸和定性滤纸产品的分类、型号、技术指标和测试方法等都有明确的规定。滤纸按质量分为 A 等、B 等、C 等，A 等滤纸的主要技术指标列于表 2-5。

表 2-5　定量和定性分析滤纸 A 等产品的主要技术指标及规格

指标名称		快速	中速	慢速
过滤速度/s		≤35	≤70	≤140
型号	定性滤纸	101	102	103
	定量滤纸	201	202	203
分离性能(沉淀物)		氢氧化铁	碳酸锌	硫酸钡(热)
湿耐破度/mmH₂O		≥130	≥150	≥200
灰分	定性滤纸	≤0.13%		
	定量滤纸	≤0.009%		
铁含量(定性滤纸)		≤0.003%		
质量/g·m⁻²		80.0±4.0		
圆形纸直径/cm		5.5,7,9,11,12.5,15,18,23,27		
方形纸尺寸/cm		60×60,30×30		

① 过滤速度指将滤纸折成圆锥形，将滤纸完全浸湿，取 15mL 水进行过滤，开始滤出 3mL 不计时，然后用秒表计量滤出 6mL 水所需要的时间。

② 定量是指规定面积内滤纸的质量，这是造纸工业术语。

定量滤纸又称为无灰滤纸。以直径 12.5cm 定量滤纸为例，每张滤纸的质量约 1g，在灼烧后其灰分的质量不超过 0.1mg（小于或等于常量分析天平的感量），在重量分析法中可以忽略不计。滤纸外形有圆形和方形两种。常用的圆形滤纸有 $\phi 7cm$、$\phi 9cm$、$\phi 11cm$ 等规格，滤纸盒上贴有滤速标签。方形滤纸都是定性滤纸，有 60cm×60cm、30cm×30cm 等规格。

2.5　实验室常用溶剂——纯水

水是许多物质，尤其是许多无机化合物的良好溶剂。许多无机反应都是在水溶液中进行的。我们所说的物质的许多性质、反应也都是在水溶液中才具备的。

天然淡水因含有许多杂质，一般在科学实验中及工业生产中较少应用。经初步处理后的自来水，除含有较多的可溶性杂质外，是比较纯净的，在化学实验中常用作粗洗仪器用水、实验冷却用水、水浴用水及无机制备前期用水等。自来水再经进一步处理后所得的纯水，在实验中常用作溶剂用水、精密仪器用水、分析用水及无机制备的后期用水。因制备方法不同，常见的纯水有蒸馏水、电渗析水、去离子水和高纯水。

2.5.1　蒸馏水

将自来水（或天然水）蒸发成水蒸气，再通过冷凝器将水蒸气冷凝下来，所得到的水就叫蒸馏水。由于可溶性盐不挥发而留在剩余的水中，所以蒸馏水就纯净得多。一般水的纯度可用电阻率（或电导率）的大小来衡量，电阻率越高或电导率越低（电阻与电导互为倒数），说明水纯度越高。蒸馏水在室温的电阻率可达 $10^5\Omega\cdot cm$，而自来水一般约为 $3\times10^4\Omega\cdot cm$。蒸馏水中的少量杂质，主要来自冷凝装置的锈蚀及可溶性气体的溶解。在某些实验或分析中，往往要求更高纯度的水。这时可在蒸馏水中加入少量高锰酸钾和氢氧化钡，再次进行蒸馏，这样可以除去水中极微量的有机杂质、无机杂质以及挥发性的酸性氧化物（如 CO_2），这种水称为重蒸水（二次蒸馏水），电阻率可达约 $10^6\Omega\cdot cm$。保存重蒸水应该用塑料容器而不能用玻璃容器，以免玻璃中所含钠盐及其他杂质会慢慢溶于水而使水的纯度降低。

2.5.2　电渗析水

所用设备称为电渗析器，主要由电极（阴阳极）、隔板（上面交替铺设阴、阳离子交换膜）和进出水口等部分组成。通电后，在电场作用下，水中的阴、阳离子分别通过阴、阳离子交换膜，迁移到隔壁室并被阻留在那里。用此方法除去阴、阳离子的水称为电渗析水（淡水），而阴、阳离子进入的水称为浓水，其杂质更多。电渗析水的纯度一般低于蒸馏水。

2.5.3　去离子水

自来水经过离子交换树脂处理后，叫离子交换水。因为溶于水的杂质离子被去掉，所以又称为去离子水。

离子交换树脂是一种人工合成的高分子化合物，其主要组成部分是交联成网状的立体的高分子骨架，另一部分是连在其骨架上的许多可以被交换的活性基团。树脂的骨架特别稳定，它不受酸、碱、有机溶剂和一般弱氧化剂的作用。当它与水接触时，能吸附并交换溶解在水中的阳离子和阴离子。根据能交换的离子种类不同，离子交换树脂可分为阳离子交换树脂和阴离子交换树脂两大类。每种树脂都有型号不同的几种类型，它们的性能略有区别，可根据用途来选择所需树脂。

阳离子交换树脂含有酸性的活性基团，如磺酸基—SO_3H、羧基—$COOH$ 和酚羟基—OH 等。基团上的 H^+ 可以和水溶液中的阳离子进行交换（称为 H 型）。因为磺酸是强酸，所以含磺酸基的树脂又称为强酸性阳离子交换树脂，可用 R—SO_3H 表示，其中 R 代表树脂中网状骨架部分。R—COOH 和 R—OH 均为弱酸性阳离子交换树脂。

阴离子交换树脂含有碱性的活性基团，如含有季铵基—$N(CH_3)_3$ 的强碱性阴离子交换树脂 $R-N(CH_3)_3^+OH^-$，含有叔氨基—$N(CH_3)_2$、仲氨基—$NH(CH_3)$、氨基—NH_2 的弱碱性阴离子交换树脂。$R-NH(CH_3)_2^+OH^-$、$R-NH_2(CH_3)^+OH^-$、$R-NH_3^+OH^-$，它们所含的 OH^- 均可与水溶液中的阴离子进行交换（称为 OH 型）。

制备去离子水时，通常都使用强酸性阳离子交换树脂和强碱性阴离子交换树脂，并预先将它们分别处理成 H 型和 OH 型。交换过程通常是在离子交换柱中进行的。自来水先经过阳离子树脂交换柱，水中的阳离子（Na^+、Ca^{2+}、Mg^{2+} 等）与树脂上的 H^+ 进行交换：

$$R-SO_3^-H^+ + Na^+ \rightleftharpoons RSO_3^-Na^+ + H^+$$
$$2R-SO_3^-H^+ + Ca^{2+} \rightleftharpoons (RSO_3^-)_2Ca^{2+} + 2H^+$$
$$2R-SO_3^-H^+ + Mg^{2+} \rightleftharpoons (RSO_3^-)_2Mg^{2+} + 2H^+$$

交换后，树脂变成"钠型""钙型"或"镁型"，水具有了弱酸性。然后再将水通过阴离子树脂交换柱，水中的杂质阴离子（Cl^-、SO_4^{2-}、HCO_3^- 等）与树脂上的 OH^- 进行交换：

$$RN(CH_3)_3^+OH^- + Cl^- \rightleftharpoons RN(CH_3)_3^+Cl^- + OH^-$$
$$2RN(CH_3)_3^+OH^- + SO_4^{2-} \rightleftharpoons [RN(CH_3)_3^+]_2SO_4^{2-} + 2OH^-$$

交换后，树脂变成"氯型"等，交换下来的 OH^- 和 H^+ 中和，从而将水中的可溶性杂质离子全部除去。交换后水质的纯度高低与所用树脂量的多少以及流经树脂时水的流速等因素有关。一般树脂量越多，流速越慢，得到的水的纯度就越高。

必须指出，上述离子交换过程是可逆的。交换反应主要向哪个方向进行，与水中两种离子（如 H^+ 与 Na^+，OH^- 与 Cl^-）的浓度有关。当水中杂质离子较多，而树脂上活性基团上的离子都是 H^+ 或 OH^- 时，则水中的杂质离子被交换占主导地位；但如果水中杂质离子减少而树脂上活性基团又大量被杂质离子占领时，则水中的 H^+ 或 OH^- 反而会把杂质离子从树脂上交换下来。由于交换反应的这种可逆性，所以只用阳离子交换柱和阴离子交换柱串联起来处理后的水，仍然会含有少量的杂质离子。为了提高水质，可使水再通过一个由阴、阳离子交换树脂均匀混合的"混合柱"，其作用相当于串联了很多个阳离子交换柱与阴离子交换柱，而且在交换柱层的任何部位的水都是中性的，从而减少了逆反应的可能性。树脂使用一定时间后，活性基团上的 H^+、OH^- 分别被水中的阳、阴离子所交换，从而失去了原先的交换能力，我们称之为"失效"。利用交换反应的可逆性使树脂重新复原，恢复其交换能力，这个过程称之为"洗脱"或"再生"。阳离子交换树脂的再生是加入适当浓度的酸（一般用 5%～10% 的盐酸），其反应为：

$$RSO_3^-Na^+ + H^+ \rightleftharpoons RSO_3^-H^+ + Na^+$$

阴离子交换树脂的再生是加入适当浓度的碱（一般用 5% 的 NaOH），其反应式为：

$$RN(CN_3)_3^+Cl^- + OH^- \rightleftharpoons RN(CH_3)_3^+OH^- + Cl^-$$

经再生后的树脂可以重新使用。混合离子交换树脂用饱和食盐水充分浸泡，由于密度不同的原因，阴离子树脂浮在上面，阳离子树脂沉到下面。从而将其分离，然后再分别进行再生。

2.6 仪器的洗涤与干燥

2.6.1 玻璃仪器的洗涤

在实验前后，都必须将所用玻璃仪器洗干净。因为用不干净的仪器进行实验时，仪器上的杂质和污物将会对实验产生影响，使实验得不到正确的结果，严重时可导致实验失败。实验后要及时清洗仪器，不清洁的仪器长期放置后，会使以后的洗涤工作更加困难。

玻璃仪器清洗干净的标准是用水冲洗后，仪器内壁能均匀地被水润湿而不粘附水珠。如果仍有水珠粘附内壁，则说明仪器还未洗净，需要进一步进行清洗。

洗涤仪器的方法很多，一般应根据实验的要求、污物的性质、沾污的程度和仪器的形状来选择合适的洗涤方法。

一般来说，污物主要有灰尘和其他不溶性物质、可溶性物质、有机物及油污等。针对这些情况，可以分别用下列方法洗涤。

2.6.1.1 一般洗涤

如烧杯、试管、量筒、漏斗等仪器，一般先用自来水洗刷仪器上的灰尘和易溶物，再选用粗细、大小、长短等不同型号的毛刷，蘸取洗衣粉或各种合成洗涤剂，转动毛刷刷洗仪器的内壁。洗涤试管时要注意避免试管刷底部的铁丝将试管捅破。用清洁剂洗后再用自来水冲洗。洗涤仪器时应该一个一个地洗，不要同时抓多个仪器一起洗，这样很容易将仪器碰坏或摔坏。

一般用自来水洗净的仪器，往往还残留着一些 Ca^{2+}、Mg^{2+}、Cl^- 等，如果实验中不允许这些离子存在，就要再用蒸馏水漂洗几次。用蒸馏水洗涤仪器的方法应采用"少量多次"法，为此常使用洗瓶。挤压洗瓶使其喷出一股细蒸馏水流，均匀地喷射在仪器内壁上并不断转动仪器，再将水倒掉。如此重复几次即可。这样既提高了效率，又可节约蒸馏水。

(1) 振荡水洗 注入容器体积 1/3 的水，稍用力振荡后把水倒掉，照此连洗数次。如图 2-1 所示。

(2) 毛刷刷洗 内壁附着不易洗掉的物质，可用毛刷刷洗。见图 2-2。

(a) 烧瓶的振荡　　　(b) 试管的振荡

图 2-1　振荡水洗

(a) 倒废液　　　(b) 注入一半水

(c) 选合适规格的毛刷，确定手拿部位　　　(d) 柔力来回刷洗

图 2-2　毛刷刷洗

2.6.1.2 铬酸洗液的洗涤

对一些形状特殊的容积精确的容量仪器，如滴定管、移液管、容量瓶等，不宜用毛刷蘸洗涤剂洗，常用洗液洗涤。

铬酸洗液可按下述方法配制：称取 $K_2Cr_2O_7$ 固体 25g，溶于 50mL 蒸馏水中，冷却后向溶液中慢慢加入 450mL 浓 H_2SO_4（注意安全），边加边搅拌。注意切勿将 $K_2Cr_2O_7$ 溶液加到浓 H_2SO_4 中。冷却后储存在试剂瓶中备用。

铬酸洗液呈暗红色，具有强酸性、强腐蚀性和强氧化性，对具有还原性的污物如有机物、油污的去污能力特别强。装洗液的瓶子应盖好盖子，以防吸潮。洗液在洗涤仪器后应保留，多次使用后当颜色变绿时 Cr(IV) 变为 Cr(III)，就丧失了去污能力，不能继续使用。

用洗液洗涤仪器的一般步骤如下：仪器先用水洗并尽量把仪器中的残留水倒净，避免浪费和稀释洗液。向仪器中加入少许洗液，倾斜仪器并使其慢慢转动，使仪器的内壁全部被洗液润湿，重复 2～3 次即可。如果能用洗液把仪器浸泡一段时间，或者用热的洗液洗，则洗涤效果更佳。用完的洗液应倒回洗液瓶。仪器用洗液洗过后再用自来水冲洗，最后用蒸馏水淋洗几次。使用洗液时应注意安全，不要溅在皮肤、衣物上。

废洗液可通过下述方法再生：先将废洗液在 110～130℃ 不断搅拌下进行浓缩，除去水分后，冷却至室温，以每升浓缩液加入 10g $KMnO_4$ 的比例，缓缓加入 $KMnO_4$ 粉末，边加边搅拌，直至溶液呈深褐色或微紫色为止，然后加热至有 SO_2 出现，停止加热。稍冷后用玻璃砂芯漏斗过滤，除去沉淀，滤液冷却后析出红色 CrO_3 沉淀。在含有 CrO_3 沉淀的溶液中再加入适量浓 H_2SO_4，使其溶解即成洗液，可继续使用。少量的废洗液可加入废碱液或石灰，使其生成 $Cr(OH)_3$ 沉淀，将此废渣埋于地下（指定地点），以防止铬的污染。

2.6.1.3　特殊污垢的洗涤

一些仪器上常常有不溶于水的污垢，尤其是原来未清洗而长期放置后的仪器。这时就需要视污垢的性质选用合适的试剂，使其经化学作用而除去。几种常见污垢的处理方法见表 2-6。

表 2-6　常见污垢的处理方法

污　垢	处理方法
碱土金属的碳酸盐、$Fe(OH)_3$、一些氧化剂如 MnO_2 等	用稀 HCl 处理，MnO_2 需要用 $6mol \cdot L^{-1}$ 的 HCl
沉积的金属如银、铜	用 HNO_3 处理
沉积的难溶性银盐	用 $Na_2S_2O_3$ 洗涤，Ag_2S 则用热、浓 HNO_3 处理
黏附的硫黄	用煮沸的石灰水处理 $3Ca(OH)_2 + 12S \longrightarrow 2CaS_5 + CaS_2O_3 + 3H_2O$
高锰酸钾污垢	草酸溶液（黏附在手上也用此法）
残留的 Na_2SO_4、$NaHSO_4$ 固体	用沸水使其溶解后趁热倒掉
沾有碘迹	可用 KI 溶液浸泡，或用温热的稀 NaOH、$Na_2S_2O_3$ 溶液处理
瓷研钵内的污迹	用少量食盐在研钵内研磨后倒掉，再用水洗
有机反应残留的胶状或焦油状有机物	视情况用低规格或回收的有机溶剂（如乙醇、丙酮、苯、乙醚等浸泡），及 NaOH、浓 HNO_3 煮沸处理
一般油污及有机物	用含 $KMnO_4$ 的 NaOH 溶液处理
被有机试剂染色的比色皿	可用体积比为 1:2 的盐酸-酒精液处理

除了上述清洗方法外，现在还有先进的超声波清洗器。只要把用过的仪器，放在配有合适洗涤剂的溶液中，接通电源，利用超声波的能量和振动，就可将仪器清洗干净，既省时又方便。常用洗涤剂的配制见附录 6.18。

2.6.2　仪器的干燥

有些仪器洗涤干净后就可用来做实验，但有些无机化学实验，特别是需要在无水条件下进行的有机化学实验所用的玻璃仪器，常常需要干燥后才能使用。常用的干燥方法如下。

（1）晾干　将洗净的仪器倒立放置在适当的仪器架上，让其在空气中自然干燥，倒置可以防止灰尘落入，但要注意放稳仪器。

（2）烘干　将洗净的仪器放入电热恒温干燥箱内加热烘干。恒温干燥箱（简称烘箱）是实验室常用的仪器（见图 2-3），常用来干燥玻璃仪器或烘干无腐蚀性、热稳定性比较好的药品，但挥发性易燃品或刚用酒精、丙酮淋洗过的仪器切勿放入烘箱内，以免发生爆炸。烘箱带有自动控温装置。使用方法如下：接上电源，先开启加热开关后，再将控温钮由"0"位顺时针旋至一定程度，这时红色指示灯亮，烘箱处于升温状态。当温度升至所需温度（由烘箱顶上的温度计观察），将控温钮按逆时针方向缓缓回旋，红色指示灯灭，绿色指示灯亮，表明烘箱已处于该温度下的恒温状态，此时电加热丝已停止工作。过一段时间，由于散热等原因烘箱里面温度变低后，它

图 2-3　电热恒温干燥箱

又自动切换到加热状态。这样交替地不断通电、断电，就可以保持恒定温度。一般烘箱最高使用温度可达 200℃，常用温度为 100～120℃。

玻璃仪器干燥时，应先洗净并将水尽量倒干，放置时应注意平放或使仪器口朝上，加热一刻钟左右即可干燥，带塞的瓶子应打开瓶塞，如果能将仪器放在托盘里则更好。一般最好让烘箱降至常温后再取出仪器，如果热时就要取出仪器，应注意用干布垫手，防止烫伤。热玻璃仪器不能碰水，以防炸裂。热仪器自然冷却时，器壁上常会凝上水珠，不易干燥，可以用吹风机吹冷风助冷而避免。烘干的药品一般取出后应放在干燥器里保存，以免在空气中又吸收水分。

（3）吹干　用热或冷的空气流将玻璃仪器吹干，所用仪器是电吹风机或"玻璃仪器气流干燥器"。用吹风机吹干时，一般先用热风吹玻璃仪器的内壁，待干后再吹冷风使其冷却。如果先用易挥发的溶剂如乙醇、乙醚、丙酮等淋洗一下仪器，将淋洗液倒净，然后用吹风机用冷风→热风→冷风的顺序吹，则会干得更快。另一种方法是将洗净的仪器直接放在气流烘干器里进行干燥。

（4）烤干　用煤气灯小心烤干。一些常用的烧杯、蒸发皿等可置于石棉网上用小火烤

图 2-4　烤干试管

干，烤干前应先擦干仪器外壁的水珠。试管烤干时，应使试管口向下倾斜，以免水珠倒流炸裂试管（见图 2-4），烤干时应先从试管底部开始，慢慢移向管口，不见水珠后再将管口朝上，把水汽赶尽。还应注意的是，一般带有刻度的计量仪器，如移液管、容量瓶、滴定管等不能用加热的方法干燥，以免热胀冷缩影响这些仪器的精密度。玻璃磨口仪器和带有活塞的仪器洗净后放置时，应该在磨口处和活塞处（如酸式滴定管、分液漏斗等）垫上小纸片，以防止长期放置后粘上，不易打开。

2.6.3　干燥器的使用

有些易吸水潮解的固体或灼烧后的基准物等应放在干燥器内，防止吸收空气中的水分。

干燥器是一种有磨口盖子的厚质玻璃器皿，磨口上涂有一层薄薄的凡士林，防止水汽进入，

并能很好地密合。干燥器的底部装有干燥剂（变色硅胶、无水氯化钙等），中间放置一块干净的带七孔瓷板，用来盛放被干燥物品。打开干燥器时，应左手按住干燥器，右手按住盖的圆顶，向左前方开盖子，如图2-5(a)所示。温度很高的物体（如灼烧过的坩埚等）放入干燥器时，不能将盖子完全盖严，应该留一条很小的缝隙，待冷后再盖严，否则易被内部热空气冲开盖子打碎，或者由于冷却后的

(a)开启方法　　　　　(b)搬动方法

图 2-5　干燥器的使用

负压使盖子难以打开。搬动干燥器时，应用两手的拇指同时按住盖子，以防盖子因滑落而打碎，如图2-5(b)所示。

2.7　试剂的配制和取用

2.7.1　固体试剂的取用

取用固体试剂一般多用牛角匙（还有用不锈钢药匙、塑料匙等）。牛角匙两端为大小两个匙，取用固体量大时用大匙，取用量小时用小匙。牛角匙使用时必须干净且专匙专用。要称一定量固体试剂时，可将试剂放到纸上、表面皿等干燥、洁净的玻璃容器或者称量瓶内，根据要求在天平（托盘天平、1/100g天平或分析天平）上称量。称量具有腐蚀性或易潮解的试剂时，不能放在纸上，应放在表面皿等玻璃容器内。颗粒较大的固体应在研钵中研碎，研钵中所盛固体量不得超过容积的1/3。

2.7.2　液体试剂的取用

(1) 从细口试剂瓶中取用试剂的方法　取下瓶塞，左手拿住容器（如试管、量筒等），右手握住试剂瓶（试剂瓶的标签应向着手心），倒出所需量的试剂，如图2-6(a)所示。倒完后应将瓶口在容器内壁上靠一下（特别注意处理好"最后一滴试液"），再使瓶子竖直，以避免液滴沿试剂瓶外壁流下。将液体试剂倒入烧杯时，亦可用右手握试剂瓶，左手拿玻璃棒，使玻璃棒的下端斜靠在烧杯内壁上，将瓶口靠在玻璃棒上，使液体沿着玻璃棒往下流，如图2-6(b)所示。

(a)往试管中倒入试剂　　　(b)往烧杯中倒入试剂　　　(c)往试管中滴加液体

图 2-6　液体试剂的取用

（2）**用滴管取用少量试剂的方法**　先提起滴管，使管口离开液面，用手指捏紧滴管上部的橡皮头排去空气，再把滴管伸入试剂瓶中吸取试剂。往试管中滴加试剂时，只能把滴管尖头放在试管口的上方滴加，如图 2-6(c) 所示，严禁将滴管伸入试管内。一个滴瓶上的滴管不能用来移取其他试剂瓶中的试剂，也不能用自己的滴管伸入公用试剂瓶中去吸取试剂，以免污染试剂。

2.7.3　试剂的配制

根据配制试剂纯度和浓度的要求，配制溶液时，选不同级别的化学试剂并计算溶质的用量。配制饱和溶液时，所用溶质的量应稍多于计算量，加热使之溶解、冷却、待结晶析出后再用，这样可保证溶液饱和。

配制溶液如有较大的溶解热发生，该操作一定要在烧杯或敞口容器中进行。溶液配制过程中，加热和搅拌可加速溶解，但搅拌不宜太剧烈，不能使搅拌棒触及烧杯壁。

配制易水解的盐溶液时，必须把试剂先溶解在相应的酸溶液［如 $SnCl_2$、$SbCl_3$、$Bi(NO_3)_3$ 等］或碱溶液（如 Na_2S 等）中以抑制水解。对于易氧化的低价金属盐类［如 $FeSO_4$、$SnCl_2$、$Hg_2(NO_3)_2$ 等］，不仅需要酸化溶液，而且应在该酸液中加入相应的纯金属，防止低价金属离子的氧化。

2.8　加热与冷却

有些化学反应特别是一些有机化学反应，往往需要在较高温度下才能进行，许多化学实验的基本操作，如溶解、蒸发、灼烧、蒸馏、回流等过程也都需要加热。相反，一些放热反应，如果不及时除去反应中所放出的热，就会使反应难以控制；有些反应的中间体在室温下不稳定，反应必须在低温下才能进行；此外，结晶等操作也需要降低温度，以减少物质的溶解度，这些过程又都需要冷却。所以，加热和冷却是化学实验中经常遇到的。

2.8.1　加热装置

加热装置常使用酒精灯、酒精喷灯或电加热器等。

（1）**酒精灯**　酒精灯结构如图 2-7 所示。先检查灯芯是否需要修整（灯芯不齐或烧焦时）或更换（灯芯太短时），再看看灯壶是否需要添加酒精（加入的酒精量是灯壶容积的 $1/2\sim2/3$，不可多加。注意，酒精灯燃着时不能添加酒精）。点燃酒精灯需用火柴，切勿用已点燃的酒精灯直接去点燃别的酒精灯。熄灭灯焰时，切勿用口去吹，可将灯罩盖上，火焰即灭；对于玻璃做的灯罩，还应再提起灯罩，待灯口稍冷时，再盖上灯罩，这样可以防止灯口破裂。长时间加热时，最好预先用湿布将灯身包裹，以免灯内酒精受热大量挥发而发生危险。不用时，必须将灯罩盖好，以免酒精挥发。

（2）**酒精喷灯**　常用的酒精喷灯有挂式（见图 2-8）及座式两种。挂式喷灯的酒精储存在悬挂于高处的储罐内，而座式喷灯的酒精则储存在灯座内。

使用前，先在预热盆中注入酒精，然后点燃盆中的酒精，以加热铜质灯管。待盆中酒精将近燃完，灯管温度足够高时，开启开关（逆时针转），这时由于酒精在灯管内汽化，并与来自气孔的空气混合，如果用火点燃管口气体，即可形成高温的火焰。调节开关阀门可以控制火焰的大小。用毕后，旋紧开关，即可使灯焰熄灭。

图 2-7　酒精灯构造　　　　　　　　　　　图 2-8　挂式酒精喷灯的结构
1—灯帽；2—灯芯；3—灯壶

应当指出：在开启开关，点燃管口气体以前，必须充分灼热灯管，否则酒精不能全部汽化，而会有液态酒精由管口喷出，可能形成"火雨"（尤其是挂式喷灯），甚至引起火灾。

挂式喷灯使用前应先开启酒精储罐开关，不使用时，必须将储罐的开关关好，以免酒精漏失，甚至发生事故。

(3) 电加热器　根据需要，实验室还常用电炉（见图 2-9）、电加热套（见图 2-10）、管式炉（见图 2-11）和马弗炉（见图 2-12）等多种电器进行加热。管式炉和马弗炉一般都可以加热到 1000℃以上，并适宜某一温度下长时间恒温。

图 2-9　电炉　　　图 2-10　电加热套　　　图 2-11　管式炉　　　图 2-12　马弗炉

2.8.2　加热操作

某些仪器的干燥、溶液的蒸发和某些化学反应的进行等都需要加热。加热常用煤气灯、酒精喷灯。

当被加热的物质要求受热均匀，而温度又要高于 100℃时，可使用砂浴。它是一个盛有均匀细砂的铁制器皿，用煤气灯加热，被加热的器皿的下部埋置在砂中。若要测量温度，可将温度计插入砂中。

常用的受热容器有烧杯、烧瓶、锥形瓶、蒸发皿、坩埚、试管等。这些仪器一般不能骤热，受热后也不能立即与潮湿的或过冷的物体接触，以免容器由于骤热骤冷而破裂。加热液体时，液体体积一般不应超过容器容积的一半。在加热前必须将容器外壁擦干。

烧杯、烧瓶和锥形瓶等容积较大的仪器加热时，必须放在石棉网（或铁丝网）上，否则容易因受热不匀而破裂。

蒸发皿、坩埚灼热时，应放在泥三角（见图 2-13）上。若需移动则必须用坩埚钳夹取。

在火焰上加热试管时，应使用试管夹夹住试管的中上部，试管与桌面成 60° 的倾斜，管口不能对着有人的地方（见图 2-14）。如果加热液体，应先加热液体的中上部，慢慢移动试管，热及下部，然后不时上下移动或摇荡试管，务必使各部分液体受热均匀，以免管内液体因受热不匀而骤然溅出。

如果加热潮湿的或加热后有水产生的固体时，应将试管口稍微向下倾斜，管口略低于底部（见图 2-15），以免在试管口冷凝的水流向灼热的管底而使试管破裂。

图 2-13　泥三角加热　　　　图 2-14　试管加热　　　　图 2-15　固体加热

如果要在一定范围的温度下进行较长时间的加热，则可使用水浴锅简称水浴（见图 2-16）、蒸汽浴（见图 2-17）或砂浴等。水浴或蒸汽浴是具有可彼此分离的同心圆环盖的铁制水锅（也可用烧杯代替）。砂浴是盛有细砂的铁盘。应当指出：离心试管的管底玻璃较薄，则不宜直接加热，而应在热水浴中加热。

图 2-16　烧杯代替水浴加热　　　　图 2-17　蒸汽浴加热

2.8.3　冷却方法

某些化学反应需要在低温条件下进行，另外一些反应需要传递出产生的热量；有的制备操作像结晶、液态物质的凝固等也需要低温冷却。可根据所要求的温度条件选择不同的冷却剂（制冷剂）。

用水冷却是一种最简便的方法。水冷却可将被制冷物的温度降到接近室温，被制冷物浸在冷水或在流动的冷水中冷却（如回流冷凝器）。

冰或冰水冷却，可得到 0℃的温度。

冰-无机盐冷却剂，可达到的温度为 0～－40℃。制作冰盐冷却剂时，要把盐研细后再与粉碎的冰混合，这样制冷的效果好。冰与盐按不同的比例混合，能得到不同的制冷温度。如 $CaCl_2 \cdot 6H_2O$ 与冰按 1∶1、1.25∶1、1.5∶1、5∶1 混合，分别达到的最低温度为 －29℃、－40℃、－49℃、－54℃。干冰-有机溶剂冷却剂，可获得－70℃以下的低温。干冰与冰一样，不能与被制冷容器的器壁有效接触，所以常与凝固点低的有机溶剂（作为热的传导体）一起使用，如丙酮、乙醇、正丁烷、异戊烷等。

利用低沸点的液态气体，可获得更低的温度。如液态氮（一般放在铜质、不锈钢或铝合金的杜瓦瓶中）可达到－195.8℃，而液态氦可达到－268.9℃的低温。使用液态氧、氢时应特别注意安全操作。液态氧不要与有机物接触，防止燃烧事故发生；液态氢汽化放出的氢气必须谨慎地燃烧掉或排放到高空，避免爆炸事故；液态氨有强烈的刺激作用，应在通风柜中使用。

使用液态气体时，为了防止低温冻伤事故发生，必须戴皮（或棉）手套和防护眼镜。一般低温冷浴也不要用手直接触摸制冷剂（可戴橡皮手套）。

应当注意，测量－38℃以下的低温时，不能使用水银温度计（Hg 的凝固点为

—38.87℃），应使用低温酒精温度计等。

此外，使用低温冷浴时，为防止外界热量的传入，冷浴外壁应使用隔热材料包裹覆盖。

2.9 称量仪器及其使用

化学实验室中最常用的称量仪器是天平。天平的种类很多，根据天平的平衡原理，可分为杠杆式天平和电磁力式天平等；根据天平的使用目的，可分为分析天平和其他专用天平；根据天平的分度值大小，分析天平又可分为常量（0.1mg）、半微量（0.01mg）、微量（0.001mg）等。通常应根据测试精度的要求和实验室的条件来合理地选用天平。

2.9.1 台式天平

台式天平（见图 2-18）又称托盘天平，用于粗略的称量，能准确至 0.1g。台式天平的横梁架在台天平底座上，横梁左右有两个盘子。在横梁中部的上面有指针，根据指针 A 在

图 2-18 台式天平

刻度盘 B 摆动的情况，可以看出台式天平的平衡状态。使用台天平称量时，可按下列步骤进行。

(1) 零点调整 使用台式天平前需把游码 D 放在刻度尺的零点。托盘中未放物体时，如指针不在刻度零点，可用零点调节螺丝 C 调节。

(2) 称量 称量物不能直接放在天平盘上称量（避免天平盘受腐蚀），应放在已知质量的纸或表面皿上，而潮湿的或腐蚀性的药品则应放在玻璃容器内。台式天平不能称热的物质。称量时，称量物放在左盘，砝码放在右盘。添加砝码时应从小到大。在添加刻度标尺 E 以内的质量时（如10g或5g），可移动标尺上的游码，直至指针指示的位置与零点相符（偏差不超过1格），记下砝码质量，此即称量物的质量。

(3) 复原 称量完毕应把砝码放回盒内，把游标尺的游码移到刻度"0"处，将台式天平及台面清理干净。

2.9.2 分析天平

分析天平是定量分析中主要的仪器之一，称量又是定量分析中的一个重要的基本操作，因此必须了解分析天平的结构及其正确的使用方法。

常用的分析天平有半机械加码电光天平、全机械加码电光天平和单盘电光天平等。这些天平在构造和使用方法上虽有些不同，但它们的设计都依据杠杆原理（见图 2-19）。

杠杆 ABC 代表等臂的天平梁，B 为支点，P 与 Q 分别代表被称量物体（质量 m_1）和砝码（质量 m_2）施加于 ABC 向下的作用力。当杠杆达到平衡时，根据杠杆原理，支点两边的力矩应相等。即

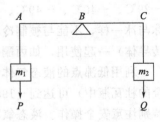

图 2-19 杠杆原理示意图

$$P \times AB = Q \times BC$$

对于等臂天平 $AB=BC$，所以 $P=Q$，设重力加速度为 g，$m_1g=m_2g$，所以，$m_1=m_2$，即砝码的质量与被称量物的质量相等。此时，被测物的质量便可由砝码的质量表示，这就是天平称量的基本原理。分析天平的种类很多，下面介绍实验室常用的电光天平。

图 2-20 半自动电光天平的构造

1—横梁；2—平衡螺丝；3—吊耳；4—指针；
5—支刀点；6—框罩；7—圈码；8—指数盘；
9—支柱；10—托叶；11—阻尼器；12—投影屏；
13—天平盘；14—盘托；15—螺旋脚；
16—垫脚；17—升降旋钮；18—调屏拉杆

（1）半自动电光天平的构造及使用

① 构造　半自动电光天平的构造见图 2-20，它由横梁、立柱、悬挂系统、读数系统、操作系统及天平箱构成。

横梁又称天平梁，是天平的主要部件，一般由铜或铝合金制成。梁上有三个三棱形的玛瑙刀，中间一个刀口向下，称支点刀，两端等距离处各有一个刀口向上的刀，称承重刀，三个刀口的锋利程度决定天平的灵敏度，因此应十分注意保护刀口。横梁两边各有一个平衡螺丝，用于调节天平的零点。梁的正中下方有一细长的指针，指针下端固定着一透明的微缩标尺。称量时，通过光学读数系统可以从微缩标尺上读出 10mg 以下的质量。

立柱是天平梁的支柱，立柱上方嵌有玛瑙平板。天平工作时玛瑙平板与支点刀接触，天平关闭时装载立柱上的托叶上升，托起天平梁，使刀口与玛瑙平板脱开保护刀口。立柱后方有一水准仪，能指示天平的水平状态，调节天平箱下方螺旋脚的高度，可使天平达到水平。

悬挂系统包括吊耳、空气阻尼器及天平盘三个部分。天平工作时，两个承重刀上各挂着一个吊耳，吊耳上嵌着玛瑙平板与承重刀口接触，天平关闭时则脱开。吊耳下各挂着一个天平盘，分别用于盛放被称量物和砝码。吊耳下还分别装有由两个相互套合而又互不接触的铝合金圆筒组成的空气阻尼器，阻尼器的内筒挂在吊耳下面，外筒固定在立柱上。当天平工作时，由于空气的阻尼作用，可使天平梁较快地静止下来。

半自动电光天平的机械加码装置可以添加 10～990mg 的质量。旋动内、外层圈码指示盘，与左边刻线对准的读数就是所加的圈码的质量（见图 2-21）。此外，还配有光学读数系统（见图 2-22），只要旋开升降旋钮使天平处于工作状态，天平后方灯座中的小灯即亮，灯光经过准直，将缩微标尺刻度投影在投影屏（见图 2-23）上，这时可以从投影屏上读出 0.1～10mg 的质量。

图 2-21　圈码指示盘

图 2-22　光学读数装置示意图

1—光源；2—缩微标尺；3—指针；
4—透镜；5，6—反射镜；7—投影屏

图 2-23　投影屏及缩微标尺

图 2-24　天平梁的结构

天平的操作系统除机械加码装置外还有升降枢，在天平台下正中，连接托梁架、盘托和光源。开启升降枢时，托梁即降下，梁上的三个刀口与相应的玛瑙平板接触（见图 2-24），盘托下降，吊耳和天平盘自由摆动，天平进入工作状态，同时也接通了光源，在屏幕上看到标尺的投影。停止称量时，关闭升降枢，则天平梁与盘被托住，刀口与玛瑙平板脱离，天平进入休止状态，光源切断，光屏变黑。

为防止有害气体和尘埃的侵蚀以及气流对称量的影响，天平安放在一个三方装有玻璃门的框罩（即天平箱）内，取放被称量物或砝码时，应开侧门，天平的正门只在调节和维修时才使用。此外，每台天平都附有一盒配套的砝码。为了便于称量，砝码的大小有一定的组合形式，通常以 5、2、2*、1、1* 组合，并按固定的顺序放在砝码盒中，质量相同的砝码其质量仍有微小差别，故其面上打有标记以示区别。圈码和砝码如图 2-25 所示。

图 2-25　圈码和砝码

② 称量步骤

a. 检查　称量前要检查天平是否处于正常状态，如天平是否水平，吊耳和圈码有无脱落，圈码指数盘是否指示在 0.00 的位置，天平盘上是否有异物，箱内是否清洁等。

b. 调节零点　天平不载重时的平衡点为零点。调节天平零点时先接通电源，缓慢开启升降旋钮，当天平指针静止后，观察投影屏上的刻线与缩微标尺上的 0.0mg 刻度是否重合。如未重合，可调节位于升降旋钮下面的调屏拉杆，移动投影屏的位置，使二者重合，即调好零点。如已将调屏拉杆调到尽头仍不能重合，则需关闭天平后再调节梁上的平衡螺丝（初学者应在教师指导下进行）。

c. 称量　打开天平侧门，把在台秤上称过的被称量物放在左盘中央，在右盘和承码杆上按粗称的质量加上砝码和圈码（即环码），关好天平门，慢慢开启升降旋钮，根据指针或缩微标尺偏转的方向（指针偏转方向与缩微标尺相反），决定加减砝码和圈码。如指针向左偏转（标尺向右偏转），则表示砝码比物体重，应立即关闭升降旋钮，减少砝码或圈码后再称量。如指针向右偏转，且缩微标尺上 10.0mg 的刻线已超过投影屏上的刻线，则表示砝码比物体轻，应关闭升降旋钮，增加砝码或圈码。这样反复调整，直到开启升降旋钮时，投影屏上刻线与缩微标尺上的刻度重合在 0.0～10.0mg 为止。

d. 读数　当缩微标尺稳定后，即可依次读出砝码、圈码及投影屏刻线与标尺重合处的数值，其中一大格为 1mg，一小格为 0.1mg，若刻线在两小格之间，则按四舍五入的原则取舍。读取投影屏上的读数后立即关闭升降旋钮。

被称量物质量＝砝码质量＋圈码质量＋投影屏上的读数

例如，某次称量结果是：砝码质量为 $25g$，圈码质量为 $230mg$，投影屏上的读数为 $0.6mg$，则被称量物的质量为：$25+0.230+0.0006=25.2306g$，称量结果要立即如实地记录在记录本上。

e. 复原 称量完毕，取出被称量物，将装有试样的称量瓶放回干燥器中保存，把砝码放在砝码盒内，圈码指数盘回复到 0.00 的位置，拔下电源插头，罩上天平的护罩。

（2）全自动电光天平的构造 见图 2-26。

图 2-26 全自动电光天平构造图

1—横梁；2—挂钩；3—阻尼器；4—秤盘；5—盘托；6—开关旋钮；

7—避震垫脚；8—光学投影装置；9—变压器；10—克砝码；

11—圈形毫克砝码；12—平衡螺母；13—微调杆；14—大托翼

（3）全自动与半自动电光天平的主要区别 见表 2-7。

表 2-7 全自动与半自动电光天平的主要区别

区别点	部件及操作	半自动电光天平	全自动电光天平
（1）	1g 以上的砝码	用镊子夹取	旋转指数盘加码
（2）	指数盘	$(10\sim990mg)$内圈小,外圈大	$(10\sim990mg)$外圈小,内圈大$(1\sim9g)(10\sim199g)$
（3）	加物、码位置	左物右码	左码右物
（4）	投影屏上标尺刻度	$0\sim10mg$	$+10\sim-10mg$

（4）电光天平质量的检查 衡量天平的质量主要有三个指标：灵敏度、变动性和偏差。

① 天平的灵敏度 灵敏度通常是指在天平的一个盘上增加 $1mg$ 质量时引起指针偏转的程度，以分刻度格/mg 表示。当刀口质量一定时，天平梁的质量大，则灵敏度低；天平臂

长，则灵敏度高；支点与横梁重心的距离短，则灵敏度高。一台天平的臂长和横梁的质量是固定的，所以通常是采用日变支点与重心的距离（即调节重心螺丝的位置）来调节灵敏度。天平载重时两臂微向下垂，重心降低，故载重时通常灵敏度有所减小。灵敏度又常用感量来表示，感量为灵敏度的倒数，用 mg/格表示。

灵敏度的测定：调好天平零点，在左盘上放一校正过的 10mg 片码，开启升降旋钮，标尺应移至 9.8～10.2 分刻度 mg 范围，如不符合要求应调节灵敏度。

② 变动性　天平称量前后，几次零点变化的最大差值（mg）称为天平的变动性，一般在 0.2mg 以内。检查方法：称量前连续测定三次零点，称量结束后再测三次零点，六次数据中的最大值减去最小值的差，就是变动性。如测得称量前零点均为 0.0mg，称量后零点为 0.0mg、−0.1mg，则变动性为：$0.0-(-0.1)=0.1mg$。

③ 偏差　偏差是指天平两臂不等长所引起的系统称量误差，分析天平要求偏差小于 0.4mg。

检查方法：调好零点，用两个经检定表面恒为相等质量的砝码，分别放在天平的两个盘上，开启升降旋钮，记下投影屏上的读数 P_1，然后把两盘上的砝码对换，再读数 P_2，偏差即为 P_1 与 P_2 平均值的绝对值，在实验中，如果使用同一台天平称量，这种偏差可以相互抵消。

(5) 电光天平常见故障的排除　见表 2-8。

表 2-8　电光天平常见故障的排除

故 障	原 因	排 除 方 法
零件位置不正产生摩擦	天平不水平	检查水准泡，调至水平
空气筒周围间隙不等	有无棉毛纤维物阻滞现象	将阻尼架上的滚花螺钉旋松，然后把阻尼筒调整，再紧固滚花螺钉
吊耳脱落或偏侧	1. 多是由于开、关天平太快引起的 2. 如吊耳安放不稳，左右偏侧，也会引起脱落	1. 将吊耳轻轻地重新放上，就可使用 2. 可用尖嘴钳，将横托架末端的小支柱下部的螺丝放松，将小支柱向左或向右移动，再拧紧螺丝后进行试验，直至不再偏侧为止。若吊耳前后跳动，可用拨棍插入小支柱上部孔中转动，调节至小支柱的高度相同为止
盘托高低不适当	盘托过高，关闭天平时，秤盘向上抬起，有时引起吊耳脱落；盘托过低，关闭天平后，秤盘仍自由摆动	可取下秤盘，取出盘托，调节盘托下面杆上螺丝的位置以改变盘托高度至合适
指针跳动	当横梁被托起时，如支点刀的刀口与刀垫间前后距离不等，则开启天平时，会产生指针跳动	可把横托架左臂前的螺丝放松，然后用手捻调节小支柱的高度，直至指针不再跳动
天平摆动受阻	1. 盘托卡住不能下降 2. 内外阻尼器相碰或有轻微摩擦	1. 取下秤盘，取出盘托，用干布或干纸擦净后，涂上机油，再行安装、使用 2. 检查天平是否处于水平状态；根据"左一右二"的原则，看内阻尼器是否错放；从天平顶部观察内外阻尼器四周的空隙，如大小不匀，应取下秤盘及吊耳，将内阻尼器转 180° 再试用 3. 如上述调节无效，可小心地旋松固定外阻尼器的螺丝，从天平顶部观察，以内阻尼器为标准，移动外阻尼器的位置，直至内外阻尼器不再摩擦，拧紧螺丝

故 障	原 因	排 除 方 法
指数盘失灵	1. 固定指数盘的螺丝松动 2. 挂砝码的挂钩起落失灵 3. 指数盘读数与加上的砝码不相符	1. 先对好的读数位置,把螺丝拧紧 2. 取下指数盘后面的外罩,滴上机油 3. 可松开偏心轮的螺丝,旋转以改变偏心轮的位置后,再将螺丝拧紧
投影屏上显示的标尺刻度模糊	标尺在投影屏的位置偏上、偏下或超出投影屏或标尺位置不对	可旋动投影屏旁的螺丝调节反射镜的位置,使标尺恰好落在投影屏上
小电珠不亮	1. 是否停电或熔丝烧断 2. 线头脱落 3. 天平底板上的接触分开 4. 灯泡和变压器损坏	1. 检查电源或熔丝 2. 检查天平上所有的焊接点,是否有线头脱落现象 3. 检查天平底板上的接触点(正常情况:天平关闭时,两接触点分开,电路不通;当天平开启时,两接触点相碰,电路接通) 4. 可检查灯泡和变压器是否损坏
全自动天平的加码梗阻轧不灵活	加码梗阻轧缺少润滑油	可将木框外的加码罩小心拆下,在活动部分略加些钟表油,使其自然起落后将罩壳装上
全自动天平的大托翼不落	大托翼后面的支架弹簧的两边弯角变形	将其整形

2.9.3 电子天平

(1) 称量原理及特点 电子天平是目前最新一代的天平,有顶部承载式(吊挂单盘)和底部承载式(上皿式)两种。它是根据电磁力补偿工作原理,使物体在重力场中实现力的平衡;或通过电磁力矩的调节,使物体在重力场中实现力矩的平衡,整个称量过程均由微处理器进行计算和调控。当秤盘上加载后,即接通了补偿线圈的电流,计算器就开始计算冲击脉冲,达到平衡后,显示屏上即自动显示出载荷的质量值。

电子天平的特点:通过操作者触摸按键可自动调零、自动校准、扣除皮重、数字显示、输出打印等,同时其质量轻,体积小,操作十分简便,称量速度也很快。

(2) 构造 电子天平型号有多种,现以北京赛多利斯仪器系统有限公司生产的BS210S电子天平为例,其构造如图 2-27 所示。

(3) 操作步骤

① 检查天平 称量前要检查天平是否处于正常状态,如天平是否水平、箱内是否清洁等。

② 水平 调整地脚螺栓,使水平仪内空气泡位于圆环中央。

③ 开机 先接通电源,按下 [ON/OFF] 键,直至全屏自检。

④ 预热 至少预热 30min(参考仪器说明书),否则天平不能达到所需的工作温度。

⑤ 校正 首次使用天平必须进行校正,按校正键 [CAL],天平将显示所需校正砝码的质量(如 100g),放上 100g 标准砝码直至出现 100.0g,校正结束,取下标准砝码。

⑥ 零点显示(0.0000g) 稳定后即可进行称量。

⑦ 称量 天平不载重时的平衡点为零点,观察液晶屏上的读数是否为 0.0mg,如不是,即按下除皮键 [TARE],除皮清零。打开天平侧门,把试样放在盘中央,关闭天平侧门即可读数。

图 2-27　BS210S 电子天平

1—秤盘；2—屏蔽环；3—地脚螺栓；4—水平仪；5—功能键；6—CF 清除键；7—除皮键；

8—打印键；9—调校键；10—开关键；11—显示器；12—CMC 标签；13—具有 CE 标记的型号牌；

14—菜单-去联镜开关；15—电源接口；16—数据接口；17—秤盘支架

⑧ 关机　按下 [ON/OFF] 键，断开电源。若天平在短期内还要使用，应将开关键关至待机状态，使天平保持保温状态，可延长天平使用寿命。

（4）电子天平常见故障的排除　见表 2-9。

表 2-9　电子天平常见故障的排除

故　障	原　因	排除方法
显示器上无任何显示	1. 无工作电压 2. 未接变压器	1. 检查供电线路及仪器 2. 接好变压器
调整校正之后显示器无显示	1. 放置天平的表面不稳定 2. 未达到内校稳定	1. 确保放置天平的场所稳定 2. 防止震动对天平支撑面的影响 3. 关闭防风罩
显示器显示"H"	超载	为天平卸载
显示器显示"L"或"Err54"	未装秤盘或底盘	依据电子天平的结构和类型装上秤盘或底盘
称量结果不断改变	1. 震动太大，天平暴露在无防风措施的环境中 2. 防风罩未完全关闭 3. 在秤盘与天平壳体间有杂物 4. 下部称量开孔封闭盖板被打开 5. 被测物质量不稳定（易吸潮或蒸发） 6. 被测物带静电荷	1. 通过"电子天平工作菜单"采取相应措施 2. 完全关闭防风罩 3. 清除杂物 4. 关闭下部称量开孔 5. 被测物质放在密闭容器内称量 6. 设法释放静电荷后再称
称量结果明显错误	1. 天平未经调校 2. 称量前未清零	1. 调校天平 2. 称量前清零

（5）分析天平的使用规则

① 称量前先将天平护罩取下叠好，放在合适的位置。检查变色硅胶是否有效，天平是否处于水平状态，必要时用软毛刷保洁。

② 不能称量过冷或过热的物体，被称物温度应与天平箱内的温度一致，有腐蚀性或易吸湿的试样应放在密闭容器内称量。

③ 天平的上门仅在检修时使用，不得随意打开。

④ 开、关天平两边侧门时，动作要轻、缓（不发出碰击声响）。

⑤ 天平载重不能超过天平的最大载荷。

⑥ 精确读数前，必须关好天平的侧门。

⑦ 称量的数据应及时写在记录本上，不得记在纸片或其他地方。

⑧ 称量完毕后，关掉天平，取出被称物，切断电源，最后罩上护罩。

2.9.4　称量方法

使用分析天平的称量方法有：直接称量法（简称直接法）、固定质量称量法和递减称量法（简称减量法或差减法）。

（1）直接法　用于直接称量烧杯等容器的质量。其方法是：将在台式天平上粗称过的干净烧杯用纸带（或戴干净细纱手套）捏住，放在台式天平左盘中央，然后在右盘上加砝码，开启天平，看投影标尺的漂移，判断加减砝码，关掉天平后加环码（由大到小，先转动指数盘外围，再转内圈），开启天平，再看投影标尺的漂移，如此反复操作直到平衡点在投影标尺刻度内稳定为止，记录数据。

$$容器的质量＝砝码质量＋环码质量＋投影标尺上数据$$

（2）固定质量称量法　用于称取不易吸湿、在空气中稳定的试样，如金属、矿石、合金等。称量时先称出放试样的空器皿质量，然后在另一盘中加上固定质量的砝码，再用食指轻弹药勺柄，使试样慢慢抖入已知质量的器皿中，再进行一次称量（见图 2-28），直至平衡点为止。

注意：若不慎多加了试样，只能用药勺取出多余量，但是取出后的试样不能再放回试剂瓶中或称量瓶中。

（3）差减称量法（减量法）　用于称取易吸湿、易氧化、易与二氧化碳反应的物质。其方法是：用一干净纸带套住装试样的称

图 2-28　固定质量称量法

量瓶，手持纸带两头将称量瓶放在天平左盘中央，拿去纸带，称量。称量完毕后，再用纸带套住称量瓶取出，放在接收试样的容器上方，用一干净纸片包着称量瓶盖上的顶。打开瓶盖，将称量瓶倾斜（瓶底略高于瓶口），轻轻敲动瓶口的上方，使试样落到容器中（见图2-29），注意不要让试样撒落到容器外。当试样量接近要求时，将称量瓶缓慢竖起，用瓶盖敲动瓶口，使粘在瓶口的试样落入称量瓶或容器中，盖好瓶盖，再次称量。两次质量之差即是取出试样的质量。如此继续操作可称取多份试样。

（4）液体样品的称量　液体样品的准确称量比较麻烦。根据不同样品的性质有多种称量方法，主要的称量方法有以下三种。

① 性质比较稳定、不易挥发的样品可装在干燥的小滴瓶中用减量法称取，应预先粗测每滴样品的大致质量。

② 较易挥发的样品可用增量法称量，如称取浓 HCl 试样时，可先在 100mL 具塞锥形瓶中加 20mL 水，准确称量后，加入适量的试样，立即盖上瓶塞，再进行准确称量，然后即可

图 2-29　敲击试样方法

进行测定（例如，用 NaOH 标准溶液滴定 HCl 溶液）。

③ 易挥发或与水作用强烈的样品采取特殊的方法进行称量，如冰乙酸样品可用小称量瓶准确称量，然后连瓶一起放入已盛有适量水的具塞锥形瓶中，摇开称量瓶盖，样品与水混匀后进行测定。发烟硫酸及浓硝酸样品一般采用直径约 10mm、带毛细管的安瓿球称取。已准确称量的安瓿球经火焰微热后，毛细管尖插入样品，球泡冷却后可吸入 1～2mL 样品，然后用火焰封住管尖再准确称量。将安瓿球放入盛有适量水的具塞锥形瓶中，摇碎安瓿球，样品与水混合并冷却后即可进行测定。

2.10　常见仪器的用法

2.10.1　721 型分光光度计的使用

721 型分光光度计是上海第三分析仪器厂生产的一种固定狭缝、单光束仪器，其各部件组装成一体。它主要用于波长范围为 360～800nm 的光吸收测量，且适宜于高浓度吸光物质的示差分析。

(1) 仪器的外形结构　仪器的外形结构见图 2-30。

图 2-30　721 型分光光度计

1—波长读数盘；2—电表；3—液槽暗盒盖；4—波长调节旋钮；5—"0" 透光率调节旋钮；
6—"100%" 透光率调节旋钮；7—液槽架拉杆；8—灵敏度选择旋钮；9—电源开关

(2) 721 型分光光度计的使用方法

① 将仪器电源开关接通，开启液槽暗盒盖 3，调节 "0" 旋钮，使电表指针处于读数盘透光率 "0" 处；调整旋钮 4 使波长读数盘 1 的刻线对准选用单色光的波长，并选择合适的灵敏度挡，再用调 "0" 旋钮复校电表透光率 "0" 位。

② 把液槽暗盒盖盖上，将参比溶液推入光路，顺时针旋转 "100%" 旋钮，使电表指针处于透光率 "100%" 处。

③ 按上述方式连续几次调整透光率 "0" 及 "100%"，直到不变，即可进行测量工作。

④ 将待测溶液推入光路，读取吸光度。

(3) 仪器使用注意事项

① 连续测定时间太长，光电管会疲劳，造成吸光度读数漂移。此时应将仪器稍歇，再继续使用。

② 使用参比溶液调节透光度为 100% 时，应先将光量调节器调至最小，然后合上液槽暗盒盖（即开启光门），再慢慢开大光量。

③ 仪器灵敏度挡的选择原则：当参比溶液进入光路时，应能用光量调节器调至透光率为 100%。各挡的灵敏度范围是：第一挡×1 倍；第二挡×10 倍；第三挡×100 倍；第四挡×200 倍；第五挡×400 倍。一般选择在第一挡。

2.10.2　酸度计的使用

酸度计实质就是一个电位计，既可测量电池的电动势，也可直接利用对 H^+ 有选择性响应的玻璃电极或复合电极，直接测 pH。实验室常用的酸度计有 pHS-2C 和 pHS-3C 型等。它们的原理相同，仅结构上有差别。现分别以 pHS-2C 和 pHS-3C 型为例，说明酸度计的使用方法。其他型号酸度计的使用，可查阅有关说明书。

2.10.2.1　pHS-2C 型酸度计的使用

(1) 仪器的外形结构　pHS-2C 型酸度计外形结构与测试装置见图 2-31。

图 2-31　pHS-2C 型酸度计外形结构与测试装置

1—读数开关；2—温度补偿器；3—斜率补偿；4—定位调节；5—分挡范围；
6—选择旋钮；7—指示表头；8—磁力搅拌器；9—滴定管；10—电极架；
11—电极夹；12—玻璃电极；13—甘汞电极；14—搅拌磁子

(2) pH 的测定方法

① 电极和仪器安装。玻璃电极在使用前，应先在蒸馏水中浸泡数小时（最好一昼夜），以稳定其不对称电位。暂时不用，应将其玻璃泡部分浸入水中，电极插头上绝缘部分切忌与污物接触，以免影响转换系数。甘汞电极内部的小玻璃管的下口，必须被氯化钾溶液所浸没；弯管内不可有气泡将 KCl 溶液隔开，电极下端为一毛细孔的陶瓷塞片，测量时允许有少量氯化钾溶液流出，但不允许有被测溶液流入，使用时注意保持足够的液位差。暂时不用时不得与玻璃电极同时浸在蒸馏水中。

将准备好的玻璃电极与甘汞电极，分别架在仪器的电极架上，并注意玻璃电极切勿与硬物碰撞，其位置应比甘汞电极略高；然后将二支电极的插头引线分别插入其插孔，或通过转换器与仪器测量插孔相连。开启开关，预热 10～20min 后，即可开始工作。

② 标定。

a. 将选择旋钮置于"pH"挡；

b. 将二支电极及温度计，用蒸馏水冲洗，并用滤纸吸干，放入装有 pH＝6.86 的缓冲溶液中；

c. 将斜率补偿调到 100%（即顺时针旋到底），将分挡开关拨到"6"，调节定位调节旋钮，使仪器显示读数与该缓冲溶液（pH＝6.86）pH 一致；

d. 用蒸馏水冲洗电极，用滤纸吸干，再放入 pH＝4.00（或 pH＝9.81）的缓冲溶液中，开动搅拌器，将斜率补偿旋钮旋到 pH＝4.00（或 pH＝9.81）。

注：经标定的仪器定位调节旋钮及斜率调节旋钮不应再动。

标定的缓冲溶液第一次应用 pH＝6.86 的，第二次应接近被测溶液的值，如被测的溶液为酸性，缓冲溶液应选 pH＝4.00 的缓冲溶液；如被测溶液为碱性，则选 pH＝9.81 的缓冲溶液，一般情况下，在 24h 内仪器不需标定。

③ 测量。用蒸馏水清洗电极，用滤纸吸干，放入测量液中，由表头上读数。

2.10.2.2 pHS-3C 型精密 pH 计的使用

(1) 概述 pHS-3C 型精密 pH 计是精密数字显示 pH 计，它采用 3 位半十进制 LED 数字显示。该仪器适用于测定水溶液的 pH 和电位（mV）值。此外，还可配上离子选择性电极，测出该电极的电极电位。

(2) 仪器结构

① 仪器外形结构见图 2-32。

② 仪器后面板见图 2-33。

图 2-32　仪器外形结构

1—机箱；2—键盘；3—显示屏；
4—多功能电极；5—电极架

图 2-33　仪器后面板

1—测量电极插座；2—参比电极接口；
3—熔丝；4—电源开关；5—电源插座

③ 仪器键盘说明。

a. "pH/mV"键，此键为 pH、mV 选择键，按一次进入"pH"测量状态；再按一次进入"mV"测量状态。

b. "定位"键，此键为定位选择键，按此键上部"△"为调节定位数值上升；按此键下部"▽"为调节定位数值下降。

c. "斜率"键，此键为斜率选择键，按此键上部"△"为调节斜率数值上升；按此键下部"▽"为调节斜率数值下降。

d. "温度"键，此键为温度选择键，按此键上部"△"为调节温度数值上升；按此键下部"▽"为调节温度数值下降。

e. "确认"键，此键为确认键，按此键为确认上一步操作。此键的另外一种功能是如果仪器因操作不当出现不正常现象时，可按住此键，然后将电源开关打开，使仪器恢复初始状态。

（3）仪器附件（雷磁 E-201-C 型 pH 复合电极）

① 用途　雷磁 E-201-C 型 pH 复合电极（见图 2-34）是玻璃电极和参比电极组合在一起的塑壳可充式复合电极，是 pH 测量元件，用于测量水溶液的 pH（氢离子活度）。其测量范围为 0～14pH。测量温度为 0～60℃。响应时间为 ≤2min。

② 特点

a. 碰撞不破，电极的易碎部分用塑料栅保护，测量时可作搅拌棒用。

b. 电极为可充式：电极上端有充液小孔，配有小橡皮塞，在测量时应把小橡皮塞取下。

c. 抗干扰性能强：电极为全屏蔽式，防止测量时外电场干扰。

图 2-34　雷磁 E-201-C 型 pH 复合电极
1—Q9 短路插；2—E-201-C 型 pH 复合电极；
3—电极保护套

d. 本电极下端配有电极保护帽，取下帽后，可以立即使用。

（4）操作步骤

① 开机前的准备

a. 将多功能电极架插入多功能电极架插座中。

b. 将 pH 复合电极安装在电极架上。

c. 将 pH 复合电极下端的电极保护套拔下，并且拉下电极下端的橡皮套，使其露出下端小孔。

d. 用蒸馏水清洗电极。

pHS-3C 操作流程图见图 2-35。

② 标定　仪器使用前首先要标定。一般情况下仪器在连续使用时，每天要标定一次。

a. 在测量电极插座处拔掉 Q9 短路插头。

b. 在测量电极插座处插入复合电极。

c. 如不用复合电极，则在测量电极插座处插入玻璃电极插头，参比电极接入参比电极接口处。

d. 打开电源开关，按 "pH/mV" 按钮，使仪器进入 pH 测量状态。

e. 按 "温度" 按钮，使显示为溶液温度（此时温度指示灯亮），然后按 "确认" 键，仪器确定溶液温度后回到 pH 测量状态。

f. 把用蒸馏水清洗过的电极插入 pH＝6.86 的标准缓冲溶液中，待读数稳定后按 "定位" 键（此时 pH 指示灯慢闪烁，表明仪器在定位标定状态），使读数为该溶液当时温度下的 pH（例如混合磷酸盐 10℃时，pH＝6.92），然后按 "确认" 键，仪器进入 pH 测量状态，pH 指示灯停止闪烁。标准缓冲溶液的 pH 与温度关系对照表见表 2-10。

表 2-10　标准缓冲溶液的 pH 与温度关系对照表

温度/℃	0.05mol·kg^{-1} 邻苯二甲酸氢钾	0.025mol·kg^{-1} 混合物磷酸盐	0.01mol·kg^{-1} 四硼酸钠
5	4.00	6.95	9.39
10	4.00	6.92	9.33
15	4.00	6.90	9.28

温度/℃	0.05mol·kg⁻¹ 邻苯二甲酸氢钾	0.025mol·kg⁻¹ 混合物磷酸盐	0.01mol·kg⁻¹ 四硼酸钠
20	4.00	6.88	9.23
25	4.00	6.86	9.18
30	4.01	6.85	9.14
35	4.02	6.84	9.11
40	4.03	6.84	9.07
45	4.04	6.84	9.04
50	4.06	6.83	9.03
55	4.07	6.83	8.99
60	4.09	6.83	8.97

图 2-35　pHS-3C 操作流程图

g. 把用蒸馏水清洗过的电极插入 pH＝4.00（或 pH＝9.18）的标准缓冲溶液中，待读数稳定后按"斜率"键（此时 pH 指示灯快闪烁，表明仪器在斜率标定状态），使读数为该溶液当时温度下的 pH（例如邻苯二甲酸氢钾 10℃时，pH＝4.00），然后按"确认"键，仪器进入 pH 测量状态，pH 指示灯停止闪烁，标定完成。

h. 用蒸馏水清洗电极后即可对被测溶液进行测量。

如果在标定过程中操作失误或按键按错而使仪器测量不正常，可关闭电源，然后按住

"确认"键再开启电源，使仪器恢复初始状态。然后重新标定。

注意：经标定后，"定位"键及"斜率"键不能再按，如果触动此键，此时仪器 pH 指示灯闪烁，请不要按"确认"键，而是按"pH/mV"键，使仪器重新进入 pH 测量即可，而无须再进行标定。

标定的缓冲溶液一般第一次用 pH＝6.86 的溶液，第二次用接近被测溶液 pH 的缓冲液，如被测溶液为酸性时，缓冲溶液应选 pH＝4.00；如被测溶液为碱性时，则选 pH＝9.18 的缓冲溶液。

一般情况下，在 24h 内仪器不需再标定。

③ 测量 pH　经标定过的仪器，即可用来测量被测溶液，被测溶液与标定溶液温度是否相同，所引起的测量步骤也有所不同。具体操作步骤如下。

a. 被测溶液与定位溶液温度相同时，测量步骤如下：用蒸馏水清洗电极头部，再用被测溶液清洗一次：把电极浸入被测溶液中，用玻璃棒搅拌溶液，使溶液均匀，在显示屏上读出溶液的 pH。

b. 被测溶液和定位溶液温度不同时，测量步骤如下：用蒸馏水清洗电极头部，再用被测溶液清洗一次；用温度计测出被测溶液的温度；按"温度"键，使仪器显示为被测溶液温度，然后按"确认"键；把电极插入被测溶液内，用玻璃棒搅拌溶液，使溶液均匀后读出该溶液的 pH。

④ 测量电极电位（mV）

a. 把离子选择性电极（或金属电极）和参比电极夹在电极架上；

b. 用蒸馏水清洗电极头部，再用被测溶液清洗一次；

c. 把离子电极的插头插入测量电极插座处；

d. 把参比电极接入仪器后部的参比电极接口处；

e. 把两种电极插在被测溶液内，将溶液搅拌均匀后，即可在显示屏上读出该离子选择电极的电极电位（mV），还可自动显示电极极性；

f. 如果被测信号超出仪器的测量范围，或测量端开路时，显示屏会不亮，作超载报警；

g. 使用金属电极测量电极电位时，用带夹子的 Q9 插头，Q9 插头接入测量电极插座处，夹子与金属电极导线相接；或用电极转换器，电极转换器的一头接测量电极插座处，金属电极与转换器接续器相连接。参比电极接入参比电极接口处。

(5) 缓冲溶液的配制方法（见图 2-36）

① pH4.00 溶液：称邻苯二甲酸氢钾（G.R）10.12g，溶解于 1000mL 高纯去离子水中。

图 2-36　缓冲溶液配制

② pH6.86 溶液：称磷酸二氢钾（G.R）3.387g、磷酸氢二钠（G.R）3.533g，溶解于 1000mL 高纯去离子水中。

③ pH9.18 溶液：称四硼酸钠（G.R）3.80g，溶解于 1000mL 高纯去离子水中。

注意：配制②、③溶液所用的水，应预先煮沸 15～30min，除去溶解的二氧化碳。在冷却过程中应避免与空气接触，以防止二氧化碳的污染。

(6) 电极使用与维护的注意事项

① 电极在测量前必须用已知 pH 的标准缓冲溶液进行定位校准，其 pH 愈接近被测溶液 pH 愈好。

② 取下电极护套后，应避免电极的敏感玻璃泡与硬物接触，因为任何破损或擦毛都能使电极失效。

③ 测量结束，及时将电极保护套套上，电极套内应放少量外参比补充液，以保持电极球泡的湿润，切忌浸泡在蒸馏水中。

复合电极的外参比补充液为 $3mol \cdot L^{-1}$ 氯化钾溶液，补充液可以从电极上端小孔加入，复合电极不使用时，拉上橡皮套，防止补充液干涸。

④ 电极的引出端必须保持清洁干燥，绝对防止输出两端短路，否则将导致测量失准或失效。

⑤ 电极应与输入阻抗较高的 pH 计（$\geqslant 10^{12}\Omega$）配套，以使其保持良好的特性。

⑥ 电极应避免长期浸在蒸馏水、蛋白质溶液和酸性氟化物溶液中。

⑦ 电极避免与有机硅油接触。

⑧ 电极经长期使用后，如发现斜率略有降低，则可把电极下端浸泡在 4%HF（氢氟酸）中 3～5s，用蒸馏水洗净，然后在 $0.1mol \cdot L^{-1}$ 盐酸溶液中浸泡，使之复新。

⑨ 被测溶液中如含有易污染敏感球泡或堵塞液接界的物质而使电极钝化，会出现斜率降低，显示读数不准现象。如发生该现象，则应根据污染物质的性质，用适当溶液清洗，使电极复新（见图 2-37）。

硬物　　　有机硅油　　　长期浸泡　　　用毕及时套上

图 2-37　电极使用

注意：（1）选用清洗剂时，不能用四氯化碳、三氯乙烯、四氢呋喃等能溶解聚碳酸酯的清洗液，因为电极外壳是用聚碳酸酯制成的，其溶解后极易污染敏感玻璃球泡，从而使电极失效。也不能用复合电极去测上述溶液。

（2）pH 复合电极的使用，最容易出现的问题是外参比电极的液接界处，液接界处的堵塞是产生误差的主要原因。

(7) 污染物质和清洗剂参考

① 污染物：无机金属氧化物、有机油脂类物质、树脂高分子物质、蛋白质沉淀物、颜料类物质。

② 清洗剂：低于 $1mol \cdot L^{-1}$ 稀酸、稀洗涤剂（弱碱性）、酒精、丙酮、乙醚、5%胃蛋白酶＋$0.1mol \cdot L^{-1}$ HCl 溶液、稀漂白液、过氧化氢。

2.10.3　电导率仪的使用

DDS-11A 型电导率仪是实验室用电导率测量仪表。它除能测定一般液体的电导率外，还能测量高纯水电导率。信号输出为 $0\sim10\,\mathrm{mA}$，可接自动电子电位差计进行连续记录。

(1) 结构 仪器的外形如图 2-38 所示。

图 2-38 DDS-11A 型电导率仪的外形

K—电源开关；K_1—量程选择开关；K_2—校正、测量开关；

K_3—高周、低周开关；RW_1—电容补偿调节器；RW_2—电极常数调节器；

RW_3—校正调节器；XE—氖泡；RX—电极插口；CKX_2—10mV 输出插口

(2) 使用方法

① 打开电源开关前，观察表针是否指零，如不指零，可调整表头上的螺丝，使表针指零。

② 将校正、测量开关放在"校正"位置。

③ 插接电源线，打开电源开关，并预热数分钟（待指针完全稳定为止），调节"校正"调节器，使电表指至满刻度。

④ 当使用 $1\sim8$ 量程测量电导率低于 $300\,\mu\mathrm{S\cdot cm^{-1}}$ 的液体时，选用"低周"，这时将 K_3 指向"低周"即可。当使用 $9\sim12$ 量程测量电导率在 $300\sim10^5\,\mu\mathrm{S\cdot cm^{-1}}$ 范围内的液体时，则将 K_3 指向"高周"。

⑤ 将量程选择开关 K_1 指到所需要的测量范围，如预先不知被测液电导率的大小，应先把其拨在较大电导率测量挡，然后逐挡下降，以防表针打弯。

⑥ 使用电极时用电极夹夹紧电极的胶木帽，并通过电极夹把电极固定在电极杆上。

当被测液的电导率低于 $10\,\mu\mathrm{S\cdot cm^{-1}}$ 时，使用 DJS-1 型光亮电极。这时应把 RW_2 调节在与所配套的电极的常数相对应的位置上。例如，若配套的电极的常数为 0.95，则应该把 RW_2 调节在 0.95 处，若配套电极的常数为 1.1，则应把 RW_2 调节在 1.1 的位置上。

当被测液的电导率在 $10\sim10^4\,\mu\mathrm{S\cdot cm^{-1}}$ 时，则选用 DJS-1 型铂黑电极。把 RW_2 调节在与所配套的电极常数相对应的位置上。当被测量的电导率大于 $10^4\,\mu\mathrm{S\cdot cm^{-1}}$，以致用 DJS-1 型铂黑电极测不出来时，则选用 DJS-10 型铂黑电极。这时应把 RW_2 调节在与所配套的电极常数的 1/10 位置上。例如：若电极的常数为 9.8，则应使指在 0.98 位置上，再将测得的读数乘以 10，即为被测液的电导率。

⑦ 将电极插头插入电极插口内，旋紧插口上的紧固螺丝，再将电极浸入待测溶液中。

⑧ 校正（当用 $1\sim8$ 量程测量时，校正时 K_3 指在低周），将 K_2 指在"校正"，调 RW_3 使指示正满度。注意：为了提高测量精度，当使用 $\times10^3\,\mu\mathrm{S\cdot cm^{-1}}$、$\times10^4\,\mu\mathrm{S\cdot cm^{-1}}$ 两挡时，校正必须在电导池接妥（电极插头插入插孔，电极浸入待测溶液中）的情况下进行。

⑨ 此后，将 K_2 指向测量，这时指示数乘以量程开关 K_1 的倍率即为被测液的实际电导率。例如 K_1 指在 $0\sim0.1\mu S \cdot cm^{-1}$ 一挡，指针指示为 0.6，则被测液的电导率为 $0.06\mu S \cdot cm^{-1}$ $(0.6\times0.1\mu S \cdot cm^{-1}=0.06\mu S \cdot cm^{-1})$；又如 K_1 指在 $0\sim100\mu S \cdot cm^{-1}$ 挡，电表指示为 0.9，则被测液的电导率为 $90\mu S \cdot cm^{-1}$，其余类推。

⑩ 当用 $0\sim0.1\mu S \cdot cm^{-1}$ 或 $0\sim0.3\mu S \cdot cm^{-1}$ 两挡测量高纯水时（100MΩ 以上），先把电极引线插入电极插孔，在电极未浸入溶液之前，调节 RW_1 使电表指示为最小值（此最小值即电极铂片间的漏电阻，由于此漏电阻的存在，使得调 RW_1 时电表指针不能达到零点），然后开始测量。

⑪ 当量程开关 K_1 指在 "×0.1"，K_3 指在低周，但电导池插口未插接电极时，电表就有指示，这是正常现象，因电极插口及接线有电容存在，只需待电极引线插入插口后，再将指示调至最小值即可。

⑫ 在使用量程选择开关的 1、3、5、7、9、11 各挡时，应读取表头上行的数值（0～1.0）；使用 2、4、6、8、10 各挡时，应读取表头下行的数值（0～3）。

(3) 注意事项

① 电极的引线不能潮湿，否则将测不准，盛被测溶液的容器必须清洁，无沾污。

② 高纯水加入容器后应迅速测量，否则电导率增加很快（水的纯度越高，电导率越低），因为空气中的二氧化碳溶解在水里，生成 CO_3^{2-}，影响水的电导率。

2.10.4 比重计的使用

图 2-39 比重计和液体相对密度的测定

比重计是用来测定溶液相对密度的仪器。它是一支中空的玻璃浮柱，上部有标线，下部为一重锤，内装铅粒。根据溶液相对密度的不同而选用相适应的比重计。通常将比重计分为两种。一种是测量相对密度大于 1 的液体，称作重表；另一种是测量相对密度小于 1 的液体，称作轻表。

测定液体相对密度时，将欲测液体注入大量筒中，然后将清洁干燥的比重计慢慢放入液体中。为了避免比重计在液体中上下沉浮和左右摇动与量筒壁接触以至打破，故在浸入时，应该用手扶住比重计的上端，并让它浮在液面上，待比重计不再摇动而且不与器壁相碰时，即可读数，读数时视线要与凹液面最低处相切。用完比重计要清洗干净，擦干，放回盒内。由于液体相对密度不同，可选用不同量程的比重计。测定相对密度的方法如图 2-39 所示。

2.11 化学实验中的误差与数据处理

2.11.1 误差

化学实验中采用直接测量（用某种仪器直接测量出某物理量的结果）或间接测量（一些物理量的获取要经过一系列直接测量后再依据化学原理、计算公式或图表处理后才能得出的结果）的方法可获得试样的各种物理量。然而，在测量过程中，其结果受仪器、化学试剂、测量条件的突变及测定者本身等各种因素的影响，使得测量值和真实值之间总会存在一些差距，称为误差。即使是同一个人在相同条件下，对同一试样进行多次测定，所得结果也不完全相同，这说明误差是客观存在的。为使结果尽量接近客观真实值，操作者必须对误差产生的原因进行分析，学会减免误差的措施，借助一些数理统计学知识对所得数据进行处理。

2.11.1.1　准确度和精密度

准确度是指单次测量值（x_i）与真实值（x_T）的符合程度。绝对误差和相对误差用来表示准确度的高低。

绝对误差 $E = x_i - x_T$

相对误差 $RE = \dfrac{x_i - x_T}{x_T} \times 100\%$

绝对误差越小，说明准确度越高。相对误差是绝对误差在真实值中所占的百分率，因它与真实值和绝对误差的大小有关，故能更准确地反映准确度。显然，两种误差的表示均有可能出现正、负值，正值表示测定结果偏高，负值表示测定结果偏低。

若真实值不知道，就无法知道其准确度，在这种情况下，应采用精密度来描述测定结果的好坏。精密度是指在确定条件下，反复多次测量，所得结果之间的一致程度，用偏差表示单次测定值（x_i）与几次测定平均值（$\bar{x}$）之间的差，其绝对偏差与相对偏差可表示为

绝对偏差 $d = x_i - \bar{x}$

相对偏差 $Rd = \dfrac{x_i - \bar{x}}{\bar{x}} \times 100\%$

显然，精密度越好，说明测定结果的重现性越好。

但应指出，精密度高不一定准确度就高；但每次测定的准确度高，则精密度一定高。

2.11.1.2　误差的种类与误差的减免

误差按来源可分为系统误差（可测误差）和偶然误差（随机误差）。

（1）系统误差　构成测量系统诸要素，包括人、物和方法产生的误差，叫作系统误差。系统误差在相同条件下多次测量同一物理量，误差的大小和符号不变；改变测量条件时又按某一确定规律变化；系统误差不能通过重复测量来减免；系统误差决定测量的准确度，因此，发现和减免系统误差是十分重要的。

其中，仪器误差指测定中用到的仪器本身有缺陷或未经校正或仪表零位未调好等产生的误差，可通过调整、校正或改用另外的仪器来减免。

实验方法的理论根据有缺陷或引用近似公式而造成的误差为方法误差；由于试剂不纯，所用去离子水（或蒸馏水）不合规格引入的误差为试剂误差。"对照实验"是减免这两种误差的最有效方法，即选用公认的标准方法与所采用的测定方法对同一试样进行测定，找出校正数据，或用已知标准含量的试样，按同样的测定方法进行分析，找出校正数据。还可用"空白实验"减免试剂误差，即在不加试样的情况下，按照同样的实验步骤和条件进行测量，得出空白值，然后从试样的分析结果中扣除空白值。

环境因素误差指测定中温度、湿度、气压等环境因素的变化对仪器产生影响而引入的误差，可通过改变实验条件发现此类误差，然后采取控制环境因素的措施以达到减免此类误差的目的。

个人误差是因观测者个人不良习惯和特点引起的误差，如记录某一信号的时间总是滞后、读取仪表值时头偏于一边、对某种颜色的辨别特别敏锐或迟钝等，更多的是操作水平低，不知控制实验条件、不自觉地进行了错误的操作。同套仪器，各人测得的结果相差很

大，就是个人误差所致。这种误差只有认真学习，多加训练才能被减少或消除。

（2）偶然误差 实验过程中，偶然的原因引起的误差称为偶然误差。如观察温度或电流时有微小的起伏，估计仪器最小分度时偏大或偏小，控制滴定终点的指示剂颜色稍有深浅的差别，几次读数不一致，外界条件的微小波动以及一些不能预料的影响因素等。偶然误差的大小、方向都不固定，在操作中难以完全避免。这种误差既然是"偶然的"，就必然服从统计规律，其规律可用正态分布曲线（见图 2-40）表示。

图 2-40 误差的正态分布

图 2-40 中横坐标表示每次测定值（x_i）与真值（μ）之间的误差；σ 为无限多次测量时的标准误差；纵坐标为某个误差出现的概率。曲线与横坐标从 $-\infty \sim +\infty$ 间所围面积代表具有各种大小误差的测定值出现概率的总和（100%）。由图可知，偶然误差的规律如下：

① 绝对值相等的正、负误差出现的概率相等。这说明重复多次测量，取其算术平均值，正、负误差可相互抵消。消除了系统误差后，其平均值接近真实值。

② 就绝对值而言，小误差出现概率大，大误差出现概率小，很大误差出现的概率接近于零。意即在多次重复测定中，若个别数据误差的绝对值超出 3σ，可舍去。

除系统误差和偶然误差外，在测量过程中可能出现读数错误、记录错误、计算错误以及不小心出现了错误操作等原因引起的过失误差，如发现了过失误差，就应及时纠正或弃去所得数据。

2.11.2 数据记录、有效数字及其运算法则

2.11.2.1 数据记录与有效数字

为获得准确的实验结果，正确记录测定结果是必要的。读数时，一般都要在仪器最小刻度（精度）后再估读一位。例如，常量滴定管最小刻度为 0.1mL，读数应该到小数点后第二位，若读数在 22.6～22.7mL 之间，这时根据液面所在 0.6～0.7 间的位置再估读一位，如读数为 22.65mL 等。读数 22.65mL 中的 22.6 是可靠的，最后一位数字"5"是可疑的，可能有正、负一个单位的误差，即液体实际体积是在 22.65mL±0.01mL 范围的某一个数值，其绝对误差为 ±0.01mL，相对误差为（±0.01/22.65）×100% ＝ ±0.04%，若将上述测量结果读成 22.5mL，意味着液体实际体积在 22.6mL±0.1mL 范围内某一数值，其绝对误差为 ±0.1mL，相对误差为 ±0.4%。这样就将测量精度无形中缩小了 10 倍。一个准确记录的数字中，可靠数字是测量中的准确部分，是有效的。可疑数字（末位数字）是测量中的估计部分，虽不准确，但毕竟接近准确，也是有实际意义的，但估计数字后的数显然是没有实际意义的。因此，由可靠数字和一位可疑数字所组成的测量值称为有效数字。有效数字反映了测量的精度，记录有效数字时应注意如下两点。

① "0"在数据中具有双重意义：其一，"0"表示小数点位数时，只起定位作用，不是有效数字。如滴定管读数为 22.65mL，也可写成 0.02265L 或 0.00002265m³ 时，在"2"前面的"0"是起定位作用的，不是有效数字，有效数字仍只有 4 位；其二，"0"在有效数字中间或末尾时均为有效数字，末尾的"0"说明仪器的最小刻度。如滴定管读数为 20.50mL，两个"0"都属有效数字，末尾的"0"是可疑的，它的存在说明滴定管的最小刻

度为 0.1mL，该"0"必须有，但在可疑数字之后不可任意添"0"，如果将 20.50mL 写成 20.500mL 从数学角度关系不大，而在化学实验中绝不能将 20.50mL 和 20.500mL 等同起来，否则就夸大了仪器的精度。由此可见，实验数据具有特殊的物理意义，它既包含了量的大小、误差，又反映了仪器精度，不同于纯数学的数值。

② 在表示绝对误差和相对误差时，只取一位有效数字，记录数据时，有效数字的最后一位与误差的最后一位在位数上应对齐。如 22.65±0.01 的表示是正确的，而 22.65±0.001 则是错误的。

2.11.2.2　数字修约规则

实验中所测得的各个数据，因测量的精度可能不同，而导致其有效数字的位数也可能不同。在进行运算时，应弃去多余的数字，进行修约。修约时应依我国国家标准（GB）使用下列规则。

① 在拟舍弃的数字中，末位为 4 以下（含 4）则舍弃；为 6 以上（含 6）则进。

② 在拟舍弃的数字中，末位为 5 时，且 5 后的数字不全为"0"，则进；全为零时，所保留的末位数是奇数则进；是偶数（含"0"）则舍弃。

③ 修约时，当拟舍数字在两位以上时，不得连续进行多次修约，应一次修约而成，见表 2-11。

表 2-11　有效数字修约

待修约数字	修约成四位有效数字	规则	待修约数字	修约成四位有效数字	规则
65.37475	65.37	①	65.58500	65.58	②
65.38739	65.39	①	65.50500	65.50	②
65.48501	65.49	②	65.54477	65.54	③
65.37500	65.38	②			

2.11.2.3　有效数字运算

① 加减运算。在参与运算的数据中，先以小数点后位数最少的数据为基准，将其他多余数字按照修约规则修约后，再加减。如 13.65＋26.374－27.4874，以 13.65 为基准，修约后运算为 13.65＋26.37－27.49＝12.53。

② 乘除运算。在参与运算的数据中，以有效数字的位数最少的数据为基准进行修约后，再乘除，运算结果的有效数字位数也与有效数字位数最少的相同。如 $0.07826×12.0÷6.78$，以 12.0 为基准，修约后为 $0.0783×12.0÷6.78＝0.0138$。

③ 对数运算。十进制对数运算中，对数尾数的位数应当与真数的有效数字位数相同。因首数仅仅决定于小数点的位，不是有效数字。如 $[H^+]＝7.9×10^{-5} \, mol \cdot L^{-1}$，则
$$pH＝-lg([H^+]/mol \cdot L^{-1})＝4.10。$$

④ 有效数字的第一位若是 8 或 9，则有效数字的位数应多算一位。如 8.56、9.25 均可视为 4 位有效数字。

⑤ 作运算时，若遇到常数（如 π、e 和手册上查到的常数等）可按需取适当的位数；一些乘除因子$\left(如 \dfrac{1}{2}、\sqrt{5} 等\right)$应视为有足够多的有效数字，不必修约，直接进行计算即可。

2.11.2.4　实验结果数据处理

对物理量进行测定之后，应校正系统误差和剔除可疑数据，再计算实验结果可能达到的准确范围。具体做法是：首先，按统计学规则（如 Q 检验或其他规则）对可疑数据进行取舍，

然后计算数据的平均值、平均偏差与标准偏差，最后按要求的置信度求出平均值的置信区间。

(1) 可疑数据的取舍 一组平行测定的数据中，若有个别数据与平均值差值较大，视为可疑值，在确定该值不是由过失造成的情况下，则需利用统计学方法进行检验后决定取舍。下面介绍检验方法的一种——Q 检验法。

当测定次数为 3～10 时，根据要求的置信度依照下列步骤进行检验，再决定取舍。

第一步：将各数据按递增顺序进行排列：x_1，x_2，x_3，…，x_n。

第二步：求 $Q_{计}$：

$$Q_{计} = \frac{x_n - x_{n-1}}{x_n - x_1} \text{ 或 } Q_{计} = \frac{x_2 - x_1}{x_n - x_1}$$

第三步：根据测定次数 n 和要求的置信度，由表 2-12 查出 $Q_{表}$。

表 2-12 不同置信度下舍弃可疑数据的 Q 值

测定次数 n	$Q_{0.90}$	$Q_{0.95}$	$Q_{0.99}$	测定次数 n	$Q_{0.90}$	$Q_{0.95}$	$Q_{0.99}$
3	0.94	0.98	0.99	7	0.51	0.59	0.68
4	0.76	0.85	0.93	8	0.47	0.54	0.63
5	0.64	0.73	0.82	9	0.44	0.51	0.60
6	0.56	0.64	0.74	10	0.41	0.48	0.57

第四步：比较 $Q_{计}$ 和 $Q_{表}$，若 $Q_{计} > Q_{表}$，则舍弃可疑值，否则应予保留。

(2) 平均偏差 平均偏差（$\overline{d}$）用来表示一组数的分散程度，表达式为

$$\overline{d} = \frac{\sum |x_i - \overline{x}|}{n}$$

式中，x_i 为单次测量值；$\overline{x}$ 为 n 次测定的平均值；n 为测定次数。

相对平均偏差为：$\dfrac{\overline{d}}{x} \times 100\%$。

(3) 标准偏差 测定次数为无限次时，总体标准偏差（σ）为

$$\sigma = \sqrt{\frac{\sum (x_i - \mu)^2}{n}}。$$

式中，μ 为 $n \to \infty$ 的平均值，即真值。

有限次数实验测定时的标准偏差（s）定义为

$$s = \sqrt{\frac{\sum (x_i - \overline{x})^2}{n-1}}$$

相对标准偏差（CV）为 $\qquad CV = \dfrac{s}{x} \times 100\%$

表 2-13 是两组（A、B）实验数据的 $\overline{d}$ 与 s 计算结果的比较。

表 2-13 $\overline{d}$ 与 s 计算结果的比较

实验组别	$x_i - \overline{x}$				$\overline{d}$	s
A	+0.26	−0.25	−0.37	+0.32	0.32	0.36
B	−0.73	−0.22	+0.51	−0.41	0.32	0.46

可见，两组数据的平均偏差相同，而标准偏差不同，但事实上 B 组中明显存在一个大的偏差（−0.73），其精密度不及 A 组好，因此用标准偏差比用平均偏差更能确切地反映结果的精密度。

（4）置信度与平均值的置信区间 $\overline{d}$、s 均表示测定值与平均值之间的偏差，但不能反映测定结果与真实值间的偏差。根据图 2-44 计算可知，对无限次数的测定而言，在 $\mu \pm \sigma$、$\mu \pm 2\sigma$ 和 $\mu \pm 3\sigma$ 的曲线上横坐标所围的面积分别为 68.3%、95.5% 和 99.7%。即真实值在 $\mu \pm \sigma$、$\mu \pm 2\sigma$ 和 $\mu \pm 3\sigma$ 区间内出现的概率称为置信度，将 μ 在以测定平均值 $\overline{x}$ 为中心出现的范围大小称为平均值的置信区间。对于有限次数的测定而言，由统计学可以推导出真实值 μ 与平均值间具有以下关系：

$$\mu = \overline{x} \pm \frac{ts}{\sqrt{n}}$$

式中，s 为有限次数的标准偏差；t 为选定某一置信度下的概率系数，其值可由表 2-14 中查得。

表 2-14　对于不同测定次数及不同置信度下的 t 值

测定次数 n	置信度					测定次数 n	置信度				
	50%	90%	95%	99%	99.5%		50%	90%	95%	99%	99.5%
2	1.000	6.314	12.706	63.657	127.32	8	0.711	1.895	2.365	3.500	4.029
3	0.816	2.292	4.303	9.925	14.089	9	0.706	1.860	2.306	3.355	3.832
4	0.765	2.353	3.182	5.481	7.453	10	0.703	1.833	2.262	3.250	3.690
5	0.741	2.132	2.776	4.604	5.598	11	0.700	1.812	2.228	3.169	3.581
6	0.727	2.015	2.571	4.032	4.773	12	0.687	1.725	2.086	2.845	3.153
7	0.718	1.943	2.447	3.707	4.317	∞	0.674	1.645	1.960	2.576	2.807

根据定义，上式实际上表示在所选置信度下的平均置信区间。

例题　5 次测定试样 CaO 中的质量分数（%）分别为 46.00、45.95、46.08、46.04 和 46.23。求：（1）在置信度为 90% 和 95% 时，数据 46.23 是否舍弃？

（2）平均值、标准偏差、置信度为 90% 的平均值的置信区间？

解：（1）排序：45.95、46.00、46.04、46.08、46.23

计算 $Q_{计}$：

$$Q_{计} = \frac{46.23 - 46.08}{46.23 - 45.95} = 0.54$$

置信度为 90%，5 次测量由表 2-12 查得 $Q_{0.90} = 0.64$；$Q_{计} < Q_{0.90}$，所以 46.23 可予保留。

置信度为 95%，5 次测量由表 2-12 查得 $Q_{0.95} = 0.73$；$Q_{计} < Q_{0.90}$，所以 46.23 仍可保留。

（2）平均值：$\overline{x} = \dfrac{45.95 + 46.00 + 46.04 + 46.08 + 46.23}{5} = 46.06$

标准偏差：$s = \sqrt{\dfrac{0.11^2 + 0.06^2 + 0.02^2 + 0.02^2 + 0.17^2}{4}} = 0.1065$

查表 2-14 置信度为 90%，$n = 5$ 时，$t = 2.132$，则

$$\mu = 46.06 \pm \frac{2.132 \times 0.1065}{\sqrt{5}} = 46.06 \pm 0.10$$

第3章

无机化学实验（基础训练）部分

3.1 无机化合物的提纯和制备的基本操作

3.1.1 蒸发（浓缩）、结晶和固体干燥

物质的提纯是把混合物中的杂质除去，以得到纯物质的过程。物质的提纯方法有：蒸发、结晶、升华、萃取、固体干燥、色谱等，下面简单介绍一下主要的基本操作。

(1) 蒸发（浓缩） 蒸发是液体表面的汽化现象，也是通过改变温度或气压条件使得物质从液态变为气态的过程，化工行业经常用蒸发来减少溶剂的量，从而使得溶质的浓度增加，即浓缩。浓缩是从溶液中除去部分溶剂的单元操作，是溶质和溶剂部分分离的过程。浓缩过程中，水分在物料内部借对流扩散作用从液相内部到达液相表面后除去。实验室通常用蒸发皿浓缩溶液，所加入溶液的量不得超过蒸发皿的 2/3，以防液体溅出，如果溶液较多，可分次添加。依物质加热的稳定性可用煤气灯、酒精灯直接加热也可用水浴间接加热。

(2) 结晶 热的饱和溶液冷却后，溶质以晶体的形式析出这一过程叫结晶。重结晶是将晶体溶于溶剂或熔融以后，又重新从溶液或熔体中结晶的过程。重结晶可以使不纯净的物质获得纯化，或使混合在一起的盐类彼此分离。利用溶剂对被提纯物质及杂质的溶解度不同，可以使被提纯物质从过饱和溶液中析出，而让杂质全部或大部分仍留在溶液中，从而达到分离、提纯之目的。

当溶液蒸发到一定浓度时，冷却后会有晶体析出，有时加入一小粒晶体或搅动溶液，会促成晶体的析出。析出晶体颗粒的大小与冷却快慢有关。若缓慢冷却溶液，可得到较大颗粒的晶体；若迅速冷却溶液，则得到较细颗粒的晶体。如果第一次结晶所得的物质纯度不合要求，可重新加入尽可能少的去离子水使其溶解，再进行蒸发和结晶（不得蒸干）。重结晶后的晶体纯度一般较高。

结晶和重结晶的一般过程为：

① 选择适宜溶剂，制成热的饱和溶液。

② 热过滤，除去不溶性杂质（包括脱色）。

③ 将滤液冷却，使结晶析出。

④ 抽滤、洗涤干燥，除去附着的母液和溶剂。

（3）固体的干燥技术　制备无机盐时过滤所得的晶体，总会含有一定的水分，需要干燥处理。常用的干燥方法有烘干、晾干和用吸水物质吸干等。

对热较稳定的固体可放在表面皿上，在电热干燥箱中烘干。也可放在蒸发皿中，用水浴、砂浴或酒精灯加热烘干。

晶粒较大或受热易分解的固体，可用滤纸轻压吸去水分或置于表面皿中晾干（硝酸钾制备中就是这样做的），也可用有机溶剂如乙醇等洗涤后晾干，借助有机溶剂的挥发将吸附在晶体表面的水分带走。

有些易吸水潮解或需要长时间保持干燥的固体，可放在干燥器内保存。

3.1.2　过滤操作

（1）常压过滤（普通过滤）　沉淀物生成后，一般可用倾析法（见图 3-1）洗涤，除去表面杂质。再用常压过滤法进行"固-液"分离。具体操作是：把一圆形或方形滤纸对折两次成扇形（方形滤纸要剪成扇形），展开成圆锥形，一边为三层，一边为一层（见图 3-2），放入干燥、洁净的漏斗中，看滤纸是否完全贴在漏斗壁上，若使用的是标准漏斗，其内角是 60°，滤纸会与漏斗相密合。若漏斗的角度略大于或小于 60°，应适当改变滤纸折叠的角度，使其与漏斗壁相密合。用食指把滤纸按住，用少量去离子水润湿，轻压四周，赶去滤纸与漏斗壁之间的气泡，纸紧贴在漏斗壁上（见图 3-3）。滤纸边缘应略低于漏斗边缘。把贴好滤纸的漏斗放在漏斗架上，使漏斗末端紧靠接收滤液容器的内壁。

图 3-1　倾析法洗涤　　　　图 3-2　滤纸的折法　　　　图 3-3　用手指按住滤纸

过滤时先将大部分溶液沿着玻璃棒慢慢地倾入漏斗中，玻璃棒接触三层滤纸下（见图 3-4），然后将剩下的溶液连同沉淀一起倒入滤纸上，再用少量去离子水洗涤烧杯内壁，将洗涤液与剩余沉淀全部转入漏斗中。

（2）减压过滤（吸滤或抽气过滤）　减压过滤装置见图 3-5。由吸滤瓶、布氏漏斗、安全瓶和水压真空吸滤泵（水吸滤泵）。一般装在自来水龙头上，起着带走空气的作用，因而使吸滤瓶内减压，吸滤瓶用于承接滤液。

安全瓶的作用是防止当关闭抽气管，或水流量突然减小时自来水倒灌入吸滤瓶中。

吸滤用的滤纸应比布氏漏斗的内径略小，以能恰好盖住瓷板上所有的孔为宜。放好滤纸后先以少量去离子水润湿，再打开水龙头，减压使滤纸贴在瓷板上。转移溶液与沉淀的步骤同常压过滤，布氏漏斗中的液体不得超过漏斗容积的 2/3。

停止吸滤时，应先拆下吸滤瓶上的橡皮管，然后关闭水龙头，以防止倒灌。

过滤完毕，取下布氏漏斗，将漏斗的颈口朝上，轻轻敲打漏斗边缘，即可使沉淀物脱离漏斗。

图 3-4 普通过滤	图 3-5 减压过滤

1—吸滤瓶；2—布氏漏斗或玻璃砂芯漏斗；3—安全瓶；4—水吸滤泵

(3) 离心分离 少量溶液与沉淀的分离常用离心分离法。离心机分手摇和电动的两种（图 3-6 和图 3-7）。

离心分离时，将盛有沉淀的试管放入离心机的套管内。为使离心机保持平衡，防止高速旋转时引起震动而损坏离心机，试管要对称地放置（有时需用装有同体积水的试管），然后慢慢启动离心机，逐渐加速。用电动离心机时，变速器调到 2～3 挡即可。旋转 2～3min 后，切断电源，让离心机自然停止，切勿用手或其他方法强行停止。

离心分离后，沉淀沉入试管的底部，用一干净的滴管，将清液吸出，注意滴管插入溶液的深度，尖端不应接触沉淀（图 3-8）。

图 3-6 手摇离心机	图 3-7 电动离心机	图 3-8 用滴管吸取上层清液

如果沉淀物需要洗涤，加入少量去离子水，搅拌，再离心分离。

3.2 基础实验

实验一 仪器的熟悉、洗涤和干燥

一、实验目的

1. 熟悉无机化学实验规则和要求。

2. 熟悉无机化学实验常用仪器及其名称、规格和用途，了解使用注意事项。

3. 学习常用仪器的洗涤和干燥方法。

二、实验仪器

试管，离心试管，烧杯，蒸发皿，漏斗，布氏漏斗，量筒，烧瓶，容量瓶，锥形瓶，抽滤瓶，毛刷。

三、实验内容

1. 熟悉仪器

（1）参照表 2-2，熟悉常用仪器的名称、用途及使用时的注意事项。

（2）按仪器单逐个认识无机化学实验中的常用仪器，并按下表的格式填写。

仪器名称	用途	注意事项
（此处要求标出规格）		

2. 洗涤仪器

用水和去污粉或洗衣粉将仪器洗涤干净，抽取两件交老师检查。将洗净的仪器合理地摆放整齐。

洗涤方法参见第 2 章 2.6.1　玻璃仪器的洗涤。

3. 干燥仪器

参见第 2 章 2.6.2　仪器的干燥。

将所需干燥的仪器按正确的干燥方法干燥后，取干燥后的两支试管交给老师检查。

注意：带有刻度的度量仪器，例如移液管、滴定管不能用加热的方法干燥，因为会影响仪器的精度。

四、思考题

1. 烤干试管时，为什么试管口要略向下倾斜？

2. 带有刻度的计量仪器能否用加热的方法进行干燥？

实验二　简单玻璃工操作

一、实验目的

1. 了解酒精喷灯的构造及正确使用方法。

2. 学会玻璃管（棒）的截断、弯曲、拉制、熔光、圆口等简单的玻璃加工操作。

二、实验仪器和材料

仪器　挂式酒精喷灯，薄片小砂轮或三角锉刀，石棉网，隔热瓷盘。

材料　直径 8～12mm 的薄壁玻璃管，直径 7mm 的玻璃管，直径 3mm 的玻璃管，直径 5mm 的玻璃棒，直尺（学生自备），火柴。

三、实验内容

1. 挂式酒精喷灯的使用

将挂式喷灯酒精储罐挂在适当的高度，打开酒精储罐下口开关，并先在预热盘中注入适量的酒精，关闭酒精储罐下口开关，然后点燃盘中的酒精，以加热灯管，待盘中酒精快要燃完时，重新打开酒精储罐下口开关，上提升空气阀，打开气门，这时由于酒精在灼热的灯管内汽化，并与来自气孔的空气混合，即燃烧并形成高温火焰（温度可达 700～1000℃）。调节酒精的流量及空气阀门的高度，可以控制火焰的大小。用毕，降下空气阀门、挂式喷灯酒精储罐下口开关即可使灯熄灭。

说明：（1）在重新打开挂式喷灯酒精储罐下口开关，提升空气阀，点燃管口气体以前，必须充分灼热灯管，否则酒精不能全部汽化，会有液体酒精由管口喷出，导致"火雨"（尤其是挂式喷灯），甚至引起燃烧事故。当一次预热不能点燃喷灯时，可在火焰熄灭后重新往预热盘添加酒精，重复上述操作点燃。但连续两次预热后仍不能点燃时，则需要用探针疏通酒精蒸气出口，让出气顺畅后，方可再预热。

（2）挂式喷灯酒精储罐出口至灯具进口之间的橡皮管要连接好，不得有漏液现象，否则容易失火。

2. 制作玻璃棒及玻璃钉

取直径 5mm、长 1m 的玻棒一根，制成下列用品：

① 切割成两根 17～18cm 及一根 12cm 长的玻璃棒，两端在火焰中烧圆，供手工搅拌用。

② 截取长 5～6cm 的玻璃棒一段，一端在火中烧软后在石棉网上按成大玻璃钉，供过滤时挤压滤饼或研磨晶体用。

3. 制作滴管和弯管

用直径 7mm、长 0.7m 的玻璃管两根，制成两根滴管和三支弯管。其中滴管长度约 15cm，粗端内径为 7mm、长 10cm，细端内径为 1.5～2mm、长 5～6cm。三支玻璃弯管的角度分别为 120°、90°、60°。

4. 沸点管的制作

首先取一根内径为 3～4mm 的细玻璃管，截成长 7～8cm。在其一端封闭，先拉出尾管，然后将尾管顶端加热融化，不断用镊子将尾管拉去，再把底部烧圆，作为沸点管的外管。另取直径 8～12mm 的薄壁玻璃管，制作一根长 8cm、内径 1mm 左右的毛细管 3 根，将其一端封闭，作为沸点管内管。

5. 玻璃沸石

取上述拉过的不合格玻璃管（棒）在火焰中对接，反复熔拉多次，再拉成比熔点管略粗的玻璃棒，冷至室温后截成长约 3mm 的小段，即成沸石，放在瓶中备用。

6. 减压毛细管

用一根玻璃管，先将一端用灯焰加热软化后拉成直径约 2mm 的毛细管，再用小火将靠粗端一侧的毛细管烧软，迅速地向两面拉伸成头发丝状，截下所需的长度，并用小试管盛少许丙酮或乙醚，将毛细管插入其中，吹入空气，若毛细管能冒出一连串细小的气泡，即可用于减压蒸馏。

实验三　粗食盐的提纯

一、实验目的

1. 学会用化学方法提纯粗食盐，同时为进一步精制成试剂级纯度的氯化钠提供原料。
2. 熟练台秤的使用以及常压过滤、减压过滤、蒸发浓缩、结晶和干燥等基本操作。
3. 了解沉淀溶解平衡原理的应用。
4. 学习在分离提纯物质过程中，定性检验某些物质是否已经除去的方法。

二、实验原理

氯化钠（NaCl）试剂或氯碱工业用的食盐水，都是以粗食盐为原料进行提纯的。粗食盐中含有泥砂等不溶性杂质及溶于水中的 K^+、Ca^{2+}、Mg^{2+} 和 SO_4^{2-} 等。将粗食盐溶于水后，用过滤的方法可以除去不溶性杂质。易溶杂质 Ca^{2+}、Mg^{2+}、SO_4^{2-} 等需要用化学方法除去。有关的离子方程式如下：

$$SO_4^{2-} + Ba^{2+} = BaSO_4(s)$$
$$Ca^{2+} + CO_3^{2-} = CaCO_3(s)$$
$$Ba^{2+} + CO_3^{2-} = BaCO_3(s)$$
$$2Mg^{2+} + CO_3^{2-} + 2OH^- = Mg(OH)_2 \cdot MgCO_3(s)$$

三、实验仪器和试剂

仪器　台秤，烧杯（250mL），普通漏斗，漏斗架，布氏漏斗，吸滤瓶，蒸发皿，量筒（10mL、50mL）。

试剂　酸：$HCl(2.0mol \cdot L^{-1})$；碱：$NaOH(2.0mol \cdot L^{-1})$；盐：$Na_2CO_3(1.0mol \cdot L^{-1})$，$(NH_4)_2C_2O_4(0.50mol \cdot L^{-1})$，$BaCl_2(1.0mol \cdot L^{-1})$，粗食盐，$BaCO_3(s)$。

其他　镁试剂（对硝基偶氮间苯二酚，碱性条件下遇 Mg^{2+} 产生蓝色沉淀），pH 试纸，滤纸。

四、实验内容

1. 粗食盐的提纯

在台式天平（台秤）上称量 5.0g 粗食盐，放入 250mL 烧杯中，加 30mL 去离子水。加热、搅拌使盐溶解（不溶性杂质沉于底部，留待下一步过滤除去）。

2. 化学处理

(1) SO_4^{2-} 的除去　在煮沸的粗食盐溶液中，边搅拌边逐滴加入 $BaCl_2$ 溶液（$1.0mol \cdot L^{-1}$，约需加 2mL $BaCl_2$ 溶液），为了检验沉淀是否完全，可将酒精灯移开，待沉淀下降后，在上层清液中加入 1~2 滴 $BaCl_2$，观察是否有浑浊现象，如无浑浊，说明 SO_4^{2-} 已沉淀完全，如有浑浊，则要继续滴加 $BaCl_2$ 溶液，直到沉淀完全为止。然后小火加热 5min，以使沉淀颗粒长大而便于过滤。用普通漏斗过滤，保留滤液，弃去沉淀。

(2) Ca^{2+}、Mg^{2+}、Ba^{2+} 等的除去　在滤液中加入 1mL NaOH 溶液（$2.0mol \cdot L^{-1}$）和 3mL Na_2CO_3 溶液（$1.0mol \cdot L^{-1}$），加热至沸腾（检测此时溶液的 pH 约等于几？）。同上法用 Na_2CO_3 溶液检验沉淀是否完全。继续煮沸 5min。用普通漏斗过滤，保留滤液，弃去沉淀。

(3) 多余 CO_3^{2-} 离子的除去　在滤液中逐滴加入 HCl 溶液（$2.0mol \cdot L^{-1}$），充分搅拌，并用玻璃棒蘸取滤液在 pH 试纸上检验，直到溶液呈微酸性（pH＝4~5）为止。

将溶液转移到蒸发皿中，用小火加热，蒸发浓缩至溶液呈稀粥状为止（注意：切不可将溶液蒸干）。

3. 结晶、减压过滤、干燥

让浓缩液冷却至室温，用布氏漏斗减压过滤。再将晶体转移到蒸发皿中，在石棉网上用小火加热，以干燥产品。冷却后，称其质量，计算收率。

4. 产品质量的检验

取粗食盐和产品各少许，分别溶于去离子水中。定性检验 SO_4^{2-}，Ca^{2+} 和 Mg^{2+} 的存在，比较实验结果。

5. 选做实验

尝试用固体 $BaCO_3$ 代替 $BaCl_2$ 和 Na_2CO_3，再结合 NaOH，自行设计除去粗食盐中 Ca^{2+}、Mg^{2+}、SO_4^{2-} 的实验方案。并与前一种提纯方法对比，写出评述性报告。

五、思考题

1. 过量的 Ba^{2+} 如何除去？

2. 粗食盐提纯过程中,为什么要加 HCl 溶液? K^+ 在哪一步除去?

3. 怎样检验 Ca^{2+}、Mg^{2+}?

4. 能否用氯化钙代替毒性大的氯化钡来除去粗食盐中的 SO_4^{2-}?

实验四　二氧化碳摩尔质量的测定

一、实验目的

1. 学习分析天平的正确使用。

2. 学习测定气体摩尔质量的一种方法及其原理。

二、实验原理

根据阿伏加德罗定律,同温同压下同体积任何气体都含有相同数目的分子。因此,在同温同压下,两种同体积的不同气体的质量之比等于它们的摩尔质量之比:

$$\frac{m_1}{m_2} = \frac{M_1}{M_2}$$

式中,m_1 代表第一种气体的质量;M_1 代表其摩尔质量;m_2 代表同温同压下同体积的第二种气体的质量;M_2 代表其摩尔质量。如果以 D 表示气体的相对密度,则

$$D = \frac{m_1}{m_2} = \frac{M_1}{M_2} \text{或 } M_1 = DM_2$$

所以一种气体的摩尔质量等于该气体对另一种气体的相对密度乘以后一种气体的摩尔质量。如果以 $D_{空气}$ 表示气体对空气的相对密度,则该气体的摩尔质量(M_a)可从下式求得:

$$M_a = 29.00 \times D_{空气}$$

因此,在实验室中只要测出一定体积二氧化碳的质量,并根据实验时的大气压和温度,计算出同体积空气的质量,即可求出二氧化碳对空气的相对密度,从而求出二氧化碳的摩尔质量。

三、实验仪器和试剂

仪器　碘量瓶(150mL),分析天平(精度 0.1mg),台秤(精度 0.1g),二氧化碳钢瓶。

试剂　浓硫酸,二氧化碳气体。

四、实验内容

1. 二氧化碳摩尔质量的测定

(1)将 150mL 碘量瓶洗净、烘干。

(2)分析天平上称出其质量 m_1。

(3)拿去磨口塞,通入二氧化碳约 5min 后,放上磨口塞再称量。重复进行这一操作,直至两次称量的结果相差不超过 ±0.002g 为止。记下充满二氧化碳的碘量瓶的质量 m_2。

(4)碘量瓶容积的测定:将碘量瓶装满水,再将磨口塞塞上,尽量擦干瓶外的水,然后在台秤上称量 m_3。($m_3 - m_1$)即为水的质量(空气的质量忽略不计)。由水的质量即可求出碘量瓶的容积(水的密度 $D_水$,可根据实验时的温度从附录中查出)。

(5)观察并记录实验时的室温和气压计的读数。

2. 数据记录和计算

用分析天平称装满空气的碘量瓶和塞子的质量 m_1/g		
用分析天平称装满 CO_2 的碘量瓶和塞子的质量 m_2/g	第一次 $m_2(1)$	
	第二次 $m_2(2)$	
	第三次 $m_3(3)$	

在台秤上称装满水的碘量瓶和塞子的质量 m_3/g	
碘量瓶的容积 $V = \dfrac{m_3 - m_1}{D_水}/mL$	
实验时的室温 $t/℃$	
实验时的大气压 p/Pa	
按公式 $pV = \dfrac{m_{空气}}{M_{空气}}RT$，先求出碘量瓶内空气的质量 $m_{空气}/g$	
空瓶的质量为 $(m_1 - m_{空气})/g$	
求出碘量瓶中 CO_2 的质量 $m_{CO_2} = m_2 - (m_1 - m_{空气})$	
二氧化碳对空气的相对密度 $D_{空气} = \dfrac{m_{CO_2}}{m_{空气}}$	
二氧化碳的摩尔质量 $M_{CO_2} = 29.00D_{空气}$	
百分误差(%) $= \dfrac{\lvert M_{理论} - M_{CO_2} \rvert}{M_{理论}} \times 100\%$	

五、注意事项

（1）由二氧化碳钢瓶出来的二氧化碳先经过一只 1000mL 的缓冲瓶，然后分几路导出，同时供几个学生使用。每一路导管都装有旋塞，使用时打开，不用时关闭。二氧化碳的流速可以从浓硫酸中冒出的气泡的快慢来控制。流速不宜太大，否则钢瓶内二氧化碳的迅速蒸发而产生低温，使出来的二氧化碳温度过低，以致在称量时，由于温度的变化而使称量不准确。

（2）在往碘量瓶中通二氧化碳时一定要控制好气体的流速和通气时间。

（3）测定碘量瓶的容积时一定要装事先在室温下放置 1d 以上的水，不能直接装由水龙头接的自来水。

六、思考题

（1）为什么装满二氧化碳的碘量瓶和塞子的质量要在分析天平上称，而装满水的碘量瓶和塞子的质量可以在台秤上称量？

（2）哪些物质可以用此方法测摩尔质量？为什么？

实验五　摩尔气体常数的测定

一、实验目的

1. 了解一种测定摩尔气体常数的方法。

2. 熟悉分压定律与气体状态方程的应用。

3. 练习分析天平的使用与测量气体体积的操作。

二、实验原理

气体状态方程式的表达式为
$$pV = nRT = \frac{m}{M_r}RT \tag{1}$$

式中，p 为气体的压力或分压，kPa；V 为气体体积，L；n 为气体的物质的量，mol；m 为气体的质量，g；M_r 为气体的摩尔质量，$g \cdot mol^{-1}$；T 为气体的温度，K；R 为摩尔气体常数（文献值：$8.31Pa \cdot m^3 \cdot K^{-1} \cdot mol^{-1}$ 或 $8.31J \cdot K^{-1} \cdot mol^{-1}$）。

可以看出，只要测定一定温度下给定气体的体积 V、压力 p 与气体的物质的量 n 或质量 m，即可求得 R 的数值。

本实验利用金属（如 Mg、Al 或 Zn）与稀酸置换出氢气的反应，求取 R 值。例如：

$$Mg(s) + 2H^+(aq) === Mg^{2+}(aq) + H_2(g)$$

$$\Delta_r H_{m,298}^{\ominus} = -466.85 kJ \cdot mol^{-1} \tag{2}$$

将已精确称量的一定量镁与过量稀酸反应，用排水集气法收集氢气。氢气的物质的量可根据式（2）由金属镁的质量求得：

$$n_{H_2} = \frac{m_{H_2}}{M_{H_2}} = \frac{m_{Mg}}{M_{Mg}}$$

由量气管可测出在实验温度与大气压力下，反应所产生的氢气体积。

$$p_{H_2} = p - p_{H_2O} \tag{3}$$

由于量气管内所收集的氢气是被水蒸气所饱和的，根据分压定律，氢气的分压为 p_{H_2}，应是混合气体的总压 p（以 100kPa 计）与水蒸气分压 p_{H_2O} 之差：将所测得的各项数据代入式（1）可得：

$$R = \frac{p_{H_2} V}{n_{H_2} T} = \frac{(p - p_{H_2O}) V}{n_{H_2} T}$$

三、实验仪器和试剂

仪器　分析天平，称量纸（蜡光纸或硫酸纸），量筒（10mL），漏斗，温度计（公用），砂纸，测定摩尔气体常数的装置（量气管、水准瓶、试管、滴定管夹、铁架、铁夹、铁圈、橡皮塞、橡皮管、玻璃导气管），气压计（公用），烧杯（100mL、400mL）。

试剂　硫酸 H_2SO_4（$3mol \cdot L^{-1}$），镁条（纯）。

四、实验内容

1. 镁条称量

取两根镁条，用砂纸擦去其表面氧化膜，然后在分析天平上分别称出其质量，并用称量纸包好记下质量，待用（也可由实验室老师预备）。

镁条质量以 0.0300～0.0400g 为宜。镁条质量若太小，会增大称量及测定的相对误差；质量若太大，则产生氢气体积可能超过量气管的容积而无法测量。称量要求准确至 ±0.0001g。

图 3-9　摩尔气体常数的测定装置

2. 仪器的装置和检查

按图 3-9 装置仪器。注意应将铁圈装在滴定管夹的下方，以便可以自由移动水准瓶（漏斗）。打开量气管的橡皮塞，从水准瓶注入自来水，使量气管内液面略低于刻度"0"（若液面过低或过高，会有什么影响？）。上下移动水准瓶，以赶尽附着于橡皮管和量气管内壁的气泡，然后塞紧量气管的橡皮塞。

为了准确量取反应中产生的氢气体积，整个装置不能有泄漏之处。检查漏气的方法如下：塞紧装置中连接处的橡皮管，然后将水准瓶（漏斗）向下（或向上）移动一段距离，使水准瓶内液面低于（或高于）量气管内液面。若水准瓶位置固定后，量气管内液面仍不断下降（或上升），表示装置漏气（为什么？），则应检查各连接处是否严密（注意橡皮塞及导气管间连接是否紧密）。务必使装置不再漏气，然后将水准瓶放回检漏前的位置。

3. 金属与稀酸反应前的准备

取下反应用试管，将 4～5mL 3mol·L⁻¹ H₂SO₄ 溶液通过漏斗注入试管中（将漏斗移出试管时，千万不能让酸液沾在试管壁上！为什么？）。稍稍倾斜试管，将已称好质量（勿忘记录）的镁条按压平整后蘸少许水贴在试管壁上部，如图 3-10 所示，确保镁条不与硫酸接触，然后小心固定试管，塞紧（旋转）橡皮塞（动作要轻缓，谨防镁条落入稀酸溶液中）。

再次检查装置是否漏气。若不漏气，可调整水准瓶位置，使其液面与量气管内液面保持在同一水平面，然后读出量气管内液面的弯月面最低点读数。要求读准至 ±0.01mL，并记下读数（为使液面读数尽量准确，可移动铁圈位置，设法使水准瓶与量气管位置尽量靠近）。

图 3-10　镁条贴在试管壁上半部

4. 氢气的发生、收集和体积的量度

松开铁夹，稍稍抬高试管底部，使稀硫酸与镁条接触（切勿使酸碰到橡皮塞），待镁条落入稀酸溶液中后，再将试管恢复原位。此时反应产生的氢气会使量气管内液面开始下降。为了不使量气管内因气压增大而引起漏气，在液面下降的同时应慢慢向下移动水准瓶，使水准瓶内液面随量气管内液面一齐下降，直至反应结束，量气管内液面停止下降。（此时能否读数？为什么？）

待反应试管冷却至室温（约需 10min），再次移动水准瓶，使其与量气管的液面处于同一水平面，读出并记录量气管内液面的位置。每隔 2～3min，再读数一次，直到读数不变为止。记下最后的液面读数及此时的室温和大气压力。从附录查出相应于室温时水的饱和蒸气压。

打开试管口的橡皮塞，弃去试管内的溶液，洗净试管，并取另一份镁条重复进行一次实验。记录实验结果。

五、数据记录与处理

实验编号	Ⅰ	Ⅱ
镁条质量 m_{Mg}/g		
反应后量气管内液面的读数 V_2/mL		
反应前量气管内液面的读数 V_1/mL		
反应置换出 H₂ 的体积 $V=(V_2-V_1)\times 10^{-6}$		
室温 T/K		
大气压力 p/Pa		
室温时水的饱和蒸气压 p_{H_2O}/Pa		
氢气的分压 $p_{H_2}=(p-p_{H_2O})/Pa$		
氢气的物质的量 $n_{H_2}=\dfrac{m_{Mg}}{M_{Mg}}/mol$		
摩尔气体常数 $R=\dfrac{p_{H_2}V}{n_{H_2}T}/J\cdot K^{-1}\cdot mol^{-1}$		
R 的实验平均值 $=\dfrac{R_1+R_2}{2}/J\cdot K^{-1}\cdot mol^{-1}$		
相对误差 $(RE)=\dfrac{R_{实验值}-R_{文献值}}{R_{文献值}}\times 100\%$		

分析产生误差的原因。

六、注意事项

1. 量气管的容量不应小于 50mL，读数可估计到 0.01mL 或 0.02mL。可用碱式滴定管代替。

2. 为简化起见，本实验中用短颈（或者长颈）漏斗代替水准瓶。

七、思考题

1. 本实验中置换出的氢气的体积是如何量度的？为什么读数时必须使水准瓶内液面与量气管内液面保持在同一水平面？

2. 量气管内气体的体积是否等于置换出氢气的体积？量气管内气体的压力是否等于氢气的压力？为什么？

实验六　硫代硫酸钠的制备

一、实验目的

1. 掌握硫代硫酸钠的制备方法。

2. 学习 SO_3^{2-} 与 SO_4^{2-} 的半定量比浊分析法。

二、实验原理

硫代硫酸钠是一种常见的化工原料和试剂，可以用 Na_2SO_3 氧化单质硫来制备，反应式为：

$$Na_2SO_3 + S \Longrightarrow Na_2S_2O_3$$

常温下从硫代硫酸钠溶液中结晶出来的是 $Na_2S_2O_3 \cdot 5H_2O$。它在 $40 \sim 45℃$ 时熔化、$48℃$ 时分解，因此，要制备 $Na_2S_2O_3 \cdot 5H_2O$，只能采用低温真空干燥。

$Na_2S_2O_3$ 一般易含有 SO_3^{2-} 与 SO_4^{2-} 杂质，可用比浊度方法来半定量分析 SO_3^{2-} 与 SO_4^{2-} 的总含量。先用 I_2 将 SO_3^{2-} 和 $S_2O_3^{2-}$ 分别氧化为 SO_4^{2-} 与 $S_4O_6^{2-}$，然后与过量 $BaCl_2$ 反应生成难溶的 $BaSO_4$ 沉淀，溶液变浑浊，且溶液的浑浊度与样品中 SO_3^{2-} 与 SO_4^{2-} 的总含量成正比。

三、实验仪器和试剂

仪器　台秤，烧杯，布氏漏斗，抽滤瓶，量筒，蒸发皿，容量瓶，比色管。

试剂　$Na_2SO_3(s)$，硫粉，铁粉，乙醇，碘水溶液（$0.05mol \cdot L^{-1}$），HCl（$0.1mol \cdot L^{-1}$），$BaCl_2$（25%），SO_4^{2-} 标准溶液（$100g \cdot L^{-1}$，由 Na_2SO_4 配制）。

四、实验步骤

1. 硫代硫酸钠的制备

称取 2g 硫粉，研磨后置于 100mL 烧杯中，加 1mL 乙醇使其润湿，再加入 6g Na_2SO_3 固体和 30mL 水。加热此混合物并不断搅拌，待溶液沸腾后改用小火加热，并继续保持微沸状态不少于 40min，直至硫粉溶解（反应过程中注意适当补加水，保持溶液体积不少于 20mL），趁热过滤。

将滤液转移至蒸发皿中，小火加热蒸发至有晶体析出为止，冷却至室温，减压过滤，用少量乙醇洗涤晶体，抽干，用滤纸将水吸干，称量，计算产率。

2. 硫酸盐和亚硫酸盐的半定量分析

将 1g 产品溶于 25mL 水中，先加入 30mL $0.05mol \cdot L^{-1}$ 碘水溶液，然后滴加碘水至溶液呈浅黄色。将其转移至 100mL 容量瓶中，用水稀释至标线并摇匀。从中吸取 10.00mL 至

25mL 比色管中，再加入 1mL 0.1mol·L^{-1} HCl 溶液及 3mL 25％的 BaCl$_2$ 溶液，加水稀释至 25mL，摇匀，放置 10min。然后加入 1 滴 0.1mol·L^{-1} 的 Na$_2$S$_2$O$_3$ 溶液，摇匀，立即与 SO$_4^{2-}$ 标准溶液进行比浊。根据浊度确定产品等级。

用吸量管吸取 100g·L^{-1} 的 SO$_4^{2-}$ 标准溶液 0.20mL、0.50mL、1.00mL，分别置于 3 支 25mL 比色管中，再分别加入 1mL 0.1mol·L^{-1} HCl 及 3mL 25％BaCl$_2$ 溶液，加水稀释至 25mL，摇匀。这 3 支比色管中 SO$_4^{2-}$ 的含量分别相当于一级（优级纯）、二级（分析纯）和三级（化学纯）试剂 Na$_2$S$_2$O$_3$·5H$_2$O 中的 SO$_4^{2-}$ 含量允许值。

五、思考题

1. 要提高硫代硫酸钠产品的纯度，实验中需要注意哪些问题？

2. 一、二、三级试剂中，杂质 SO$_3^{2-}$ 与 SO$_4^{2-}$ 的质量分数各是多少？

实验七　硫酸亚铁铵的制备

一、实验目的

1. 了解复盐的一般特征和硫酸亚铁铵的制备方法。

2. 练习在水浴上加热，巩固常压过滤、减压过滤、蒸发、结晶等基本操作。

3. 了解目视比色法检验产品质量的方法。

二、实验原理

无机合成技术是实践性化学学科的一项重要内容，可以利用水溶液中离子反应来制备无机化合物。通过无机化合物的制备和提纯，训练过滤、蒸发、结晶等基本操作。

分子间化合物是由简单化合物按照一定化学计量比结合而成的，制备分子间化合物的操作比较简单。先是由简单化合物在水溶液中相互作用，经过蒸发浓缩、冷却、结晶，最后过滤、洗涤、烘干便可得到产品。如摩尔盐——硫酸亚铁铵的制备。

硫酸亚铁铵的化学组成为 (NH$_4$)$_2$SO$_4$·FeSO$_4$·6H$_2$O。它是由 (NH$_4$)$_2$SO$_4$ 和 FeSO$_4$ 按 1:1 结合而成的复盐，其溶解度较小，是浅绿色单斜晶体。它在空气中比一般亚铁盐稳定，不易被氧化，溶于水但难溶于乙醇，是常用的含亚铁离子的试剂。

由硫酸铵、硫酸亚铁和硫酸亚铁铵在水中的溶解度数据（见表 3-1）可知，在 0～60℃ 的温度范围内，硫酸亚铁铵在水中的溶解度比组成它的每一组分的溶解度都小。因此，由铁屑与稀硫酸作用得到 FeSO$_4$ 后，根据 FeSO$_4$ 的量加入一定量的 (NH$_4$)$_2$SO$_4$，二者相互作用后，经过蒸发浓缩、结晶、冷却、过滤，很容易从浓的硫酸亚铁和硫酸铵混合溶液中制得结晶的摩尔盐。

铁屑与稀硫酸作用，制得硫酸亚铁溶液：

$$Fe + H_2SO_4 \Longrightarrow FeSO_4 + H_2(g)$$

硫酸亚铁溶液与硫酸铵溶液作用，生成溶解度较小的硫酸亚铁铵复盐晶体：

$$FeSO_4 + (NH_4)_2SO_4 + 6H_2O \Longrightarrow (NH_4)_2SO_4 \cdot FeSO_4 \cdot 6H_2O$$

目视比色法是确定杂质含量的一种常用方法，在确定杂质含量后便能定出产品的级别。将产品配成溶液，与各标准溶液进行比色，如果产品溶液的颜色比某一标准溶液的颜色浅，就确定杂质含量低于该标准溶液中的含量，即低于某一规定的限度，所以这种方法又称为限量分析。本实验仅做摩尔盐中 Fe^{3+} 的限量分析。

三、实验仪器和试剂

仪器　锥形瓶（250mL），烧杯（250mL 1 个、400mL 1 个），量筒（10mL 1 个、50mL

1个），台秤，漏斗，漏斗架，布氏漏斗，吸滤瓶，抽气管（或真空泵），蒸发皿，表面皿，比色管，比色管架，水浴锅。

试剂 酸：$HCl(2.0mol \cdot L^{-1})$，$H_2SO_4(3.0mol \cdot L^{-1})$；碱：$NaOH(1.0mol \cdot L^{-1})$；盐：$Na_2CO_3(1.0mol \cdot L^{-1})$，$KSCN(1.0mol \cdot L^{-1})$，$K_3[Fe(CN)_6](0.1mol \cdot L^{-1})$，$(NH_4)_2SO_4(s)$，铁屑。

其他：乙醇（95%），Fe^{3+} 的标准溶液（见注1），pH 试纸，滤纸。

四、实验内容

1. 硫酸亚铁铵的制备

（1）铁屑油污的除去　由机械加工得到的铁屑油污较多，可用碱煮的方法除去。为此称取 2g 铁屑，放入锥形瓶（250mL），加入 20mL Na_2CO_3 溶液（$1.0mol \cdot L^{-1}$），小火加热约 10min，以除去铁屑表面的油污，用倾析法除去碱液，最后用水将铁屑洗净（如果用纯净的铁屑，可省去这步）。

（2）硫酸亚铁的制备　在盛有洗净铁屑的锥形瓶中，加入 15mL H_2SO_4 溶液（3.0 $mol \cdot L^{-1}$），放在水浴上加热，使铁屑与稀硫酸发生反应（最好在通风条件下进行）。在反应过程中要取出锥形瓶振荡和适当地添加去离子水，以补充蒸发掉的水分，直至反应基本完全为止（如何判断？约需 30min）。再加入 1mL H_2SO_4 溶液（$3.0mol \cdot L^{-1}$），继续反应 5min 左右（目的是什么？）。用普通漏斗趁热过滤，滤液盛于蒸发皿中。将锥形瓶和滤纸上的残渣洗净，收集在一起，用滤纸吸干后称其质量（如残渣量极少可不收集）。算出已作用的铁屑的质量。

（3）硫酸亚铁铵的制备　根据已作用的铁屑的质量和反应式中的物质量关系，参见表 3-1，计算出所需 $(NH_4)_2SO_4(s)$ 的质量和常温下配制硫酸铵饱和溶液所需水的体积，自己在烧杯中配制硫酸铵饱和溶液。

将 $(NH_4)_2SO_4$ 饱和溶液倒入盛 $FeSO_4$ 溶液的蒸发皿中，混匀后，用 pH 试纸检验溶液 pH 是否为 1～2，若酸度不够，用 H_2SO_4 溶液（$3.0mol \cdot L^{-1}$）调节。

在酒精灯上蒸发混合溶液，浓缩至表面出现晶体膜为止（注意蒸发过程中不宜搅动）。静置，让溶液自然冷却，冷至室温时，析出硫酸亚铁铵晶体。减压抽滤至干，再用 5mL 乙醇溶液淋洗晶体，以除去晶体表面上附着的水分。继续抽干，取出晶体，在表面皿上晾干。称其质量并计算产率。

2. 产品检验

（1）自行设计实验，检验产品中是否含有 NH_4^+、Fe^{2+}、SO_4^{2-}。

（2）Fe^{3+} 的限量分析（选做实验）。用烧杯将去离子水煮沸 2min，以除去溶解的氧，盖好，冷却后备用。称取 1.00g 产品，置于比色管中，加 10.0mL 备用的去离子水，以溶解之，再加入 2.0mL HCl 溶液（$2.0mol \cdot L^{-1}$）和 0.5mL KSCN 溶液（$1.0mol \cdot L^{-1}$），最后以备用的去离子水稀释到 25.00mL，摇匀。与标准溶液进行目测比色，以确定产品等级。

五、数据记录和处理

已作用的铁的质量/g	$(NH_4)_2SO_4$ 饱和溶液		$FeSO_4 \cdot (NH_4)_2SO_4 \cdot 6H_2O$			
	$(NH_4)_2SO_4$ 质量/g	水的体积/mL	理论产量/g	实际产量/g	产率/%	级别

六、思考题

1. 为什么硫酸亚铁溶液和硫酸亚铁铵溶液都要保持较强的酸性？
2. 进行目视比色时，为什么用含氧较少的去离子水来配制硫酸亚铁铵溶液？
3. 制备硫酸亚铁铵时，为什么采用水浴加热法？
4. 如何计算 $(NH_4)_2SO_4 \cdot FeSO_4 \cdot 6H_2O$ 的理论产量和反应所需 $(NH_4)_2SO_4$ 的质量？

注1：Fe^{3+} 标准溶液的配制（实验室配制）：先配制 $0.01mg \cdot mL^{-1}$ Fe^{3+} 标准溶液。用吸量管吸取 Fe^{3+} 的标准溶液 5.00mL、10.00mL、20.00mL，分别放入 3 支比色管中，然后各加入 2.00mL HCl 溶液（$2.0mol \cdot L^{-1}$）和 0.5mL KSCN 溶液（$1.0mol \cdot L^{-1}$）。用备用的含氧较少的去离子水将溶液稀释到 25.00mL，摇匀。得到符合三个级别含 Fe^{3+} 量的标准溶液：25mL 溶液中含 Fe^{3+} 0.05mg、0.10mg 和 0.20mg，分别为 Ⅰ 级、Ⅱ 级和 Ⅲ 级试剂中 Fe^{3+} 的最高允许含量。

若 1.00g 摩尔盐试样溶液的颜色，与 Ⅰ 级试剂的标准溶液的颜色相同或略浅，便可确定为 Ⅰ 级产品，其中 Fe^{3+} 的质量分数，$w_{Fe^{3+}} = \dfrac{0.05}{1.00 \times 1000} \times 100\% = 0.05\%$，Ⅱ 级和 Ⅲ 级产品依此类推。

注2：几种盐的溶解度数据(表 3-1)。

表 3-1 　几种盐的溶解度数据 　　　　单位：$g \cdot (100gH_2O)^{-1}$

温度/℃	10	20	30	40
$(NH_4)_2SO_4$ (132.1)	73.0	75.4	78.0	81.0
$FeSO_4 \cdot 7H_2O$ (277.9)	37	48.0	60	73.3
$FeSO_4 \cdot (NH_4)_2SO_4 \cdot 6H_2O$ (392.1)		36.5	45.0	53

实验八 弱电解质的解离平衡

一、实验目的

1. 了解弱电解质电离的特点和影响平衡移动的因素。
2. 掌握缓冲溶液的配制及缓冲作用。
3. 巩固 pH 概念，掌握酸碱指示剂、pH 试纸的使用方法。
4. 学习使用 pH 计（酸度计）测定溶液 pH 的方法。

二、实验原理

弱电解质在水中存在解离平衡，如醋酸 HAc 为弱电解质，其水溶液存在下列平衡：

$$HAc \Longrightarrow H^+ + Ac^-$$

起始浓度/mol·L⁻¹ 　　　　　c 　　0 　　0
平衡浓度/mol·L⁻¹ 　　　$c-c\alpha$ 　$c\alpha$ 　$c\alpha$

α 为解离度，则 HAc 的解离平衡常数 $K_a^{\ominus}$ 为：

$$K_a^{\ominus} = \frac{[H^+][Ac^-]}{HAc} = \frac{[H^+]^2}{(C-[H^+])}([H^+] \approx [Ac^-])$$

若已知弱电解质的初始浓度并测量出解离平衡时氢离子浓度，可计算出弱电解质的解离平衡常数。

弱电解质溶液中加入含有相同离子的另一强电解质时，弱电解质的解离程度降低的效应称为同离子效应。

盐类水解可改变溶液的 pH，因为水解时可释放出 H^+ 和 OH^- 生成弱电解质。如 $BiCl_3$ 固体溶于水时就能产生 $BiOCl$ 白色沉淀，同时溶液酸性增强。

$$BiCl_3 + H_2O \Longleftrightarrow 2HCl + BiOCl(s)$$

两种水解酸、碱性相反的盐混合时，将加剧其水解，如将 $Al_2(SO_4)_3$ 溶液与 $NaHCO_3$ 溶液混合时会发生这种现象。反应的离子方程式为：

$$Al^{3+} + 3HCO_3^- \Longleftrightarrow Al(OH_3) + 3CO_2(g)$$

缓冲溶液指的是浓度较大且浓度相近的弱酸（碱）及其盐的混合溶液，当将其稀释或其中加入少量的酸或碱时，溶液的 pH 基本不变或改变很少。缓冲溶液的 pH（以 HAc 和 NaAc 为例）可用下式计算：

$$pH = pK_a^\ominus - \lg \frac{c(酸)}{c(盐)} = pK_a^\ominus - \lg \frac{c(HAc)}{c(Ac^-)}$$

c（酸）、c（盐）、c（HAc）、c（Ac^-）均指平衡时的物质的浓度。

三、实验仪器和试剂

仪器 pH 计，小烧杯（50mL），烧杯（500mL），量筒（100mL），精密 pH 试纸（3.8~5.4），pH 试纸（1~14）。

试剂 HCl（0.1mol·L^{-1}、2.0mol·L^{-1}），HAc（0.1mol·L^{-1}、1mol·L^{-1}），NH_3·H_2O（0.1mol·L^{-1}），NaOH（0.1mol·L^{-1}），NaAc（0.1mol·L^{-1}、1mol·L^{-1}），NH_4Cl（0.1mol·L^{-1}），NH_4Ac（0.1mol·L^{-1}），NaCl（0.1mol·L^{-1}），$BiCl_3$（0.1mol·L^{-1}），$Fe(NO_3)_3$（0.1mol·L^{-1}），$Al_2(SO_4)_3$（0.1mol·L^{-1}），$NaHCO_3$（0.5mol·L^{-1}），NH_4Ac（s），NH_4Cl（s），酚酞溶液。

四、实验内容

1. 酸碱溶液的 pH

用 pH 试纸分别测定 0.10mol·L^{-1} HCl、0.10mol·L^{-1} HAc、蒸馏水、0.10mol·L^{-1} NaOH、0.10mol·L^{-1} NH_3·H_2O 的 pH 并与计算值相比较，说明原因（注意 pH 试纸的使用方法）。

溶液	0.10mol·L^{-1} HCl	0.10mol·L^{-1} HAc	蒸馏水	0.10mol·L^{-1} NaOH	0.10mol·L^{-1} NH_3·H_2O
pH 测定值					
pH 计算值					

2. 同离子效应

（1）在试管中加入 5 滴 HAc 溶液（0.1mol·L^{-1}）和 1 滴甲基橙指示剂，摇匀，溶液呈现什么颜色？再加入少许 NH_4Ac（s），振摇使其溶解，溶液的颜色有何变化？说明其原因。

（2）在试管中加入 5 滴 NH_3·H_2O 溶液（0.1mol·L^{-1}）和 1 滴酚酞溶液，摇匀，溶液呈现什么颜色？如何实现 NH_3·H_2O 解离平衡移动，加入少许 NH_4Cl（s）效果如何？解释原因。

3. 盐类的水解及其影响因素

（1）盐溶液的 pH（注意 pH 试纸的使用方法）

溶液	pH 计算值	pH 测定值	解释（写出水解方程式）
0.1mol·L^{-1}NaAc			
0.1mol·$L^{-1}$$NH_4Cl$			

续表

溶液	pH 计算值	pH 测定值	解释（写出水解方程式）
$0.1mol \cdot L^{-1}NH_4Ac$			
$0.1mol \cdot L^{-1}NaCl$			
$0.1mol \cdot L^{-1}Al_2(SO)_4$			

（2）温度对水解平衡的影响

① 在试管中加入 1mL NaAc 溶液（$1mol \cdot L^{-1}$）和 1 滴酚酞溶液，摇匀，溶液呈现什么颜色？再将溶液加热至沸（注意试管口的朝向），溶液的颜色有何变化？说明原因。

② 在两支试管中分别加入 2mL 去离子水和 3 滴 $0.1mol \cdot L^{-1}Fe（NO_3）_3$ 溶液，摇匀。将一支试管用小火加热，观察溶液颜色变化，说明原因。

（3）溶液酸度对水解平衡的影响　在试管中加入几滴 $BiCl_3$ 溶液（$0.1mol \cdot L^{-1}$），加入 2mL 去离子水，溶液呈现什么现象？再加入 HCl 溶液（$2.0mol \cdot L^{-1}$），又有何变化？说明原因。再用水稀释又有何变化，解释有关现象。在配制 $BiCl_3$ 溶液时应该注意什么问题？还能找出类似的盐类吗？

（4）能水解的盐类间的相互作用　在试管中加入 1mL $Al_2（SO_4）_3$ 溶液（$0.1mol \cdot L^{-1}$），然后加入 1mL $NaHCO_3$（$0.5mol \cdot L^{-1}$）溶液，有何现象？用水解平衡观点解释，写出反应方程式并说明该反应的实际应用。

4. 缓冲溶液的配制和性质

（1）自行配制 pH 为 5.00 的缓冲溶液 30mL（事先计算出 $1mol \cdot L^{-1}NaAc$ 和 $1mol \cdot L^{-1}HAc$ 溶液的体积，用量筒量取置于洁净的烧杯中混匀）。分别用广泛 pH 试纸、精密 pH 试纸、pH 计测定其值 pH。

（2）在两支盛有约 5mL 的上述缓冲溶液的试管中分别加入几滴 HCl 溶液（$0.1mol \cdot L^{-1}$）和 NaOH 溶液（$0.1mol \cdot L^{-1}$），用精密 pH 试纸测定其 pH；并与两支盛蒸馏水的试管中进行同样实验的结果进行比较（实验室提供的蒸馏水 pH 是 7 吗？）。

（3）取配制好的上述缓冲溶液约 1mL 注入试管中，用去离子水稀释 1～2 倍后，测定其 pH，看有无变化？

将以上实验的测定值列表进行比较，并对缓冲溶液的性质作出结论。

5. 趣味实验（自制指示剂，选做）

由于许多植物的花、果、茎、叶都含有色素，这些色素在酸性溶液或碱性溶液中显示不同的颜色，可以用作酸碱指示剂。

首先，制备花瓣色素的酒精溶液：取一些花瓣（或植物叶子等），在研钵中捣烂，加入 5mL 酒精溶液，搅拌。用四层纱布过滤（由于条件限制可用滤纸），所得滤液装入试管中待用。在点滴板的孔穴中分别滴入一些稀盐酸、稀 NaOH 溶液、蒸馏水、三滴花瓣色素的酒精溶液，观察现象。

五、思考题

1. 同离子效应对弱电解质的电离度有什么影响？

2. 如何配制 Sn^{2+}、Sb^{3+}、Fe^{3+} 等盐的水溶液？

3. 为什么 $NaHCO_3$ 水溶液呈碱性，而 $NaHSO_4$ 水溶液呈酸性？

4. 哪些类型的盐会产生水解？怎样使水解平衡移动？怎样防止盐类水解？盐类水解后溶液的 pH 怎样计算？请举例说明。

实验九 配位化合物的形成和性质

一、实验目的

1. 了解几种不同类型的配合物的生成及其性质。
2. 比较配合物与简单化合物、复盐的区别。
3. 掌握影响配位平衡移动的因素。
4. 掌握离心机和离心试管的使用方法，以及分离混合离子。

二、实验原理

由中心离子（正离子或中性原子）和一定数目的配位体（中性分子或阴离子）以配位键结合（配位体按一定几何位置排布在中心离子周围）而形成的复杂离子称为配离子。配离子在晶体和溶液中都能稳定存在，它和弱电解质一样，在溶液中会有一定的解离，形成解离与配位的平衡状态，如 $[Cu(NH_3)_4]^{2+}$ 配离子在溶液中存在下列平衡。

$$[Cu(NH_3)_4]^{2+} \rightleftharpoons Cu^{2+} + 4NH_3$$

$$\frac{C_{Cu^{2+}} \cdot C_{NH_3}^4}{C_{[Cu(NH_3)_4]^{2+}}} = K_{不稳} \qquad \frac{C_{[Cu(NH_3)_4]^{2+}}}{C_{Cu^{2+}} \cdot C_{NH_3}^4} = K_{稳}$$

平衡常数 $K_{不稳}$ 与 $K_{稳}$ 互为倒数，$K_{不稳}$ 愈大（$K_{稳}$ 愈小），表示该配离子的稳定程度愈小，配离子易解离，反之亦然。

配离子的解离是一种化学平衡，当改变某物质的浓度时，平衡会发生移动。解离平衡移动的方向：向着生成 $K_{稳}$ 更大（更难离解）的配离子方向移动。

配合物形成时其性质会发生变化，如酸碱度等。例如，

$$H_3BO_3 + 2\begin{matrix} CH_2-OH \\ CH-OH \\ CH_2-OH \end{matrix} \Longrightarrow \left[\begin{matrix} CH_2-O \quad O-CH_2 \\ HC-O \quad\quad O-CH \\ CH_2-OH \ HO-CH_2 \end{matrix} B \right]^- + 3H_2O + H^+$$

$$2HgCl_2 + SnCl_2 \Longrightarrow Hg_2Cl_2 + SnCl_4$$

$$Hg_2Cl_2 + SnCl_2 + 2Cl^- \Longrightarrow 2Hg(s) + [SnCl_6]^{2-}$$

螯合物是中心离子与多基配体键合而成的具有环状结构的配合物。很多金属螯合物具有特征颜色，且难溶于水而易溶于有机溶剂。有些特征反应常用来作为金属离子的鉴定反应。配位反应常用来分离和鉴定某些离子。

三、实验仪器和试剂

仪器 离心机，离心试管，小烧杯，pH 试纸，试管，试管架。

试剂 酸：$H_2SO_4(2mol \cdot L^{-1})$，$H_3BO_3(0.1mol \cdot L^{-1})$；碱：$NH_3 \cdot H_2O(6.0mol \cdot L^{-1}、2.0mol \cdot L^{-1})$，$NaOH(0.1mol \cdot L^{-1}、2.0mol \cdot L^{-1})$；盐：$Na_2S(0.1mol \cdot L^{-1})$，$FeCl_3(0.1mol \cdot L^{-1})$，$KSCN(0.1mol \cdot L^{-1})$，$NaCl(0.1mol \cdot L^{-1})$，$KBr(0.1mol \cdot L^{-1})$，$KI(0.1mol \cdot L^{-1}、2.0mol \cdot L^{-1})$，$AgNO_3(0.1mol \cdot L^{-1})$，$Na_2S_2O_3(饱和，0.1mol \cdot L^{-1})$，$NH_4F(2.0mol \cdot L^{-1})$，$CuSO_4(0.1mol \cdot L^{-1})$，$BaCl_2(0.1mol \cdot L^{-1})$，$K_4[Fe(CN)_6](0.1mol \cdot L^{-1})$，$HgCl_2(0.1mol \cdot L^{-1})$，$SnCl_2(0.1mol \cdot L^{-1})$，$FeSO_4(0.1mol \cdot L^{-1})$，铁氰化钾$(0.1mol \cdot L^{-1})$，硫酸亚铁铵$(0.1mol \cdot L^{-1})$，$(NH_4)_2C_2O_4(饱和)$；其他：甘油，$CCl_4$，0.25% 邻菲罗啉。

四、实验内容

1. 配合物的生成

（1）含阳离子的配合物　往试管中加入 10 滴 $0.1mol \cdot L^{-1}$ $CuSO_4$ 溶液，逐滴加入 $2mol \cdot L^{-1}$ $NH_3 \cdot H_2O$ 溶液，至产生沉淀后继续滴加氨水，直至变为深蓝色溶液为止（保留此溶液供下面的实验用）。写出离子反应方程式。

（2）含阴离子的配合物　往试管中加入 3 滴 $0.1mol \cdot L^{-1}$ $HgCl_2$ 溶液，逐滴加入 $0.1mol \cdot L^{-1}$ KI 溶液，注意最初有沉淀生成，后来变为配合物而溶解（保留此溶液供下面实验用），写出离子反应方程式。

2. 配位化合物与简单化合物、复盐的区别

（1）把实验内容 1（1）中所得的溶液分成两份，往第一支试管中滴入 2 滴 $0.1mol \cdot L^{-1}$ NaOH 溶液，第二支试管中滴入 3 滴 $0.1mol \cdot L^{-1}$ $BaCl_2$ 溶液，观察现象，写出离子反应方程式。

另取两支试管各加 5 滴 $0.1mol \cdot L^{-1}$ $CuSO_4$ 溶液，然后在一支试管中滴入 2 滴 $0.1mol \cdot L^{-1}$ NaOH 溶液，另一支试管中滴入 3 滴 $0.1mol \cdot L^{-1}$ $BaCl_2$ 溶液，比较两次实验的结果，并简单解释之。

（2）向实验内容 1（2）中所得的溶液中滴入 $0.1mol \cdot L^{-1}$ NaOH 溶液，观察现象，写出离子反应方程式。

另取一支试管，加 2 滴 $0.1mol \cdot L^{-1}$ $HgCl_2$ 溶液，再滴入 2 滴 $0.1mol \cdot L^{-1}$ NaOH 溶液，比较两次实验的结果，并简单解释之。

（3）自行设计实验，证明铁氰化钾是配合物，硫酸亚铁铵是复盐，写出实验步骤并进行实验。

3. 配位平衡的移动

（1）配合物的取代反应　取 1 mL $0.1mol \cdot L^{-1}$ $FeCl_3$ 溶液，滴加 2 滴 $0.1mol \cdot L^{-1}$ KSCN 溶液，溶液呈何颜色？然后滴加 $2mol \cdot L^{-1}$ NH_4F 溶液至溶液变为无色，再滴加饱和 $(NH_4)_2C_2O_4$ 溶液，至溶液变为黄绿色，写出离子反应方程式，并解释。

（2）配位平衡与沉淀溶解平衡　在一支离心试管中加入 3 滴 $0.1mol \cdot L^{-1}$ $AgNO_3$ 溶液，然后按下列次序进行实验，并写出每一步骤的反应方程式。（操作中注意：凡是生成沉淀的步骤，沉淀量要少，即到刚生成沉淀为宜。凡是使沉淀溶解的步骤，加入溶液量越少越好，即使沉淀刚溶解为宜。因此，溶液必须逐滴加入，且边滴边摇，若试管中溶液量太多，可在生成沉淀后，先离心分离，弃去清液，再继续进行实验。）

① 滴加 1 滴 $0.1mol \cdot L^{-1}$ NaCl 溶液至刚生成沉淀；

② 加入 $6mol \cdot L^{-1}$ $NH_3 \cdot H_2O$ 至沉淀刚溶解；

③ 加入 1 滴 $0.1mol \cdot L^{-1}$ KBr 溶液至刚生成沉淀；

④ 加入 $0.1mol \cdot L^{-1}$ $Na_2S_2O_3$ 溶液，边滴边剧烈振荡至沉淀刚溶解；

⑤ 加入 1 滴 $0.1mol \cdot L^{-1}$ KI 溶液至刚生成沉淀；

⑥ 加入饱和 $Na_2S_2O_3$ 溶液至沉淀刚溶解；

⑦ 加入 $0.1mol \cdot L^{-1}$ Na_2S 溶液至刚生成沉淀。

根据以上实验，分析生成了什么物质？并比较几种配合物的稳定性和比较几种沉淀溶度积的大小。并从几种沉淀的溶度积和几种配离子的稳定常数大小加以解释。

（3）配位平衡与氧化还原反应的关系

① 在 $HgCl_2$ 溶液（$0.1mol \cdot L^{-1}$）中，滴加 2 滴 $SnCl_2$（$0.1mol \cdot L^{-1}$）溶液，有何现象？再多加几滴 $SnCl_2$（$0.1mol \cdot L^{-1}$）溶液，稍等一会儿，又有何现象？写出反应方程式。

② 在 $HgCl_2$ 溶液（$0.1mol \cdot L^{-1}$）中，滴加 KI 溶液（$2.0mol \cdot L^{-1}$）到生成的沉淀又溶解，再过量几滴，然后滴加 $SnCl_2$ 溶液（$0.1mol \cdot L^{-1}$），和实验①比较，有何不同？

（4）配位平衡和酸碱反应　取半条（长约 1.5cm）pH 试纸，在它的一端蘸上半滴甘油（或甘露醇），记下被甘油润湿处的 pH，待甘油不再扩散时，在距离甘油扩散边缘 $0.5\sim1.0cm$ 试纸处，蘸上半滴 H_3BO_3 溶液（$0.1mol \cdot L^{-1}$），等 H_3BO_3 溶液扩散到甘油区形成重叠时，记下重叠与未重叠处的 pH，说明 pH 变化的原因，写出反应方程式。

4. 螯合物的形成

Fe^{2+} 与邻菲罗啉在微酸性溶液中反应，生成橘红色的配离子。

在白瓷点滴板上滴一滴 $0.1mol \cdot L^{-1}$ $FeSO_4$ 溶液和 3 滴 0.25% 邻菲罗啉溶液，观察现象。此反应可作为 Fe^{2+} 的鉴定反应。

5. 利用配位反应分离混合离子

某溶液中可能含有 Fe^{3+}，Ag^+ 和 Cu^{2+}，试分离并鉴定之，画出分离过程示意图，写出有关反应方程式。

五、注意事项

$HgCl_2$ 毒性很大，使用时要注意安全。切勿使其入口或与伤口接触，用完试剂后必须洗手，剩余的废液不能随便倒入下水道。

六、思考题

1. 配合物与复盐的主要区别是什么？

2. 为什么硫化钠溶液不能使亚铁氰化钾溶液产生硫化亚铁沉淀，而饱和的硫化氢溶液能使铜氨配合物的溶液产生硫化铜沉淀？

3. 总结一下本实验涉及几种溶液中的解离平衡，它们有何共性？说明有哪些因素影响配位平衡？

实验十　钴氨配合物的制备及分裂能的测定

一、实验目的

1. 掌握二氯化一氯五氨合钴（Ⅲ）的制备方法，了解合成氨配合物的一般方法。

2. 学习分光光度计的使用。

3. 了解吸收光谱的绘制，掌握分裂能的测定方法。

二、实验原理

1. 配合物的合成

水溶液中不含配合剂时，将二价钴盐氧化成三价是不容易的，这是因为

$$[Co(H_2O)_6]^{3+} + e^- \longrightarrow [Co(H_2O)_6]^{2+} \qquad \varphi^{\ominus} = 1.84V$$

如果有配合剂，形成配合物时，三价钴的稳定性就大大增加，这是因为

$$[Co(NH_3)_6]^{3+} + e^- \longrightarrow [Co(NH_3)_6]^{2+} \qquad \varphi^{\ominus} = 0.1V$$

因此，三价钴的配合物常用氧化二价钴的配合物来制备。例如，在含有氨、铵盐和活性炭（作表面活性氧化剂）的 CoX_2（X＝Cl、Br 或 NO_3^-）溶液中加入 H_2O_2 或通入氧气就可得到六氨合钴（Ⅲ）配合物。没有活性炭时，常常发生取代反应，得到取代的氨合钴配

合物。

本实验要求以 $CoCl_2$ 和 H_2O_2 为主要原料，制取 $[Co(NH_3)_5Cl]Cl_2$ 和 $[Co(NH_3)_5(H_2O)]Cl_3$ 并测定其组成和配离子的分离能 Δ_o。

$[Co(NH_3)_6]Cl_3$ 的制备：因为钴的简单化合物中通常以 Co(Ⅱ) 存在，故制备 Co(Ⅲ) 的配合物一般从 Co(Ⅱ) 盐开始，用空气或其他氧化剂将其氧化成 Co(Ⅲ)。

如果在含有二氯化钴、氨和氯化铵的水溶液中通入空气，则需 12h 才能将钴完全氧化，而且还含有难以分离的钴氨配合物，如 $[Co(NH_3)_5Cl]Cl_2$ 等。若用过氧化氢作氧化剂，活性炭为催化剂，反应只需 30min 就可完成，而且产量高。在制备过程中，先将固体二氯化钴和氯化铵制成混合溶液，然后加入氨水和 H_2O_2，冷却后即结晶出 $[Co(NH_3)_6]Cl_3$。将其分离、洗涤、干燥，制得橘红色的 $[Co(NH_3)_6]Cl_3$ 晶体。

合成反应的化学反应式：

$$2CoCl_2 + 8NH_3 \cdot H_2O + 2NH_4Cl + H_2O_2 \longrightarrow 2[Co(NH_3)_5(H_2O)]Cl_3 + 8H_2O$$

$$[Co(NH_3)_5(H_2O)]Cl_3 \longrightarrow [Co(NH_3)_5Cl]Cl_2 + H_2O$$

$[Co(NH_3)_5Cl]Cl_2$ 为紫红色晶体，$[Co(NH_3)_5(H_2O)]Cl_3$ 为砖红色晶体，而 $[Co(NH_3)_6]Cl_3$ 为橘红色晶体。

2. 分裂能 Δ_o 的测定

Co^{3+} 的电子层结构为 $[Ar]3d^6$，作为六配位八面体配合物的中心离子时，其中 6 个 3d 电子处于能量较低的 t_{2g} 轨道，当它们吸收一定波长的可见光时，就会在分裂后的 d 轨道之间跃迁，即由 t_{2g} 轨道跃迁至 e_g 轨道，称为 d-d 跃迁。3d 电子所吸收的能量等于 e_g 轨道和 t_{2g} 轨道之间的能量差 $(E_{e_g} - E_{t_{2g}})$，即等于配离子分裂能 Δ_o 的大小：

$$E_{e_g} - E_{t_{2g}} = \Delta E = h\nu = h\frac{c}{\lambda} = hc\bar{\nu} = \Delta_o$$

式中，h 为普朗克常数；c 为光速。可见分裂能 Δ_o 的大小取决于波数 $\bar{\nu}$。因此习惯上就直接用 $\bar{\nu} = \dfrac{1}{\lambda}$（单位 nm^{-1} 或 cm^{-1}）表示分裂能的大小。

选取一定浓度的配合物溶液，用分光光度计测出在不同波长 λ 下的吸光度 A，以 A 为纵坐标，λ 为横坐标，画出吸收曲线，由此曲线最高峰所对应的 λ 值，求得配离子的最大吸收波长 λ_{max}，即可求出 $\Delta_o \propto \dfrac{1}{\lambda_{max}}$。

三、实验仪器和试剂

仪器　磁力搅拌器，电子天平（或光电天平），托盘天平，触点温度计，250mL 烧杯，25mL 烧杯（5 只），减压抽滤装置，721 分光光度计，烘箱，量筒（100mL、10mL 各一个）。

试剂　$NH_4Cl(s)$，$CoCl_2 \cdot 6H_2O$（$0.84mol \cdot L^{-1}$），$NaCl(s)$，$KNO_3(s)$；浓氨水（$14.7mol \cdot L^{-1}$），H_2O_2（30%），浓 HCl（$12mol \cdot L^{-1}$），$NaOH$（$2mol \cdot L^{-1}$），$AgNO_3$（$0.1mol \cdot L^{-1}$），乙醇（95%），丙酮。

四、实验内容

1. $[Co(NH_3)_5(H_2O)]Cl_3$ 的制备

取 250mL 烧杯，加入 15mL $CoCl_2$ 溶液（$0.84mol \cdot L^{-1}$），置于磁力搅拌器上面，插上触点温度计，同时打开加热和搅拌开关，加入 0.6g NH_4Cl 固体和 33mL 浓 $NH_3 \cdot H_2O$ 搅拌。待固体溶解后，在通风情况下不断搅拌，缓慢逐滴加入 15mL 30% H_2O_2，反应剧烈放热，同时产生气泡。在磁力搅拌器上加热至 70℃，直至不再有气泡析出（大约 20min），停止加热，把烧杯移开，冷却至室温。然后将其再放到磁力搅拌器上，只打开搅拌开关，把加热旋钮拧到最小，在通风的情况下向其中缓慢加入 60mL 浓 HCl（注意要慢加，否则不出结晶），将溶液自然冷却至室温，再在冷却水中冷却约 10min，然后进行减压抽滤，得到桃红色固体产物，最后用 95％乙醇 15mL 分数次洗涤沉淀。取出固体产品，自然风干后在台秤上称出其质量，并计算产率。

2. $[Co(NH_3)_5Cl]Cl_2$ 的制备

将上述制得的 $[Co(NH_3)_5(H_2O)]Cl_3$ 晶体大部分放在白色瓷盘中，放入 120℃烘箱中烘烤 2h 取出，此时含水配合物全部转化为紫色的 $[Co(NH_3)_5Cl]Cl_2$ 配合物（该步骤用时较长，为了节约时间，要求学生把剩余的产品回收至白色瓷盘中，由实验室统一处理、烘干）。

3. 测定分裂能

（1）用托盘天平（台秤）分别称取自制的 $[Co(NH_3)_5(H_2O)]Cl_3$ 和实验室准备的 $[Co(NH_3)_5Cl]Cl_2$ 各 0.1g，分别放入 25mL 烧杯中，加入 20mL 去离子水配成溶液。

（2）以去离子水为参比，用分光光度计在波长 380～480nm 范围内分别测定上述两种溶液的吸光度。测定时，每隔 5nm 测一次吸光度数据，记录全部数据。

（3）以吸光度 A 为纵坐标，以波长为横坐标，画出两种配合物的吸收曲线。

（4）分别在两条吸收曲线上找出曲线最高点所对应的最大波长，分别计算两种配合物的分裂能 Δ_o。

由实验得出结论：哪一种配体引起的分裂能大，为什么？

4. 实验数据记录及处理

自行设计实验报告并进行数据处理。

五、思考题

1. 为了提高 $[Co(NH_3)_5(H_2O)]Cl_3$ 的产率，应注意哪些关键操作步骤？为什么？

2. 用分光光度计测吸光度时，每改变一次波长都要用空白液调一次透光率到 100％，为什么？

3. Δ_o 的单位通常是什么？

实验十一　沉淀反应

一、实验目的

1. 了解沉淀的生成及溶解的条件。

2. 学习液体与固体分离（离心分离法及过滤法）等基本操作。

3. 利用沉淀反应分离混合离子。

4. 培养观察实验现象和分析、解决问题的能力。

二、实验原理

在一定温度下难溶电解质的饱和溶液中，未溶解的难溶电解质和溶液中相应的离子之间会建立多相离子平衡，也称沉淀溶解平衡。多相离子平衡也是水溶液中一类十分重要的平衡。它也遵循化学平衡的一般规律，每个多相离子平衡都具有一个特征的平衡常数。称为化合物的溶度积常数，以 K_{sp} 表示。

例如：PbI_2（s）$\Longrightarrow Pb^{2+} + 2I^-$

其溶度积常数的表达式为：$K_{sp} = c_{Pb^{2+}} c_{I^-}^2$

溶度积的大小与物质的溶解度有关。利用溶度积规则，可以进行沉淀与溶解的相互转化。还可以利用溶度积的差异，控制适当条件（如控制 pH 等），达到分离离子的目的等。

例如：在 Ag^+、Ba^{2+}、Mg^{2+} 的混合溶液中，可先加入 HCl 使 Ag^+ 生成 AgCl 沉淀从溶液中析出来。分离 AgCl 沉淀后，再在清液中加入稀 H_2SO_4，使 Ba^{2+} 生成 $BaSO_4$ 沉淀，从溶液中分离出来，而 Mg^{2+} 的仍留在溶液中。这样就达到了三种离子分离的目的。

若溶液中有数种离子都能与加入的同一种离子生成沉淀，可以通过溶度积原理来判别生成沉淀的顺序。

使一种难溶电解质转化为另一种难溶电解质，即把一种沉淀转化为另一种沉淀的过程称为沉淀的转化，一般来说，溶度积大的难溶电解质容易转化为溶度积小的难溶电解质。

三、实验仪器和试剂

仪器　离心机，小烧杯，试管，离心管。

试剂　酸：HCl（$2.0mol \cdot L^{-1}$、$6mol \cdot L^{-1}$）；碱：NaOH（$2.0mol \cdot L^{-1}$、$0.2mol \cdot L^{-1}$），氨水（$2mol \cdot L^{-1}$）；盐：$Pb(NO_3)_2$（$0.1mol \cdot L^{-1}$），Na_2S（$0.1mol \cdot L^{-1}$），$BaCl_2$（$0.1mol \cdot L^{-1}$），KSCN（$0.1mol \cdot L^{-1}$），$Pb(Ac)_2$（$0.01mol \cdot L^{-1}$），$CaCl_2$（$0.5mol \cdot L^{-1}$、$0.1mol \cdot L^{-1}$），Na_2SO_4（$0.5mol \cdot L^{-1}$），Na_2CO_3（饱和、$0.1mol \cdot L^{-1}$），$FeCl_3$（$0.1mol \cdot L^{-1}$），NaCl（$0.1mol \cdot L^{-1}$、$0.4mol \cdot L^{-1}$），KI（$0.02mol \cdot L^{-1}$、$0.1mol \cdot L^{-1}$、$0.001mol \cdot L^{-1}$），$AgNO_3$（$0.1mol \cdot L^{-1}$），$NiSO_4$（$0.1mol \cdot L^{-1}$），K_2CrO_4（$0.05mol \cdot L^{-1}$、$0.1mol \cdot L^{-1}$），$Fe(NO_3)_3$（$0.1mol \cdot L^{-1}$），$Al(NO_3)_3$（$0.1mol \cdot L^{-1}$），草酸铵溶液（饱和），硫代乙酰胺溶液。

材料　pH 试纸

四、实验内容

1. 沉淀的生成

（1）在试管中加 2 滴 $Pb(NO_3)_2$ 溶液（$0.1mol \cdot L^{-1}$），然后加 2 滴 KI 溶液（$0.1mol \cdot L^{-1}$），观察有无沉淀生成。试以溶度积规则解释之。

（2）在试管中加 2 滴 $Pb(NO_3)_2$（$0.1mol \cdot L^{-1}$），然后加 2 滴 KI 溶液（$0.001mol \cdot L^{-1}$），观察有无沉淀生产。试以溶度积规则解释之。

（3）在离心管中加 5 滴 Na_2S（$0.1mol \cdot L^{-1}$）溶液和 5 滴 K_2CrO_4（$0.1mol \cdot L^{-1}$）溶液，加蒸馏水 5mL 稀释，再加 $0.1mol \cdot L^{-1}$ $Pb(NO_3)_2$ 溶液 5 滴，观察首先生成的沉淀是黑色还是黄色？离心分离，再在离心液中滴加 $0.1mol \cdot L^{-1}$ $Pb(NO_3)_2$ 溶液会出现什么颜色的沉淀？根据相关溶度积规则加以说明。

2. 沉淀的溶解

（1）取 5 滴 $0.1mol \cdot L^{-1}$ $BaCl_2$ 溶液，加 3 滴饱和草酸铵溶液，此时有白色沉淀生成，离心分离，弃去清液，在沉淀上滴加 $6mol \cdot L^{-1}$ HCl 溶液，有何现象？写出反应式。

（2）取 5 滴 $0.1mol \cdot L^{-1}$ $FeCl_3$ 溶液，加 5 滴 $0.2mol \cdot L^{-1}$ NaOH 溶液，生成 $Fe(OH)_3$ 沉淀。另取 5 滴 $0.1mol \cdot L^{-1}$ $CaCl_2$ 溶液，加 5 滴 $0.1mol \cdot L^{-1}$ Na_2CO_3 溶液，生成 $CaCO_3$ 沉淀。分别在沉淀上滴加 $6mol \cdot L^{-1}$ HCl，观察现象，写出反应式。

3. 沉淀的转化

（1）取 5 滴 $0.1mol \cdot L^{-1}$ $Pb(NO_3)_2$ 溶液，加 3 滴 $0.4mol \cdot L^{-1}$ NaCl 溶液，有白色沉淀生成，再加 5 滴硫代乙酰胺溶液，水浴加热，有何现象？写出反应式。

（2）取 2 滴 $0.1mol \cdot L^{-1}$ $AgNO_3$ 和等量 $0.05mol \cdot L^{-1}$ K_2CrO_4 溶液置于一试管中，观察溶液和沉淀的颜色。再往其中加入 $0.4mol \cdot L^{-1}NaCl$ 溶液，边加边振荡，直至砖红色沉淀消失，白色沉淀生成为止。试解释所观察到的现象，由此可得出什么结论？计算本转化反应的综合平衡常数。

4. 混合离子的分离

混合浓度均为 $0.1mol \cdot L^{-1}$ $AgNO_3$、$Fe(NO_3)_3$、$Al(NO_3)_3$ 溶液，自行设计如何利用沉淀反应使 Ag^+、Fe^{3+}、Al^{3+} 分离？试验并写出分离过程示意图。

五、思考题

计算 $CaSO_4$ 沉淀与 Na_2CO_3 溶液（饱和）反应的平衡常数。试用平衡移动原理解释 $CaSO_4$ 沉淀转化为 $CaCO_3$ 沉淀的原因。

实验十二 氧化还原反应与电化学

一、实验目的

1. 了解电对的氧化型或还原型物质的浓度、介质的酸度等因素对电极电势、氧化还原反应的方向、产物、速率的影响。

2. 加深理解温度、反应物浓度与氧化还原反应的关系。

3. 了解原电池的组成及其电动势的粗略测定。

二、实验原理

1. 电对的氧化型或还原型物质的浓度、介质的酸度等因素对电极电势的影响

对于电极反应：　　　　　氧化态(Ox)＋ne^-＝＝＝还原态(Red)

根据能斯特公式，有

$$\varphi = \varphi^{\ominus} + \frac{RT}{nF}\ln\frac{[氧化型]}{[还原型]} = \varphi^{\ominus} + \frac{0.05915}{n}\lg\frac{[氧化型]}{[还原型]}$$

其中，$R=8.314J \cdot mol^{-1} \cdot K^{-1}$，$T=298.15K$，$F=96485C \cdot mol^{-1}$。

电极电势的大小与 $\varphi^{\ominus}$（电极本性）、氧化态和还原态的浓度，溶液的温度以及介质酸度等有关。

对于电池反应：　　　　　$aA+bB$＝＝＝$cC+dD$

对应的能斯特方程是

$$E_{池} = E_{池}^{\ominus} - \frac{0.05915}{n}\lg\frac{[C]^c[D]^d}{[A]^a[B]^b}$$

电极电势愈大，表明电对中氧化态氧化能力愈强，而还原态还原能力愈弱，电极电势大的氧化态能氧化电极电势比它小的还原态。$\varphi_+ > \varphi_-$ 是氧化还原反应自发进行的判据。

在实际应用中，若 $\varphi_+^{\ominus}$ 与 $\varphi_-^{\ominus}$ 的差值大于 0.5V，可以忽略浓度、温度等因素的影响，直接用 $E_{池}^{\ominus}$ 数值的大小来确定该反应进行的方向。

当有 H^+ 或 OH^- 参加电极反应时，介质的酸碱性对含氧酸盐电极电势和氧化性的影响很大。例如，$KMnO_4$ 在酸性、中性、碱性介质中被还原剂还原的产物也各不相同，$KMnO_4$ 的氧化性随介质酸性减弱而减弱。

2. 原电池组成和电动势

利用氧化还原反应产生电流的装置叫原电池。原电池应该由电解质溶液，正、负电极和盐桥组成。对于用两种不同金属所组成的原电池，一般来说较活泼的金属（电极电势低的）

为负极，相对不活泼的金属（电极电势高的）为正极。放电时，负极上发生氧化反应，不断给出电子，通过外电路流入正极，正极上发生还原反应，不断得到电子。在外电路中接上伏特计，可粗略测得原电池的电动势 E。

三、实验仪器和试剂

仪器　滴管，废液杯，烧杯，捆有铜丝的铜棒和锌棒，伏特计，盐桥。

试剂　酸：H_2SO_4（$6.0mol \cdot L^{-1}$），HCl（$1.0mol \cdot L^{-1}$、$2.0mol \cdot L^{-1}$）；碱：$NH_3 \cdot H_2O$（$6.0mol \cdot L^{-1}$），NaOH（$2.0mol \cdot L^{-1}$）；盐：KBr（$0.10mol \cdot L^{-1}$），$ZnSO_4$（$0.5mol \cdot L^{-1}$），$CuSO_4$（$0.5mol \cdot L^{-1}$），KI（$0.10mol \cdot L^{-1}$），$KMnO_4$（$0.1mol \cdot L^{-1}$），Na_2SO_3（$0.1mol \cdot L^{-1}$），$FeCl_3$（$0.1mol \cdot L^{-1}$），Na_2S（$0.1mol \cdot L^{-1}$），$Fe_2(SO_4)_3$（$0.10mol \cdot L^{-1}$），NH_4F（$2.0mol \cdot L^{-1}$）。

其他：淀粉溶液，砂纸，铅粒，锌片，CCl_4。

四、实验内容

1. 氧化还原反应和电极电势

（1）在分别盛有 0.5mL $Pb(NO_3)_2$ 溶液（$0.5mol \cdot L^{-1}$）和 0.5mL $CuSO_4$ 溶液（$0.5mol \cdot L^{-1}$）的两支试管中，各放入一小块用砂纸擦净的锌片，放置一段时间后，观察锌片表面颜色有无变化。

（2）在分别盛有 0.5mL $ZnSO_4$ 溶液（$0.5mol \cdot L^{-1}$）和 0.5mL $CuSO_4$ 溶液（$0.5mol \cdot L^{-1}$）的两支试管中，各放入一表面用砂纸擦净的铅粒，放置一段时间后，观察铅粒表面颜色有无变化。

根据（1）、（2）的实验结果，比较 Zn、Pb、Cu 的还原性强弱次序。

（3）根据所提供的药品：KI 溶液（$0.10mol \cdot L^{-1}$）、$FeCl_3$ 溶液（$0.10mol \cdot L^{-1}$）、KBr 溶液（$0.10mol \cdot L^{-1}$）、CCl_4 溶液及附录中的标准电极电势值，自行设计试验，定性比较 Br_2/Br^-、I_2/I^-、Fe^{3+}/Fe^{2+} 三个电对的电极电势的相对大小，并指出哪个电对的氧化态是最强的氧化剂，哪个电对的还原态是最强的还原剂。说明电极电势与氧化还原反应的关系。

2. 介质酸度对氧化还原反应的影响

（1）取 3 支试管各加入少量 $KMnO_4$ 溶液（$0.01mol \cdot L^{-1}$），分别加入 H_2SO_4（$6.0mol \cdot L^{-1}$）或 NaOH（$0.1mol \cdot L^{-1}$）或 H_2O，使 $KMnO_4$ 在不同介质条件下分别与少量 Na_2SO_3 溶液（$0.1mol \cdot L^{-1}$）作用。观察有何不同现象（注意碱性条件下 Na_2SO_3 溶液的用量要尽可能少，同时碱溶液用量不宜过多。为什么？）。证明 $KMnO_4$ 在酸性、中性、碱性介质中被还原产物的不同。写出有关反应方程式。注意酸性介质能否用盐酸呢？

（2）用 KI 溶液（$0.10mol \cdot L^{-1}$）代替 Na_2SO_3 溶液，进行上述同样的实验，根据电极电势值分析反应能否进行，并用实验证明之，写出有关反应方程式。

3. 浓度对氧化还原反应速率的影响

取两支试管，分别加入 5 滴 $Fe_2(SO_4)_3$ 溶液（$0.10mol \cdot L^{-1}$）和 0.5mL CCl_4。其中一支试管中加入 5 滴 KI 溶液（$0.10mol \cdot L^{-1}$）；另一支试管中加入 5 滴 NH_4F 溶液（$2.0mol \cdot L^{-1}$）后，再加入 5 滴 KI 溶液。充分振荡后观察两支试管中 CCl_4 层的颜色有何不同。写出离子反应方程式并解释实验现象。

4. 原电池组成和电动势的粗略测定

用两只 50mL 烧杯分别加入 20mL $0.5mol \cdot L^{-1}$ $ZnSO_4$ 和 $0.5mol \cdot L^{-1}$ $CuSO_4$ 溶液，

然后在 $CuSO_4$ 溶液中插入 Cu 棒,在 $ZnSO_4$ 溶液中插入 Zn 棒。放入盐桥,通过导线将 Cu 棒与 Zn 棒与简易伏特计相连,观察指针变化,记录数据,测量其电动势。

在 $ZnSO_4$ 溶液中滴加 $6mol \cdot L^{-1}$ 氨水,生成沉淀或直至沉淀完全溶解生成透明溶液。再测量其电动势。

再在 $CuSO_4$ 溶液中加入 $0.1mol \cdot L^{-1}$ Na_2S,观察指针如何变化,再测量其电动势。说明两次变化的原因。

比较以上三次测量的结果,说明浓度对电极电势的影响。

五、思考题

1. $KMnO_4$ 在不同酸度下被还原的产物各是什么?并用电极电势予以说明。

2. 在铜锌原电池中,如何使 Zn^{2+}、Cu^{2+} 浓度减小?电动势又如何变化呢?为什么?

实验十三 明矾的制备

一、实验目的

1. 了解从 Al 制备明矾(硫酸铝钾)的原理及过程。

2. 进一步认识 Al 及 $Al(OH)_3$ 的两性。

3. 熟练掌握称量、抽滤等基本操作。

二、实验原理

硫酸铝同碱金属的硫酸盐(K_2SO_4)生成硫酸铝钾复盐 $KAl(SO_4)_2 \cdot 12H_2O$(俗称明矾)。它是一种无色晶体。易溶于水并水解生成 $Al(OH)_3$ 胶状沉淀,具有强的吸附性能,是工业上重要的铝盐。可作为净水剂、媒染剂、造纸填充剂等。

本实验利用金属铝溶于氢氧化钠溶液,生成可溶性的四羟基铝酸钠:

$$2Al + 2NaOH + 6H_2O \Longrightarrow 2NaAl(OH)_4 + 3H_2 \uparrow$$

金属铝中其他杂质则不溶,随后用 H_2SO_4 调节此溶液的 pH 为 $8 \sim 9$,即有 $Al(OH)_3$ 沉淀产生,分离后在沉淀中加入 H_2SO_4 致使 $Al(OH)_3$ 转化为 $Al_2(SO_4)_3$:

$$2Al(OH)_3 + 3H_2SO_4 \Longrightarrow Al_2(SO_4)_3 + 6H_2O$$

在 $Al_2(SO_4)_3$ 溶液中加入等量的 K_2SO_4,即可制得硫酸铝钾。

$$Al_2(SO_4)_3 + K_2SO_4 + 24H_2O \Longrightarrow 2KAl(SO_4)_2 \cdot 12H_2O$$

三、实验仪器和试剂

仪器 烧杯,托盘天平,抽滤瓶,布氏漏斗。

试剂 Al 屑,$K_2SO_4(s)$,H_2SO_4($3mol \cdot L^{-1}$、$1:1$),NaOH(s)。

四、实验内容

(1) $Al(OH)_3$ 的生成 称取 4.5g NaOH 固体,置于 250mL 烧杯中,加入 60mL 去离子水溶解。称 2g 铝屑,分批放入溶液中(反应激烈,防止溅出,应在通风橱内进行)。至不再有气泡产生,说明反应完毕,然后再加入去离子水,使体积约为 80mL,趁热抽滤。将滤液转入 250mL 烧杯中,加热至沸,在不断搅拌下,滴加 $3mol \cdot L^{-1}$ H_2SO_4,调溶液的 pH 值为 $8 \sim 9$,继续搅拌煮沸数分钟,然后抽滤,并用沸水洗涤沉淀,直至洗涤液 pH 值降至 7 左右,抽干。

(2) $Al_2(SO_4)_3$ 的制备 将制得的 $Al(OH)_3$ 沉淀转入烧杯中,加入约 16mL $1:1H_2SO_4$,并不断搅拌,小火加热使沉淀溶解,得 $Al_2(SO_4)_3$ 溶液。

(3) 明矾的制备 将 $Al_2(SO_4)_3$ 溶液与 6.5g K_2SO_4 配成的饱和溶液相混合。搅拌均匀,充分冷却后,减压抽滤,尽量抽干,产品称重,计算产率。保留产品待用 [注意:制备

$KAl(SO_4)_2 \cdot 12H_2O$ 大晶体，慢、搅、稀、热、沉步骤]。

（4）性质实验　用实验证实硫酸铝钾溶液中存在 Al^{3+}、K^+、SO_4^{2-}，并写出有关反应方程式。

五、思考题

1. Al 屑中的杂质是如何除去的？
2. 为什么要称 6.5g K_2SO_4 与 $Al_2(SO_4)_3$ 溶液相混合？
3. 如何制得 $KAl(SO_4)_2 \cdot 12H_2O$ 大晶体？

实验十四　主族元素（一）——金属元素及其化合物的性质

一、实验目的

1. 了解某些金属单质的还原性。
2. 掌握主族金属元素氢氧化物的酸碱性。
3. 掌握铝、锡、铅、锑、铋等离子及化合物的有关氧化还原性及硫化物的溶解性，掌握某些金属离子的分离方法。

二、实验原理

主族元素分为 s 区、p 区。Al，Sn，Pb，Bi 分别是周期表中第ⅢA，ⅣA，ⅤA族中的金属元素，总称为 p 区金属元素，它们的化学性质主要表现为以下几个方面。

1. 金属单质的化学性质

主要表现为还原性，铝是一种较活泼的金属，在空气中由于表面生成一层氧化物保护膜而稳定。若使铝汞齐化（形成铝汞合金），破坏这层氧化膜就能引起铝的迅速被氧化（电化学腐蚀），生成蓬松的氧化铝水合物，并伴随大量热放出。

2. 氢氧化物的酸碱性

$$
\begin{array}{lll}
Al^{3+} & Al(OH)_3 \downarrow (白) & AlO_2^- + H_2O \\
Sn^{2+} & Sn(OH)_2 \downarrow (白) & SnO_2^{2-} + H_2O \\
Pb^{2+} \xrightarrow[适量]{OH^-} & Pb(OH)_2 \downarrow (白) \xrightarrow[过量]{OH^-} & PbO_2^{2-} + H_2O \\
Sb^{3+} & Sb(OH)_3 \downarrow (白) & SbO_3^{3-} + H_2O \\
Bi^{3+} & Bi(OH)_3 \downarrow (白) &
\end{array}
$$

3. 硫化物

$$
\begin{array}{l}
Al^{3+} \\
Sn^{2+} \\
Sn^{4+} \\
Pb^{2+} \xrightarrow[{[H^+] = 0.3\,mol \cdot L^{-1}}]{H_2S} \\
Sb^{3+} \\
Bi^{3+}
\end{array}
\quad
\begin{array}{l}
SnS \downarrow (褐) 溶于 6mol \cdot L^{-1} 的热 HCl \\
SnS_2 \downarrow (黄) 溶于 6mol \cdot L^{-1} 的热 HCl \\
PbS \downarrow (黑) 溶于稍浓的 HNO_3 \\
Sb_2S_3 \downarrow (橙) 溶于浓的热的 HCl \\
Bi_2S_3 \downarrow (黑) 溶于热的 HNO_3
\end{array}
$$

Al^{3+} 在 H_2S 溶液中不生成硫化物或氢氧化物沉淀，因为 Al_2S_3 在水中完全水解，生成 $Al(OH)_3$ 和 H_2S，$Al(OH)_3$ 又被酸性的溶液所溶解。若在 Al^{3+} 中加入 $(NH_4)_2S$ 溶液，则可生成白色的 $Al(OH)_3$ 沉淀。

在上述金属硫化物的沉淀中，SnS_2，Sb_2S_3 偏酸性，因此，它们可溶于过量的 NaOH，Na_2S 或 $(NH_4)_2S$ 溶液中生成硫代酸盐。

$$SnS_2 \quad \xrightarrow{Na_2S} \quad Na_2SnS_3$$
$$Sb_2S_3 \quad \quad \quad \quad Sa_3SbS_3$$

$$SnS_2 \quad \xrightarrow{NaOH} \quad Na_2SnS_3 + Na_2SnO_3 + H_2O$$
$$Sb_2S_3 \quad \quad \quad \quad Na_3SbS_3 + Na_3SbS_3 + H_2O$$

据此性质，可使 SnS_2，Sb_2S_3 与 PbS，Bi_2S_3 等进行分离。硫代酸盐在酸性溶液中不稳定，一旦遇酸，则又将析出硫化物沉淀。

$$SnS_3^{2-} \xrightarrow{H^+} SnS_2 \downarrow + H_2S$$
$$SbS_3^{3-} \quad \quad Sb_2S_3 \downarrow + H_2S$$

有时，在 Na_2S 溶液中 SnS 也能溶解，这是因为经放置 Na_2S 溶液中常常存在部分 Na_2S_x，而 S_x^{2-} 具有氧化性，可将 SnS 氧化成 SnS_3^{2-} 而溶解，因此，欲分解 SnS 和 SnS_2，需要用新鲜配制的 Na_2S 溶液。另外，SnS 也能完全溶于 $(NH_4)_2S_x$ 溶液中形成 SnS_3^{2-}。

4. 氧化还原性

在这些元素中，$Sn(Ⅱ)$ 具有较强的还原性，其中 $SnCl_2$ 是常见的还原剂。$Pb(Ⅳ)$，$Bi(Ⅴ)$ 具有较强的氧化性，常以 PbO_2，$NaBiO_3$ 做氧化剂。

在酸性介质中，Sn^{2+} 离子与少量 $HgCl_2$ 反应，可出现白色沉淀渐变灰黑的现象。

$$SnCl_2 + 2HgCl_2 \longrightarrow SnCl_4 + Hg_2Cl_2 \downarrow （白）$$
$$SnCl_2 + Hg_2Cl_2 \longrightarrow SnCl_4 + 2Hg \downarrow （黑）$$

据此反应，可鉴定 Sn^{2+} 或 Hg^{2+}。

$Sn(OH)_4^{2-}$ 也可做还原剂与 Bi^{3+} 反应，生成黑色的 Bi 沉淀。

$$3Sn(OH)_4^{2-} + 2Bi^{3+} + 6OH^- \longrightarrow 3[Sn(OH)_6]^{2-} + 2Bi \downarrow （黑）$$

据此反应，可鉴定 Bi^{3+}。

$NaBiO_3$ 和 PbO_2 在酸性介质中是强氧化剂，可以氧化 Mn^{2+}，生成 MnO_4^-。

$$2Mn^{2+} + 5NaBiO_3 + 14H^+ \longrightarrow 2MnO_4^- + 5Na^+ + 5Bi^{3+} + 7H_2O$$
$$2Mn^{2+} + 5PbO_2 + 4H^+ \longrightarrow 2MnO_4^- + 5Pb^{2+} + 2H_2O$$

依据溶液中 MnO_4^- 特征的紫红色的出现可以鉴定 Mn^{2+}。

5. 水解性

Sn^{2+}，Sb^{3+}，Bi^{3+} 的盐都易水解：

$$SnCl_2 + H_2O \longrightarrow Sn(OH)Cl \downarrow （白）+ HCl$$
$$SbCl_3 + H_2O \longrightarrow SbOCl \downarrow （白）+ 2HCl$$
$$Bi(NO_3)_3 + H_2O \longrightarrow BiONO_3 \downarrow （白）+ 2HNO_3$$

因此，在配制这些盐溶液时，为了防止水解作用，通常要加些相应的酸。

三、实验仪器和试剂

仪器 烧杯（250mL），试管（10mL），滴管，小刀，镊子，坩埚，坩埚钳，离心机，细搅棒，废液杯。

试剂 酸：HCl（浓，$6.0mol \cdot L^{-1}$、$1mol \cdot L^{-1}$），HNO_3（浓，$6.0mol \cdot L^{-1}$），饱和 H_2S（$0.1mol \cdot L^{-1}$）；碱：$NaOH$（$2.0mol \cdot L^{-1}$、$6.0mol \cdot L^{-1}$），$NH_3 \cdot H_2O$（$0.1mol \cdot L^{-1}$）；盐：$HgCl_2$（$0.1mol \cdot L^{-1}$），$CaCl_2$（$0.1mol \cdot L^{-1}$），$BaCl_2$（$0.1mol \cdot L^{-1}$），$AlCl_3$（$0.1mol \cdot L^{-1}$），$SnCl_2$（$0.1mol \cdot L^{-1}$），$Pb(NO_3)_2$（$0.1mol \cdot L^{-1}$），$SbCl_3$（$0.1mol \cdot L^{-1}$），$BiCl_3$（$0.1mol \cdot L^{-1}$），$MgCl_2$（$0.1mol \cdot L^{-1}$），$SnCl_4$（$0.1mol \cdot L^{-1}$），

$Bi(NO_3)_3$（$0.1mol \cdot L^{-1}$），$(NH_4)_2S_x$（$1mol \cdot L^{-1}$），$(NH_4)_2S$（新配，$1mol \cdot L^{-1}$、$0.5mol \cdot L^{-1}$），Na_2SO_4（$0.1mol \cdot L^{-1}$），$MnSO_4$（$0.1mol \cdot L^{-1}$），NH_4Cl（饱和）溶液；固体：$NaAc$，$NaBiO_3$。

四、实验内容

1. 金属单质的还原性

取一片铝片，用砂纸擦净，在铝表面上滴一滴 $HgCl_2$ 溶液（$0.1mol \cdot L^{-1}$），当出现灰色（什么物质？）后，用滤纸碎片（或棉花）轻轻将铝片上的残留液滴吸干。然后将此铝片置于空气中，观察白色絮状物（什么物质？）的生成，并注意铝片的发热。擦去此絮状物，将该铝片放入试管内，再将该试管装满水置于水槽（烧杯）中。观察现象并说明原因。

2. 钙、钡、铝、锡、铅、锑、铋的氢氧化物的溶解性

（1）在 7 支试管中，分别加入浓度均为 $0.1mol \cdot L^{-1}$ 的 $CaCl_2$、$BaCl_2$、$AlCl_3$、$SnCl_2$、$Pb(NO_3)_2$、$SbCl_3$、$Bi(NO_3)_3$ 溶液各 5 滴，均加入等体积新配制的 $2mol \cdot L^{-1}$ $NaOH$ 溶液，观察沉淀的生成并写出反应方程式。把以上沉淀分成两份，分别加入 $6mol \cdot L^{-1}$ $NaOH$ 溶液和 $6mol \cdot L^{-1}$ HCl 溶液，观察沉淀是否溶解，写出反应方程式。

（2）在 2 支试管中，分别盛有 $0.5mL$ $0.1mol \cdot L^{-1}$ $MgCl_2$、$AlCl_3$，加入等体积 $0.1mol \cdot L^{-1}$ $NH_3 \cdot H_2O$，观察反应生成物的颜色和状态。往有沉淀的试管中加入饱和 NH_4Cl 溶液，又有何现象，为什么？写出有关反应方程式。

3. 锡、铅、锑和铋的难溶盐

（1）硫化物

① 硫化亚锡、硫化锡的生成和性质　在 2 支试管中分别注入 5 滴 $0.1mol \cdot L^{-1}$ $SnCl_2$ 溶液和 $SnCl_4$ 溶液，分别注入少许饱和硫化氢水溶液，观察沉淀的颜色有何不同。分别试验沉淀物与 $1mol \cdot L^{-1}$ HCl、$1mol \cdot L^{-1}$ $(NH_4)_2S$ 和 $(NH_4)_2S_x$ 溶液的反应。通过硫化亚锡、硫化锡的实验得出什么结论？写出有关反应方程式。

② 铅、锑、铋的硫化物　在 3 支试管中分别加入 5 滴 $0.1mol \cdot L^{-1}$ $Pb(NO_3)_2$、$SbCl_3$、$Bi(NO_3)_3$，然后各加入少许 $0.1mol \cdot L^{-1}$ 饱和硫化氢水溶液，观察沉淀的颜色有何不同。分别试验沉淀物与浓盐酸、$2mol \cdot L^{-1}$ $NaOH$、$0.5mol \cdot L^{-1}$ $(NH_4)_2S$、$(NH_4)_2S_x$、浓硝酸溶液的反应。

（2）铅的难溶盐

① 氯化铅。在 $0.5mL$ 蒸馏水中滴入 5 滴 $0.1mol \cdot L^{-1}$ $Pb(NO_3)_2$ 溶液，再滴入 3～5 滴稀盐酸，即有白色氯化铅沉淀生成。将所得白色沉淀连同溶液一起加热，沉淀是否溶解？再把溶液冷却，又有什么变化？说明氯化铅的溶解度与温度的关系。

取以上白色沉淀少许，加入浓盐酸，观察沉淀溶解情况。

② 硫酸铅。在 $0.5mL$ 蒸馏水中滴入 5 滴 $0.1mol \cdot L^{-1}$ $Pb(NO_3)_2$ 溶液，再滴入几滴 $0.1mol \cdot L^{-1}$ Na_2SO_4 溶液。即得白色 $PbSO_4$ 沉淀。加入少许固体 $NaAc$，微热，并不断搅拌，沉淀是否溶解？解释上述现象。写出有关反应方程式。

③ 自行设计 $Pb^{2+} \rightarrow PbCl_2 \rightarrow PbSO_4 \rightarrow PbS \rightarrow Pb^{2+}$ 转化的实验方案，记录下实验现象，写出反应方程式，并比较铅的难溶性盐的溶解度大小。

4. PbO_2 以及 $NaBiO_3$ 的氧化性

（1）用 HCl（$6.0mol \cdot L^{-1}$）、HNO_3（$6.0mol \cdot L^{-1}$）和少量固体 $NaBiO_3$，自己设计

实验证明 $NaBiO_3$ 的氧化性并写出反应方程式。

（2）取极少量二氧化铅，加入 $1mL$ HNO_3（$6.0mol \cdot L^{-1}$）及 1 滴 $0.1mol \cdot L^{-1}$ 硫酸锰溶液，微热，观察现象。写出反应的方程式。

5. 可能含有 Pb^{2+}、Al^{3+}、Ba^{2+}（不含其他金属离子）的混合溶液的分离

取上述混合液，设计试验方案（包括分离步骤、所需试剂），进行实验。提示：根据 $Pb(OH)_2$、$Al(OH)_3$ 为两性氢氧化物，结合一些常见难溶物的溶度积设计实验。

五、思考题

1. 铝在空气中为什么能稳定存在？

2. 锡、铅、锑、铋的硫化物在酸、碱和多硫化物溶液中的溶解情况有何异同？它们与相应的氢氧化物的酸碱性有何联系？

3. 今有未贴标签无色透明的氯化亚锡、四氯化锡溶液各一瓶，试设法鉴别。

实验十五　主族元素（二）——非金属元素及其化合物的性质

一、实验目的

1. 掌握 H_2O_2，H_2S 及硫化物的主要性质及其应用。

2. 掌握 S，N，P 主要含氧酸和盐的性质及其应用。

3. 掌握卤素含氧酸及其盐的性质。

4. 巩固元素性质试验及定性分析的基本操作。

二、实验原理

1. 氮、磷盐的性质

氮和磷是周期系 VA 族元素，为电负性比较大的元素。

亚硝酸和亚硝酸盐在酸性介质中既有氧化性又有还原性。大多数亚硝酸盐是易溶的，其中浅黄色的 $AgNO_2$ 不溶于 H_2O，可以溶于酸。

NO_3^- 在浓 H_2SO_4 介质中与 $FeSO_4$ 发生下列反应：

$$3Fe^{2+} + NO_3^- + 4H^+ \Longrightarrow 3Fe^{3+} + 2H_2O + NO$$

$$NO + Fe^{2+} \Longrightarrow Fe(NO)^{2+}$$

$Fe(NO)SO_4$ 为棕色，如果上述反应在浓 H_2SO_4 与含 NO_3^- 溶液的界面上进行，就会出现美丽的棕色环，故称棕色环法鉴定 NO_3^-。NO_2^- 也有类似反应。

磷酸是非挥发性的中等强度的三元酸，它可以有三种形式的盐，其中磷酸二氢盐易溶于水，其余二种磷酸盐除了钠、钾、铵盐以外一般都难溶于水，但可以溶于盐酸。碱金属的磷酸盐如 Na_3PO_4，Na_2HPO_4，NaH_2PO_4 溶于水后，由于水解程度不同，使溶液呈现不同的 pH。Na_3PO_4 溶液和 Na_2HPO_4 溶液均显碱性，前者碱性强一些。

PO_4^{3-}，PO_3^-，$P_2O_7^{4-}$ 与 Ag^+ 生成的盐难溶于水，但可溶于 HNO_3，$NH_3 \cdot H_2O$，其中 $Ag_4P_2O_7$ 不溶于 HAc。

2. 氧和硫

氧和硫是周期系 VIA 族元素，为电负性比较大的元素。

氧的常见氧化值是 -2。H_2O_2 分子中 O 的氧化值为 -1，介于 0 与 -2 之间，因此既有氧化性又有还原性。H_2O_2 在酸性介质中是一种强氧化剂，它可以与 S^{2-}，I^-，Fe^{2+} 等多种还原剂反应，甚至将许多硫化物氧化为硫酸盐。H_2O_2 自身不稳定，可渐渐分解出氧气和水，MnO_2 等可催化其分解；遇到 $KMnO_4$ 等强氧化剂表现出还原性（被氧化成氧气）。在碱性介质中，H_2O_2 可以使 Mn^{2+} 转化为 MnO_2，CrO_2^- 氧化为黄色 CrO_4^{2-}；酸性中可将 $Cr_2O_7^{2-}$ 氧化成蓝色 CrO_5（水中分解，可被乙醚、戊醇等萃取），此性质可作为 H_2O_2 与铬离子的相互鉴定依据。

S 的常见氧化值是 -2，0，$+4$，$+6$。H_2S 和硫化物中的 S^{2-} 的氧化值是 -2，它是较强的还原剂，可被氧化剂 $KMnO_4$，$K_2Cr_2O_4$，I_2 及三价铁盐等氧化生成 S 或 SO_4^{2-}。

碱金属和铵的硫化物是易溶的，而其余大多硫化物难溶于水，并且有特征颜色。溶解性差异较大，据此，可用稀盐酸、浓盐酸、硝酸、王水等不同溶剂来选择性溶解不同硫化物。

亚硫酸盐遇酸分解产生 SO_2，酸性亚硫酸盐（$SO_2 \cdot H_2O$）遇 S^{2-} 被还原为 S 呈氧化性，遇 $Cr_2O_7^{2-}$ 被氧化为 SO_4^{2-} 呈还原性。亚硫酸盐还原性强于氧化性。硫代硫酸盐呈还原性和酸不稳定性，遇酸分解为 S、SO_2，遇氧化剂被氧化成 SO_4^{2-}、$S_4O_6^{2-}$ 等离子，与银离子可生成沉淀，也可生成配合物。过二硫酸盐具强氧化性，但需有银催化和加热，可将 Mn^{2+} 氧化成 MnO_4^- 是鉴定锰离子的重要反应。

$S_2O_3^{2-}$ 中两个 S 原子的平均氧化值为 $+2$，是中等强度的还原剂。与 I_2 反应被氧化生成 $S_4O_6^{2-}$：

$$2S_2O_3^{2-} + I_2 \Longrightarrow S_4O_6^{2-} + 2I^-$$

这个反应在滴定分析中用来定量测碘。

$S_2O_3^{2-}$ 有很强的配合性，不溶性的 AgBr 不能溶于 $AgNO_3$-NH_3 溶液，可以溶于过量的 $Na_2S_2O_3$ 溶液中：

$$2S_2O_3^{2-} + AgBr \Longrightarrow \left[Ag(S_2O_3)_2\right]^{3-} + Br^-$$

当 $S_2O_3^{2-}$ 与过量 Ag^+ 反应，生成 $Ag_2S_2O_3$ 白色沉淀，并水解，沉淀颜色逐步变成黄色、棕色以至黑色的 Ag_2S 沉淀。即：

$$2Ag^+ + S_2O_3^{2-} \Longrightarrow Ag_2S_2O_3 \downarrow$$
$$Ag_2S_2O_3 + H_2O \Longrightarrow Ag_2S \downarrow（黑）+ H_2SO_4$$

当溶液中不存在 S^{2-} 时，上述反应是检验 $S_2O_3^{2-}$ 的一个有效方法。

3. 卤素性质

氯、溴、碘是周期表 ⅦA 族元素，原子的价电子构型为 ns^2np^5，因此氧化数通常是 -1。但在一定条件下，也可生成氧化数为 $+1$、$+3$、$+5$、$+7$ 的化合物。氯的水溶液叫作氯水。在氯水中存在下列平衡：$Cl_2 + H_2O \Longrightarrow HCl + HOCl$，因此将氯通入冷的碱溶液中，可使上述平衡向右移动，生成次氯酸盐。次氯酸和次氯酸盐都是强氧化剂。

氯酸盐在中性溶液中没有明显的氧化性，但在酸性介质中表现出明显的氧化性。

三、实验仪器和试剂

仪器　离心机，试管，滴管，离心管，烧杯，细搅棒，废液杯。

试剂　酸：HCl（$6.0\,mol \cdot L^{-1}$、$2.0\,mol \cdot L^{-1}$、$1\,mol \cdot L^{-1}$），H_2SO_4（$1\,mol \cdot L^{-1}$、$2\,mol \cdot L^{-1}$、$3\,mol \cdot L^{-1}$、$6\,mol \cdot L^{-1}$），HNO_3（热，$6\,mol \cdot L^{-1}$），王水（浓 HNO_3：浓 $HCl = 1:3$ 体积比）；碱：$NH_3 \cdot H_2O$（$2.0\,mol \cdot L^{-1}$）；盐：$KMnO_4$（$0.01\,mol \cdot L^{-1}$），$FeCl_2$（$0.1\,mol \cdot L^{-1}$），KI（$0.1\,mol \cdot L^{-1}$），$Pb(Ac)_2$（$0.1\,mol \cdot L^{-1}$），Na_2S（$0.1\,mol \cdot L^{-1}$），$K_2Cr_2O_7$（$0.1\,mol \cdot L^{-1}$），$ZnSO_4$（$0.1\,mol \cdot L^{-1}$），$CdSO_4$（$0.1\,mol \cdot L^{-1}$），$CuSO_4$（$0.1\,mol \cdot L^{-1}$），$Hg(NO_3)_2$（$0.1\,mol \cdot L^{-1}$），Na_2SO_3（$0.5\,mol \cdot L^{-1}$），$Na_2S_2O_3$（$0.2\,mol \cdot L^{-1}$、$0.1\,mol \cdot L^{-1}$），$AgNO_3$（$0.2\,mol \cdot L^{-1}$、$0.1\,mol \cdot L^{-1}$），

NaNO$_2$ （1.0mol·L^{-1}、0.1mol·L^{-1}），Na$_3$PO$_4$ （0.1mol·L^{-1}），NaH$_2$PO$_4$ （0.1mol·L^{-1}），Na$_2$HPO$_4$ （0.1mol·L^{-1}），CaCl$_2$ （0.1mol·L^{-1}），KBr （0.1mol·L^{-1}），FeCl$_3$ （0.1mol·L^{-1}），KClO$_3$ （饱和），KIO$_3$ （饱和），硫代乙酰胺溶液 （0.1mol·L^{-1}）；

其他：H$_2$O$_2$ （3%），乙醚，氯水，饱和氯水，碘水，CCl$_4$ 溶液，pH 试纸，KI-淀粉试纸，蓝色石蕊试纸。

四、实验内容

1. H$_2$O$_2$ 的氧化性，不稳定性

（1）利用下列试剂：3% H$_2$O$_2$，2mol·L^{-1} H$_2$SO$_4$ 溶液，0.01mol·L^{-1} KMnO$_4$ 溶液和浓度均为 0.1mol·L^{-1}FeCl$_2$，KI，Pb(Ac)$_2$，Na$_2$S 溶液，设计一系列实验，验证 H$_2$O$_2$ 氧化性与还原性的相对强弱。

提示：由于试剂浓度，介质对氧化还原反应进行的程度有影响，所以，①若实验现象不明显可以微热或控制介质的酸碱性；②为使 S^{2-} 被 H$_2$O$_2$ 氧化的反应现象明显，可以采取由 PbS 和 H$_2$O$_2$ 反应，PbS 自制。

（2）往试管中加 0.5mL 0.1mol·L^{-1} K$_2$Cr$_2$O$_7$，1mL 1mol·L^{-1} H$_2$SO$_4$ 酸化，加 0.5mL 乙醚和 2mL3% H$_2$O$_2$，观察乙醚层和溶液颜色有何变化，此 特征反应可用鉴定哪些离子？

2. 硫化物的溶解性

（1）取 3 只离心试管，分别加入 3~5 滴 0.1mol·L^{-1} ZnSO$_4$，CuSO$_4$ 和 AgNO$_3$ 溶液，然后分别加入 0.1mol·L^{-1} Na$_2$S 0.5~1mL，搅拌，观察硫化物颜色，离心分离并弃去清液，用少量去离子水洗涤硫化物 2 次。

（2）用 1mol·L^{-1} HCl，6mol·L^{-1} HCl，6mol·L^{-1} HNO$_3$ （热）和王水分别试验 ZnS，CuS，Ag$_2$S 的可溶性。

根据实验结果，对金属硫化物的溶解情况作出结论，写出有关的反应方程式。

3. 亚硫酸盐、硫代硫酸盐的性质

（1）亚硫酸盐的性质 往试管中加 2mL 0.5mol·L^{-1} Na$_2$SO$_3$ 溶液用 3mol·L^{-1} H$_2$SO$_4$ 酸化，观察有无气体产生。用润湿的 pH 试纸移近管口，有何现象？然后将溶液分为两份，一份滴加 0.1mol·L^{-1} 硫代乙酰胺溶液，另一份滴加 3% H$_2$O$_2$ 溶液，观察现象，说明亚硫酸盐具有什么性质，写出有关的反应方程式。

（2）硫代硫酸盐的性质 用氯水、碘水、0.2mol·L^{-1} Na$_2$S$_2$O$_3$、3mol·L^{-1} H$_2$SO$_4$、0.2mol·L^{-1} AgNO$_3$ 设计实验验证 Na$_2$S$_2$O$_3$ 在酸中的不稳定性；Na$_2$S$_2$O$_3$ 的还原性对其还原产物的影响；Na$_2$S$_2$O$_3$ 的配位性。

由以上实验总结硫代硫酸盐的性质，写出反应方程式。

4. 亚硝酸及其盐的性质

（1）用 1mol·L^{-1}Na$_2$NO$_2$ 和 6mol·L^{-1} H$_2$SO$_4$ 制备少量的 HNO$_2$，放在冷水或冰水中冷却，观察溶液和溶液上方气体颜色。写出反应方程式，显示了 HNO$_2$ 的何种性质？

（2）0.1mol·L^{-1} Na$_2$NO$_2$ 在酸性介质中（取何种酸酸化？为什么？）分别与下列试剂反应：0.01mol·L^{-1} KMnO$_4$ 溶液，0.1mol·L^{-1} KI 溶液，0.1mol·L^{-1}Na$_2$S$_2$O$_3$ 溶液。

由实验现象写出离子反应式，并且说明 NaNO$_2$ 在上述各反应中显示了何种性质。

5. 磷酸盐性质

（1）用 pH 试纸检验 $0.1mol \cdot L^{-1}$ 的 Na_3PO_4，Na_2HPO_4，NaH_2PO_4 溶液的酸碱性，取每种试液 2～3 滴，再加 2 滴 $0.1mol \cdot L^{-1}$ $AgNO_3$，观察有无沉淀生成，pH 有无变化？比较 3 种形式磷酸盐溶液的 pH，结论填入下表中。

（2）在 3 支试管中各加入 10 滴 $CaCl_2$ 溶液（$0.1mol \cdot L^{-1}$），然后分别加入等量的 Na_3PO_4（$0.1mol \cdot L^{-1}$）、NaH_2PO_4（$0.1mol \cdot L^{-1}$）、Na_2HPO_4（$0.1mol \cdot L^{-1}$）溶液，观察各试管中是否有沉淀生成？当加入 $2mol \cdot L^{-1}$ $NH_3 \cdot H_2O$ 时有无变化？加入 $2mol \cdot L^{-1}$ HCl 溶液后，又有何变化？说明磷酸的 3 种钙盐的溶解性，并说明它们之间的相互转化条件，结论填入下表中。

实验内容	pH	加 $AgNO_3$ 后产物的状态,颜色及 pH 变化	加 $CaCl_2$ 后产物的状态,颜色	加 $NH_3 \cdot H_2O$ 产物	加 HCl 产物
Na_3PO_4					
Na_2HPO_4					
NaH_2PO_4					

6. 卤素单质及含氧酸盐的性质

（1）2 支试管中分别加入 0.5mL 浓度均为 $0.1mol \cdot L^{-1}$ 的 KI 和 KBr 溶液，再加入 2 滴 $0.1mol \cdot L^{-1}$ $FeCl_3$ 溶液和 0.5mL CCl_4 溶液。充分振荡，观察两试管中 CCl_4 层的颜色有无变化，并解释实验现象。

（2）将 $FeCl_3$ 溶液换成饱和氯水溶液，重复实验（1），观察 CCl_4 层颜色变化，并予说明。（3）取 $0.1mol \cdot L^{-1}$ KI 1～2 滴，用 $3mol \cdot L^{-1}$ H_2SO_4 酸化，然后分别滴加 $KClO_3$ 与 KIO_3 饱和溶液，每滴加 1～2 滴后，剧烈振荡，观察溶液变化，写出每步变化得离子方程式，试比较 KIO_3 与 $KClO_3$ 的氧化性强弱。

五、思考题

1. 某同学用 KI-淀粉试纸检验 $KClO_3$ 与浓 HCl 反应所产生的 Cl_2 气时，发现试纸变蓝，但放置一段时间后，蓝色消失，试解释此现象？

2. 有下列 Na_2SO_4，Na_2SO_3，$Na_2S_2O_3$，$Na_2S_4O_6$ 4 种试剂，其标签已脱落，请设计一简便方法鉴别它们。

实验十六 副族元素（一）——d 区元素

一、实验目的

1. 熟悉 d 区元素主要氢氧化物和硫化物的沉淀与溶解。

2. 掌握沉淀生成及溶解，配离子的形成与离解，以及沉淀、配合物及某些离子的特征颜色。

3. 初步分离、鉴定 Cr，Mn，Fe，Co，Ni 混合金属离子。

4. 进一步练习离心分离操作。

二、实验原理

d 区元素的价电子构型：$(n-1)d^{1\sim9}ns^{1\sim2}$。除 ns 电子参与成键外，内层的 $(n-1)d$ 电子也可能参与成键，d 区元素绝大多数具有多种价态，水溶液中离子多数有颜色。d 区元素的离子极化能力较强，故其难溶盐也较多，水溶液中的高价离子往往以含氧酸根的形式存在。

Cr，Mn 和铁系元素（Fe，Co，Ni）为第四周期的ⅥB，ⅦB，Ⅷ族元素，它们的重要化合物性质如下。

d 区几种代表性金属的氢氧化物颜色及酸碱性如下表。

氢氧化物	$Cr(OH)_3$	$Mn(OH)_2$	$Fe(OH)_2$	$Co(OH)_2$	$Ni(OH)_2$	$Fe(OH)_3$
颜色	灰绿	白	白	粉红	绿	红褐
酸碱性	两性	碱性	极弱两性	极弱两性	碱性	弱两性

水溶液中的 Cr（Ⅵ）有两种存在形式：

$$2CrO_4^{2-}（黄）+2H^+ \rightleftharpoons Cr_2O_7^{2-}（橙）+H_2O$$

在酸性介质中，$Cr_2O_7^{2-}$ 与 H_2O_2 反应生成蓝色过氧化铬 CrO_5，可用于 Cr（Ⅵ）或 Cr（Ⅲ）的鉴定。

在碱性介质中，白色 $Mn(OH)_2$ 易被空气氧化为棕色二氧化锰水合物 $MnO(OH)_2$。酸性介质中 Mn^{2+} 很稳定，只有很强的氧化剂如 PbO_2，$NaBiO_3$，$S_2O_8^{2-}$ 才能将其氧化为 MnO_4^-。

MnO_4^- 具有强的氧化性，它的还原产物与溶液的酸碱性有关。MnO_4^- 在酸性、中性、强碱性介质中的还原产物依次是 Mn^{2+}，MnO_2，MnO_4^{2-}。

铁系金属的二价强酸盐几乎都溶于水，如硫酸盐、硝酸盐和氯化物。它们的水溶液由于水解作用而呈不同程度的酸性。铁系元素的碳酸盐、磷酸盐及硫化物等弱酸盐在水中都是难溶的。铁系元素的氢氧化物和氧化物不溶于水，这些难溶化合物易溶于强酸。Co（OH）$_2$ 和 Ni（OH）$_2$ 易溶于氨水，在有 NH_4Cl 存在时，溶解度增大。

+2 价态的 Fe，Co，Ni 均具有还原性，且还原性依次减弱。

+3 价态的 Fe，Co，Ni 氢氧化物均具有氧化性，且氧化性依次增强，特别是在酸性介质中更为明显，除 $Fe(OH)_3$ 外，$Co(OH)_3$，$Ni(OH)_3$ 与 HCl 作用，均能产生 Cl_2。

Fe，Co，Ni 能形成多种配合物，常见配体有：NH_3，CN^-，SCN^-、F^- 等，Fe 无论 +2 或 +3 价均难以形成氨配合物。由于配合物生成，其氧化还原性也发生较大的变化。

此外，Fe，Co，Ni 的一些配合物稳定且有特征颜色，可用于离子鉴定。例如，Fe^{3+} 与 SCN^- 生成血红色的 $[Fe(SCN)]^{2+}$ 配离子，该反应常用来鉴别 Fe^{3+}。若往 $[Fe(SCN)]^{2+}$ 配离子溶液中加入 F^-，则能转化为无色的 $[FeF_6]^{3-}$ 配离子。在微碱性溶液中，Ni^{2+} 与丁二酮肟反应生成鲜红色螯合物沉淀，这一反应常用来鉴别 Ni^{2+}。

具体涉及离子的鉴定方法可参见附录 6.6。需要注意的是：针对每一种离子的鉴定方案包括干扰离子的去除以及溶液的酸度、温度及催化剂等反应条件的控制。

三、实验仪器和试剂

仪器 滤纸条，点滴板，离心机，酒精灯。

试剂 酸：H_2SO_4（3mol·L^{-1}），HNO_3（6mol·L^{-1}），HCl（浓），$H_2C_2O_4$（0.1mol·L^{-1}）；碱：NaOH（2mol·L^{-1}、6mol·L^{-1}、40%），$NH_3·H_2O$（6mol·L^{-1}）；盐：$MnSO_4$（0.1mol·L^{-1}），$FeSO_4$（0.1mol·L^{-1}），$CoCl_2$（0.1mol·L^{-1}），$NiSO_4$（0.1mol·L^{-1}），$CrCl_3$（1mol·L^{-1}），$K_2Cr_2O_7$（0.1mol·L^{-1}），Na_2SO_3（0.1mol·L^{-1}），$KMnO_4$（0.1mol·L^{-1}、0.01mol·L^{-1}），$FeCl_3$（0.1mol·L^{-1}），KI（0.1mol·L^{-1}），NH_4Cl（1mol·L^{-1}），$NiSO_4$（0.5mol·L^{-1}），（Cr^{3+}，Mn^{2+}，Fe^{2+}，Co^{2+}，Ni^{2+}）混合液；固

体：MnO_2，KNO_2，$NaBiO_3$；其他：去离子水，溴水，H_2O_2（3%）。

四、实验内容

1. 低价氢氧化物的酸碱性及还原性

用 $FeSO_4$（$0.1mol \cdot L^{-1}$）、$CoCl_2$（$0.1mol \cdot L^{-1}$）、$MnSO_4$（$0.1mol \cdot L^{-1}$）分别与 NaOH 溶液（$2.0mol \cdot L^{-1}$）反应，至生成沉淀，并在空气中放置一段时间，试验 Mn（Ⅱ）、Fe（Ⅱ）及 Co（Ⅱ）氢氧化物的酸碱性及在空气中的稳定性。观察沉淀颜色的变化，解释现象，写出反应方程式。

2. 高价氢氧化物的氧化性

用 $0.1mol \cdot L^{-1}$ $CoCl_2$、$NiSO_4$ 溶液，$6mol \cdot L^{-1}$ NaOH 溶液和 Br_2 水溶液制备 $Co(OH)_3$ 和 $Ni(OH)_3$，观察沉淀的颜色，然后向所制取的 $Co(OH)_3$ 和 $Ni(OH)_3$ 中分别滴加浓盐酸，且检查是否有氯气产生？写出有关反应方程式。

3. 低价盐的还原性

（1）碱性介质中 Cr（Ⅲ）的还原性　取少量 $0.1mol \cdot L^{-1}$ $CrCl_3$ 溶液，滴加 $2mol \cdot L^{-1}$ NaOH 溶液，观察沉淀颜色，继续滴加 NaOH 至沉淀溶解，再加入适量 3% H_2O_2 溶液，加热，观察溶液颜色的变化，写出有关反应方程式。

（2）Mn（Ⅱ）在酸性介质中的还原性　用 1 滴 $MnSO_4$ 溶液（$0.1mol \cdot L^{-1}$）和 1mL HNO_3（$6.0mol \cdot L^{-1}$），加入少量固体 $NaBiO_3$，微热，观察溶液颜色。写出离子反应方程式。

4. 高价盐的氧化性

（1）Cr（Ⅳ）的氧化性

① 取数滴 $0.1mol \cdot L^{-1}$ $K_2Cr_2O_7$ 溶液，滴加 $3mol \cdot L^{-1}$ H_2SO_4 溶液，再加入少量 $0.1mol \cdot L^{-1}$ Na_2SO_3 溶液，观察溶液颜色变化，写出反应方程式。

② 取 1mL $0.1mol \cdot L^{-1}$ $K_2Cr_2O_7$ 溶液，用 1mL $3mol \cdot L^{-1}$ H_2SO_4 酸化，再滴加少量乙醇，微热，观察溶液由橙色变为何色？写出反应方程式。

（2）Mn（Ⅶ）的氧化性　取 3 支试管，各加入少量 $0.1mol \cdot L^{-1}$ $KMnO_4$ 溶液，然后分别加入 $3mol \cdot L^{-1}$ H_2SO_4，H_2O 和 $6mol \cdot L^{-1}$ NaOH 溶液，再在各试管中滴加 $0.1mol \cdot L^{-1}$ $H_2C_2O_4$ 溶液，观察紫红色溶液分别变为何色？写出有关反应方程式。（做此实验时，滴加介质及还原剂的先后次序是否影响产物的颜色，为什么？）

（3）Fe^{3+} 的氧化性　取数滴 $0.1mol \cdot L^{-1}$ $FeCl_3$ 于试管中，加 $0.1mol \cdot L^{-1}$ KI 数滴，观察现象并写出反应方程式。

5. 锰酸盐的生成及不稳定性

取 10 滴 $0.01mol \cdot L^{-1}$ $KMnO_4$ 溶液，加入 1mL 40% NaOH 溶液，再加入少量 MnO_2 固体，微热，搅拌，静置片刻，离心沉降，取出上层绿色清液（即 K_2MnO_4 溶液）。

① 取少量绿色清液，滴加 $3mol \cdot L^{-1}$ H_2SO_4，观察溶液颜色变化和沉淀的颜色，写出反应方程式。

② 取数滴绿色清液，加入氨水，加热，观察溶液颜色的变化，写出反应方程式。

6. 钴和镍的氨配合物

① 取数滴 $0.5mol \cdot L^{-1}$ $CoCl_2$ 溶液，滴加少量 $1mol \cdot L^{-1}$ NH_4Cl 和过量 $6mol \cdot L^{-1}$ $NH_3 \cdot H_2O$，观察溶液颜色，且注意溶液颜色的变化，写出有关反应方程式。

② 取数滴 $0.5mol \cdot L^{-1}$ $NiSO_4$ 溶液，滴加少量 $1mol \cdot L^{-1}$ NH_4Cl 和过量 $6mol \cdot L^{-1}$ $NH_3 \cdot H_2O$，观察溶液颜色，写出有关反应方程式。

7. Cr^{3+}，Mn^{2+}，Fe^{2+}，Co^{2+}，Ni^{2+} 混合液的分离和鉴定

写出鉴定各离子所选用的试剂及浓度，完成上述流程图。

① 写出各步分离与鉴定的反应方程式。

② 鉴定结果。

五、思考题

1. 利用 NaOH 和 H_2O_2 溶液分离 Mn^{2+}，Fe^{3+}，Ni^{2+} 与 Cr^{3+} 混合液，写出反应方程式。（注意：过量的 H_2O_2 要完全分离）

2. 鉴定 Co^{2+} 时，除加 KSCN 饱和溶液外，为何还要加入 NaF(s) 和丙酮？什么情况下可以不加 NaF？

实验十七　副族元素（二）——ds 区元素

一、实验目的

1. 掌握铜、银、锌、镉、汞氧化物或氢氧化物的酸碱性和硫化物的沉淀与溶解。

2. 掌握 Cu(Ⅰ)，Cu(Ⅱ) 重要化合物的性质及相互转化条件。试验并熟悉铜、银、锌、镉、汞的配位能力，以及 Hg_2^{2+} 和 Hg^{2+} 的转化。

3. 掌握沉淀生成及溶解，配离子的形成与离解，以及沉淀、配合物及某些离子的特征颜色。

4. 进一步练习离心分离操作。

二、实验原理

ds 区元素的价电子构型：$(n-1)d^{10}ns^{1\sim2}$。ds 区元素包括 ⅠB 族和 ⅡB 族元素，它们的最大特点是其离子具有较强的极化力和变形性，易于形成配合物，许多性质与 d 区元素相似。

$Cu(OH)_2$ 微显两性。所以既溶于酸，又溶于过量的浓碱溶液中：

$$Cu(OH)_2 + H_2SO_4 == CuSO_4 + 2H_2O$$
$$Cu(OH)_2 + 2NaOH == Na_2[Cu(OH)_4]$$

Cu^+ 在水溶液中不稳定：　　　　$2Cu^+ == Cu + Cu^{2+}$

Cu^+ 只能存在于配合物和固体化合物之中，如 $[Cu(NH_3)_2]^+$ 和 CuI，Cu_2O。

$AgNO_3$ 易溶于水，卤化银 AgCl，AgBr，AgI 的颜色（白→浅黄→黄），溶解度依次降低，这是由于阴离子按 $Cl^- \rightarrow Br^- \rightarrow I^-$ 的顺序变形性增大，使 Ag^+ 与它们之间极化作用依次增强的缘故。AgF 易溶于水。

ⅡB 族元素的标准电极电势比同周期的 ⅠB 族元素更负，所以锌族元素比铜族元素活泼。

铜族与锌族元素的金属活泼次序是 $Zn > Cd > H > Cu > Hg > Ag > Au$

锌是两性金属，能溶于强碱溶液中：$Zn+2NaOH+2H_2O \xrightarrow{\quad} Na_2[Zn(OH)_4]+H_2\uparrow$

锌溶于氨水：$Zn+4NH_3+2H_2O \xrightarrow{\quad} [Zn(NH_3)_4]^{2+}+H_2\uparrow+2OH^-$

$Zn(OH)_2$ 呈两性、$Cd(OH)_2$ 呈两性偏碱性。

铜、银、锌的硫化物是具有特征颜色的难溶物，如 CuS（黑）　　Ag_2S（黑）　　ZnS（白）。

ds 区元素的多数化合物难溶或微溶于水，其中许多可用作该元素离子的鉴定。

三、实验仪器和试剂

仪器　试管（10mL），烧杯（250mL），离心机，离心试管，玻璃棒，水浴锅。

试剂　酸：HCl（2mol·L^{-1}、浓），H_2SO_4（2mol·L^{-1}），HNO_3（2mol·L^{-1}、浓）；碱：$NaOH$（2mol·L^{-1}、6mol·L^{-1}、40%），氨水（2mol·L^{-1}、浓），KOH（40%）；盐：$CuSO_4$（0.2mol·L^{-1}），$ZnSO_4$（0.2mol·L^{-1}），$CdSO_4$（0.2mol·L^{-1}），$AgNO_3$（0.1mol·L^{-1}、0.2mol·L^{-1}），$Hg(NO_3)_2$（0.2mol·L^{-1}），Na_2S（1mol·L^{-1}），$CuCl_2$（0.5mol·L^{-1}），$SnCl_2$（0.2mol·L^{-1}），KI（0.2mol·L^{-1}），$KSCN$（0.1mol·L^{-1}），$Na_2S_2O_3$（0.5mol·L^{-1}），$NaCl$（0.2mol·L^{-1}）；

固体：碘化钾，铜屑，金属汞；

其他：蒸馏水，pH 试纸，葡萄糖溶液（10%）。

四、实验内容

1. 铜、银、锌、镉、汞氢氧化物或氧化物的生成和性质

（1）铜、锌、镉氢氧化物的生成和性质　向 3 支离心试管分别盛有 0.5mL 0.2mol·L^{-1} $CuSO_4$、$ZnSO_4$、$CdSO_4$ 溶液的试管中滴加新配制的 2mol·L^{-1} $NaOH$ 溶液，观察溶液颜色及状态，洗涤并离心分离沉淀。

将各试管中沉淀分成两份：一份加 2mol·L^{-1} H_2SO_4，另一份继续滴加 2mol·L^{-1} $NaOH$ 溶液。观察现象，写出反应式。

滴加新配制的 2mol·L^{-1} NaOH 溶液后	$Cu^{2+}+2OH^- \longrightarrow$	$Zn^{2+}+2OH^- \longrightarrow$	$Cd^{2+}+2OH^- \longrightarrow$
现象			
2mol·L^{-1} H_2SO_4 的溶解情况			
2mol·L^{-1} NaOH 的溶解情况			

（2）银、汞氧化物的生成和性质

① 氧化银的生成和性质　取 0.5mL 0.1mol·L^{-1} $AgNO_3$ 溶液，滴加新配制的 2mol·L^{-1} $NaOH$ 溶液，观察 Ag_2O（为什么不是 AgOH）的颜色和状态。洗涤并离心分离沉淀，将沉淀分成两份：一份加入 2mol·L^{-1} HNO_3，另一份加入 2mol·L^{-1} 氨水。观察现象，写出反应方程式。

0.5mL 0.1mol·L^{-1} $AgNO_3$ +2mol·L^{-1} NaOH	现象：	方程式：
2mol·L^{-1} HNO_3	现象：	方程式：
2mol·L^{-1} 氨水	现象：	方程式：

② 氧化汞的生成和性质　取 0.5mL 0.2mol·L^{-1} $Hg(NO_3)_2$ 溶液，滴加新配制的 2mol·L^{-1} $NaOH$ 溶液，观察溶液颜色和状态。将沉淀分成两份：一份加入 2mol·L^{-1} HNO_3，另一份加入 40% $NaOH$ 溶液。观察现象，写出有关反应方程式。

0.5mL 0.2mol·L⁻¹Hg(NO₃)₂ 滴加新配制的 2mol·L⁻¹NaOH 溶液	现象：	方程式：
2mol·L⁻¹ HNO₃	现象：	方程式：
40%NaOH 溶液	现象：	方程式：

2. 锌、镉、汞硫化物的生成和性质

往 3 支分别盛有 0.5mL 0.2mol·L⁻¹ZnSO₄、CdSO₄、Hg(NO₃)₂ 溶液的离心试管中滴加 1mol·L⁻¹Na₂S 溶液。观察沉淀的生成和颜色。

将沉淀离心分离、洗涤，然后将每种沉淀分成三份：一份加入 2mol·L⁻¹盐酸，另一份中加入浓盐酸，再一份加入王水（自配），分别水浴加热。观察沉淀溶解情况。根据实验现象并查阅有关数据，对锌、镉、汞硫化物的溶解情况作出结论，并写出有关反应方程式。

硫化物	颜色	溶 解 性				$K_{sp}^{\ominus}$
		2mol·L⁻¹盐酸	浓盐酸	浓硝酸	王水	
ZnS						
CdS						
HgS						

3. 铜、银、锌、汞的配合物

（1）氨合物的生成 往 4 支分别盛有 0.5mL 0.2mol·L⁻¹CuSO₄、AgNO₃、ZnSO₄、Hg(NO₃)₂ 溶液的试管中滴加 2mol·L⁻¹ 的氨水。观察沉淀的生成，继续加入过量的 2mol·L⁻¹ 氨水，又有何现象发生？写出有关反应方程式。比较 Cu^{2+}、Ag^+、Zn^{2+}、Hg^{2+} 离子与氨水反应有什么不同。

0.5mL 0.1mol·L⁻¹ 溶液	CuSO₄	AgNO₃	ZnSO₄	Hg(NO₃)₂
滴加 2mol·L⁻¹ 的氨水现象				
产物				
继续加入过量的 2mol·L⁻¹ 氨水现象				
产物				

（2）汞配合物的生成和应用

① 往盛有 0.5mL 0.2mol·L⁻¹Hg(NO₃)₂ 溶液中，滴加 0.2mol·L⁻¹KI 溶液，观察沉淀的生成和颜色。再往该沉淀中加入少量碘化钾固体（直至沉淀刚好溶解为止，不要过量），溶液显何色？写出反应方程式。

在所得的溶液中，滴入几滴 40%KOH 溶液，再与氨水反应，观察沉淀的颜色。

0.5mL 0.2mol·L⁻¹Hg(NO₃)₂ 滴加 0.2mol·L⁻¹KI 溶液	现象：	方程式：
滴入几滴 40%KOH 溶液再与氨水反应	现象：	方程式：

② 往 5 滴 0.2mol·L⁻¹Hg(NO₃)₂ 溶液中，逐滴加入 0.1mol·L⁻¹KSCN 溶液，最初生成白色 Hg(SCN)₂ 沉淀，继续滴加 KSCN 溶液，沉淀溶解生成无色 [Hg(SCN)₄]²⁻。再在该溶液中加几滴 0.2mol·L⁻¹ZnSO₄ 溶液，观察白色的 Zn[Hg(SCN)₄] 沉淀的生成（该反应可定性检验 Zn^{2+}），必要时用玻棒摩擦试管壁。提示：涉及反应 $Hg(SCN)_2(s) + 2SCN^- \longrightarrow [Hg(SCN)_4]^{2-}$；$Zn^{2+} + [Hg(SCN)_4]^{2-} \longrightarrow Zn[Hg(SCN)_4](s)$。

4. 铜、银、汞的氧化还原性

（1）**氧化亚铜的生成和性质**　取 $0.5mL$ $0.2mol \cdot L^{-1}CuSO_4$ 溶液，滴加过量的 $6mol \cdot L^{-1}NaOH$ 溶液，使起初生成的蓝色沉淀溶解成深蓝色溶液。然后在溶液中加入 $1mL$ 10% 葡萄糖溶液，混匀后微热，有黄色沉淀产生进而变成红色沉淀。写出有关反应方程式。

将沉淀离心分离、洗涤，然后分成两份：一份沉淀与 $1mL$ $2mol \cdot L^{-1}H_2SO_4$ 作用，静置一会，注意沉淀的变化。然后加热至沸，观察有何现象。另一份沉淀中加入 $1mL$ 浓氨水，振荡后，静置一段时间，观察溶液的颜色。放置一段时间后，溶液为什么会变成深蓝色？

$0.5mL$ $0.2mol \cdot L^{-1}CuSO_4$ 溶液,滴加过量的 $6mol \cdot L^{-1}NaOH$ 溶液	现象：	方程式：
加入 $1mL$ 10% 葡萄糖溶液	现象：	方程式：
沉淀与 $1mL$ $2mol \cdot L^{-1}H_2SO_4$ 作用	现象：	方程式：
沉淀中加入 $1mL$ 浓氨水	现象：	方程式：

（2）**氯化亚铜的生成和性质**　取 $10mL$ $0.5mol \cdot L^{-1}CuCl_2$ 溶液，加入 $3mL$ 浓盐酸和少量铜屑，加热沸腾至其中液体呈深棕色（绿色完全消失）。取几滴上述溶液加入 $10mL$ 蒸馏水中，如有白色沉淀产生，则迅速把全部溶液倾入 $100mL$ 蒸馏水中，将白色沉淀洗涤至无蓝色为止。

取少许沉淀分成两份：一份与 $3mL$ 浓氨水作用，观察有何变化。另一份与 $3mL$ 浓盐酸作用，观察又有何变化。写出有关反应方程式。

$10mL0.5mol \cdot L^{-1}CuCl_2$ 溶液加入 $3mL$ 浓盐酸和少量铜屑	现象：	方程式：
沉淀加 $3mL$ 浓氨水	现象：	方程式：
沉淀加 $3mL$ 浓盐酸	现象：	方程式：

（3）**碘化亚铜的生成和性质**　在盛有 $0.5mL$ $0.2mol \cdot L^{-1}CuSO_4$ 溶液的试管中，边滴加 $0.2mol \cdot L^{-1}$ KI 溶液边振荡，溶液变为棕黄色（CuI 为白色沉淀、I_2 溶于 KI 呈黄色）。再滴加适量 $0.5mol \cdot L^{-1}$ $Na_2S_2O_3$ 溶液，以除去反应中生成的碘。观察产物的颜色和状态，写出反应式。

$0.5mL$ $0.2mol \cdot L^{-1}CuSO_4$ 溶液滴加 $0.2mol \cdot L^{-1}$ KI 溶液	现象：	方程式：
滴加适量 $0.5mol \cdot L^{-1}$ $Na_2S_2O_3$ 溶液	现象：	方程式：

（4）**汞（Ⅱ）与汞（Ⅰ）的相互转化**

① Hg^{2+} 的氧化性　在 5 滴 $0.2mol \cdot L^{-1}Hg(NO_3)_2$ 溶液中，逐滴加入 $0.2mol \cdot L^{-1}SnCl_2$ 溶液（由适量→过量）。观察现象，写出反应方程式。

5 滴 $0.2mol \cdot L^{-1}Hg(NO_3)_2$ 溶液逐滴加入 $0.2mol \cdot L^{-1}SnCl_2$ 溶液	现象：	方程式：

② Hg^{2+} 转化为 Hg_2^{2+} 和 Hg_2^{2+} 的歧化分解　在 $0.5mL$ $0.2mol \cdot L^{-1}$ $Hg(NO_3)_2$ 溶液中，滴入 1 滴金属汞，充分振荡。用滴管把清液转入两支试管中（余下的汞要回收），在一

支试管中加入 $0.2mol \cdot L^{-1}$ NaCl，另一支试管中滴入 $2mol \cdot L^{-1}$ 氨水，观察现象，写出反应式。（提示：$Hg^{2+} \xrightarrow{0.9083V} Hg_2^{2+} \xrightarrow{0.7955V} Hg$）

在 $0.5mL$ $0.2mol \cdot L^{-1}$ $Hg(NO_3)_2$ 溶液,滴入 1 滴金属汞	现象：	方程式：
		结论：

五、思考题

1. 为什么汞要用水封存？使用时应注意什么？

2. 选用什么试剂可溶解氢氧化铜、硫化铜、溴化铜、碘化银沉淀？

实验十八　综合练习——金属各类化合物的性质

一、实验目的

1. 掌握各区金属元素的化合物的性质。

2. 联系对比各区金属元素化合物的性质，并加深对它们性质的了解。

3. 进一步练习离心分离操作，分离某些金属离子。

二、实验原理

见主、副族元素实验原理。

三、实验仪器和试剂

仪器　离心机，试管，细搅棒。

试剂　酸：H_2SO_4（$2.0mol \cdot L^{-1}$、浓），HCl（$2.0mol \cdot L^{-1}$、浓），饱和 H_2S，HNO_3（浓）；碱：NaOH（$2.0mol \cdot L^{-1}$、$6.0mol \cdot L^{-1}$），$NH_3 \cdot H_2O$（$2.0mol \cdot L^{-1}$、$6.0mol \cdot L^{-1}$）；$0.1mol \cdot L^{-1}$ 的盐溶液：$AgNO_3$、$Hg_2(NO_3)_2$、$MgCl_2$、$FeCl_3$、$Cd(NO_3)_2$、$Hg(NO_3)_2$、$SnCl_2$、$CrCl_3$、$Zn(NO_3)_2$、$CuSO_4$、$FeSO_4$、$CoCl_2$、$Pb(NO_3)_2$、$MnSO_4$、$NiSO_4$、NH_4Cl、Na_2S、KI、NaF、$BaCl_2$、$K_2Cr_2O_7$、K_2CrO_4、KSCN、$HgCl_2$，KI（$2mol \cdot L^{-1}$），未知溶液（用 Ag^+、Zn^{2+}、Fe^{3+}、Ba^{2+}、Mn^{2+} 的硝酸盐配制）。

固体：铜屑，CdO，MnO_2，ZnO，Cr_2O_3。

其他：淀粉溶液，$Pb(Ac)_2$ 试纸，二苯硫腙溶液，EDTA（$0.1mol \cdot L^{-1}$）。

四、实验内容

1. 金属离子与强碱作用

（1）$0.1mol \cdot L^{-1}$ 下列溶液：$AgNO_3$、$Hg_2(NO_3)_2$、$Hg(NO_3)_2$ 分别与 NaOH 溶液（$2.0mol \cdot L^{-1}$）反应，观察沉淀颜色，再分别试验这些沉淀的酸碱性。AgOH 沉淀应用什么酸来试验？

（2）$0.1mol \cdot L^{-1}$ 下列溶液：$MgCl_2$、$FeCl_3$、$Cd(NO_3)_2$ 分别与 NaOH 溶液（$2.0mol \cdot L^{-1}$）反应，观察沉淀颜色，再分别试验这些沉淀的酸碱性。

（3）$0.1mol \cdot L^{-1}$ 下列溶液：$CuSO_4$、$NiSO_4$、$Zn(NO_3)_2$ 分别滴加 NaOH 溶液（$2.0mol \cdot L^{-1}$）至过量；观察现象，再分别试验产物的酸碱性。$Cu(OH)_2$ 沉淀要用 NaOH（$6.0mol \cdot L^{-1}$）溶液实验，为什么？列表比较上述金属离子与 NaOH 反应的产物及其产物的性质。

上述实验分别说明了什么？

2. 金属离子与氨水作用

（1）$0.1mol \cdot L^{-1}$ 下列溶液：$CrCl_3$、$CuSO_4$、$MnSO_4$、$FeSO_4$、$FeCl_3$ 分别与 $NH_3 \cdot H_2O(2.0mol \cdot L^{-1})$ 反应，有何现象？并在空气中放置一段时间。有何变化？写出反应方程式。

（2）$0.1mol \cdot L^{-1}$ 下列溶液：$CoCl_2$、$NiSO_4$、$Zn(NO_3)_2$、$Cd(NO_3)_2$ 分别与 $NH_3 \cdot H_2O$ 溶液（$2.0mol \cdot L^{-1}$）反应，有何现象？并在空气中放置一段时间。有何变化？写出反应方程式。

（3）$0.1mol \cdot L^{-1}$ 下列溶液：$AgNO_3$、$NH_3 \cdot H_2O$、$Hg_2(NO_3)_2$、$Hg(NO_3)_2$ 分别与含有 NH_4Cl 溶液（$1.0mol \cdot L^{-1}$）的 $NH_3 \cdot H_2O$ 溶液（$6.0mol \cdot L^{-1}$）反应。有何现象？写出反应方程式。

（4）在 $CuSO_4$ 溶液（$0.1mol \cdot L^{-1}$）中加铜屑和 HCl（浓），加热煮沸成泥黄色，加水稀释取出未反应的铜屑，离心分离，弃去清液，在沉淀中加 $NH_3 \cdot H_2O$ 溶液（$2.0mol \cdot L^{-1}$）。观察现象，写出反应方程式。

上述实验说明了什么？

3. 氧化物

（1）将铜屑置于酒精灯的氧化焰上灼烧成黑色氧化铜，投入 H_2SO_4（$2.0mol \cdot L^{-1}$）溶液中，待反应结束，取出未反应的铜屑，于溶液中逐滴加入 $NH_3 \cdot H_2O$ 溶液（$6.0mol \cdot L^{-1}$）至过量。再加 Na_2S 溶液（$0.1mol \cdot L^{-1}$）。

（2）将 MnO_2（s）与 HCl（浓）作用，并加热检查逸出的气体 Cl_2（在通风橱中进行）。

（3）检查 ZnO、CdO、Cr_2O_3 的酸碱性。

上述实验说明了什么？

4. 金属硫化物

（1）在用 HCl 溶液（$2.0mol \cdot L^{-1}$）酸化了的下列 $0.1mol \cdot L^{-1}$ 溶液：$NiSO_4$、$MnSO_4$、$Zn(NO_3)_2$、$CoCl_2$、$FeSO_4$、$CrCl_3$ 中分别加入 H_2S（饱和）溶液有无沉淀生成？再分别加入 $NH_3 \cdot H_2O$ 溶液（$2.0mol \cdot L^{-1}$）又有何现象？离心分离，在各沉淀中滴加 HCl（$2.0mol \cdot L^{-1}$）溶液，观察沉淀是否都溶解？加以解释。注意离心试管的使用。

（2）在 $0.1mol \cdot L^{-1}$ 下列溶液：$Hg(NO_3)_2$、$Hg_2(NO_3)_2$、$Cd(NO_3)_2$、$CuSO_4$ 中分别加入 H_2S（饱和）溶液，然后加 HCl（$2.0mol \cdot L^{-1}$）溶液，沉淀是否溶解？若再加入 HCl（浓）或 HNO_3（浓），又有何现象？可否用 NaS 代替 H_2S 进行上述实验？

归纳各种金属硫化物的溶解方法。

5. 金属卤化物

（1）在 $0.1mol \cdot L^{-1}$ 下列溶液：$AgNO_3$、$Hg(NO_3)_2$、$CuSO_4$ 中分别逐滴加入 KI（$0.1mol \cdot L^{-1}$），有何现象？再加入 KI（$2.0mol \cdot L^{-1}$），有何变化？写出反应方程式。

（2）在 $0.1mol \cdot L^{-1}$ 的 $Ca(NO_3)_2$、$AgNO_3$ 溶液中分别加入 NaF 溶液（$0.1mol \cdot L^{-1}$）。

6. 铬酸盐

（1）在 $0.1mol \cdot L^{-1}$ 的 $K_2Cr_2O_7$、K_2CrO_4 溶液中，分别加入 $Pb(NO_3)_2$ 溶液（$0.1mol \cdot L^{-1}$）。比较两试管中生成沉淀的颜色，解释现象，写出反应方程式。

(2) 用 $AgNO_3$（$0.1mol \cdot L^{-1}$）代替 $Pb(NO_3)_2$ 溶液（$0.1mol \cdot L^{-1}$），进行上述实验。

(3) 在 K_2CrO_4 溶液（$0.1mol \cdot L^{-1}$）中，先加 HCl（$2.0mol \cdot L^{-1}$）溶液，再加 $NaOH$ 溶液（$2.0mol \cdot L^{-1}$），有何变化？写出反应方程式。

(4) $K_2Cr_2O_7$ 溶液（$0.1mol \cdot L^{-1}$）中加 H_2S（饱和）溶液。

7. 配位化合物

将下列每组中的溶液依次加入，注意观察每一步的实验现象并加以解释：

(1) $FeCl_3$（$0.1mol \cdot L^{-1}$）、$KSCN$（$0.1mol \cdot L^{-1}$）、NaF（$0.1mol \cdot L^{-1}$）、$EDTA$（$0.1mol \cdot L^{-1}$）；

(2) $CuSO_4$（$0.1mol \cdot L^{-1}$）、$NaOH$ 溶液（$2.0mol \cdot L^{-1}$）、$NH_3 \cdot H_2O$ 溶液（$6.0mol \cdot L^{-1}$）、$EDTA$（$0.1mol \cdot L^{-1}$）；

(3) $HgCl_2$（$0.1mol \cdot L^{-1}$）、$SnCl_2$（$0.1mol \cdot L^{-1}$）（过量）；

(4) $HgCl_2$（$0.1mol \cdot L^{-1}$）、KI（$2.0mol \cdot L^{-1}$）（到生成的沉淀又溶解）、$SnCl_2$（$0.1mol \cdot L^{-1}$）（过量）。

8. Zu^{2+}、Cd^{2+}、Hg^{2+} 混合溶液的分离和鉴定

取 $0.1mol \cdot L^{-1}$ 的 $Zn(NO_3)_2$、$Cd(NO_3)_2$、$Hg(NO_3)$ 溶液各 5 滴，混合后自行设法将它们分离，并逐个进行鉴定。

五、思考题

在未知溶液中可能含有 Ag^+，Zn^{2+}，Fe^{3+}，Ba^{2+}，Mn^{2+} 等离子，试分离鉴定之。

第4章

分析化学实验（基础训练）部分

4.1 滴定分析基本操作训练

4.1.1 滴定分析常用仪器的使用与校正

4.1.1.1 滴定分析常用仪器

常用的仪器如图 4-1 所示。

除上述外，尚包括烧杯、锥形瓶、量管、量杯等常见的玻璃容器或量器。

| (a) 玻璃洗瓶 | (b) 塑料洗瓶 | (c) 高形称量瓶 | (d) 扁形称量瓶 |

| (e) 碘量瓶 | (f) 普通干燥器 | (g) 真空干燥器 | (h) 酸式(具塞)滴定管 |

| (i) 碱式(无塞)滴定管 | (j) 移液管 | (k) 吸量管 | (l) 容量瓶 |

图 4-1 滴定分析中常用的仪器

这些仪器中如滴定管,移液管,量筒等玻璃仪器,在使用前必须经过洗涤干净才能确保分析结果准确度。下面我们分别介绍一下这类仪器的洗涤与使用方法。

4.1.1.2 玻璃器皿的洗涤(见第2章2.6节)

4.1.1.3 容量仪器的校准

滴定管、移液管、容量瓶是滴定分析主要量器,目前我国生产的量器的准确度,可以满足一般分析工作的要求,无需校准,但是在要求较高的分析工作中则必须对所用量器进行校准。

容量器的校准常用称量法。在实际工作中有时只需对量器进行相对校准即可。下面介绍此两种校准方法。

(1)称量法 称量法是称量量器中所容纳或放出的水重,根据水的密度计算出该量器在20℃时的容积。由质量换算成容积时,必须考虑三个因素:

① 水的密度随温度而变化;

② 温度对玻璃量器胀缩的影响;

③ 在空气中称量时,空气浮力的影响。

把上述三项因素考虑在内,可以得到一个总校准值,由总校准值得出1L玻璃容器的水的质量,见表4-1。

表4-1 不同温度下用纯水充满1L(20℃)玻璃容器的水的质量(空气中用黄铜砝码称量)

温度/℃	1L水质量/g	温度/℃	1L水质量/g	温度/℃	1L水质量/g
0	998.24	14	998.04	28	995.44
1	998.32	15	997.93	29	995.18
2	998.39	16	997.80	30	994.91
3	998.44	17	997.66	31	994.68
4	998.48	18	997.51	32	994.34
5	998.50	19	997.35	33	994.05
6	998.51	20	997.81	34	993.75
7	998.50	21	997.00	35	993.44
8	998.48	22	996.80	36	993.12
9	998.44	23	996.60	37	992.80
10	998.39	24	996.38	38	992.46
11	998.32	25	996.17	39	992.12
12	998.23	26	995.93	40	991.77
13	998.14	27	995.69		

注:1L=1.000028dm³。

应用表4-1来校准量器的容积是很方便的。

例1 在15℃,某250mL容量瓶以黄铜砝码称其容纳的水的质量为249.52g,计算该容量瓶在20℃时的容积是多少?

解 由表4-1查得15℃时容积为1L的纯水的质量为997.93g,即水的密度(已作容器校准)为0.99793g·mL⁻¹,故容量瓶在20℃时的真正容积为

$$V_{20} = \frac{249.52}{0.99793} = 250.04 \text{mL}$$

例2 欲使容量瓶在20℃时的容积为500mL,则在16℃干空气中以黄铜砝码称量时水应为多少克?

解 由表 4-1 查得在 16℃ 时欲使某容器在 20℃ 的容积为 1L，应称取的水的质量为 997.80g。则容积为 500mL，应称取的水质量为

$$\frac{997.80}{1000} \times 500.0 = 498.9g$$

容器进行容量校准时应注意以下各点：

① 被检量器必须用加热的铬酸洗液、发烟硫酸或盐酸等充分清洗，当水面下降或上升时与器壁接触处形成正常弯月面，水面之上器壁不应有挂水点等沾污现象。

② 液面的读数应当取弯月面的最低点与分度线上缘水平相切之点，观察者的视线必须与分度线处在同一水平面上。乳白背蓝线量器的液面读数，应当读取蓝线最尖端与分度线上缘相重合之点。

③ 水和被检器的温度尽量接近室温，温度测量精确至 0.1℃。

④ 校准滴定管时，充水至最高标线以上约 5mm 处，然后慢慢地将液面准确地调至零位。全开旋塞，按规定的流出时间让水流出，当液面流至距被检分度线上约 5mm 处时，等待 30s，然后在 10s 内将液面准确地调至被检分度线上。

⑤ 校准无分度吸管时，水自标线流至出口端不流时再等 15s，此时管口还保留一定的残留液。

⑥ 校准完全流出式分度吸量管时同上。

⑦ 校准不完全流出式分度吸量管，水自最高标线流至最低标线上约 5mm 处，等待 15s，然后调至最低标线。

(2) 相对校准法 容量瓶与移液管均可应用称量法校准，但在实际工作中，有时并不一定要确知它们的准确容积，而是要确知容量瓶和移液管之间的相对关系是否正确。例如 25mL 移液管，其容积是否等于 100mL 容量瓶的 1/4。因此，通常只需对容量瓶和移液管作相对校准，其方法如下：

取一个已洗净、晾干的 100mL 容量瓶及一支 25mL 移液管，用移液管准确移取蒸馏水 4 次，于容量瓶中，然后仔细观察溶液弯月面下缘，是否与容量瓶上的标线相切，如不一致，则另作一标记，经校准后的移液管和容量瓶，应配套使用。

注意：各种量器校准的具体方法见有关检定规程。

4.1.2 实验室常用溶液的配制及浓度

分析工作离不开溶液，配制溶液的化学试剂或蒸馏水的纯度对于分析结果的准确度影响极大。因此正确地了解各类试剂的性质与用途对于合理地选用试剂是完全必要的。

4.1.2.1 溶液及浓度

由两种或两种以上不同物质所组成的均匀体系都可称为溶液。在分析化学中几乎所有的化学反应都在水溶液中进行，所以分析化学中如无特指，一般说都是水溶液，即以水为溶剂的溶液。

溶液浓度总体应该指溶质在水溶液中量的多少，但不同的需要，其表示方式却不尽相同。在讨论化学平衡时，按分散粒子-溶质处于不同的状态，表示方法可分为：①"物质的量浓度"，以 c 表示，即按单位体积溶液所含溶质的物质的量的多少来表示的浓度，在化学分析中，所关心和要求解的也是这个浓度，故也称分析浓度。②平衡浓度，以 $[x_i]$ 表示，即按其粒子在达到化学平衡时的实际量的多少来表示的浓度。③有效浓度或活度，以 a_i 表

示，即考虑到某粒子所处的环境，其对化学反应能真实响应的浓度。

在滴定分析中，由于要以一种已知的准确浓度的溶液去换算另一种未知的待测溶液的浓度或含量，而它所依据的基础又是某化学基本单元反应时"物质的量相等"这一原则，因此，在滴定分析中可分为：①以准确的物质的量表示的标准溶液；②以某种近似浓度表示的非标准溶液。

在其他分析中虽也有标准溶液和非标准溶液之分，但不同方法、不同条件，表示方法也都有各自的系统。如在环境监测中，其溶质含量都很低，在溶液中的比例几乎可以忽略不计，所以标准溶液浓度表示基本上以水为基准，即以每升水中含溶质的质量（mg·L^{-1}）表示；在测定水中氢离子浓度时，其含量更低，表示浓度方法多以 pH 值表示，即以氢离子浓度的负对数值表示，其标准也都是这一系列，在此不一一叙述，这里仅提醒大家在运用中注意符号及序列。以下重点介绍一些滴定分析中的溶液。

4.1.2.2　滴定分析中的标准溶液

滴定分析中，标准溶液是计算待测物质含量的基础，常常被装入滴定管中作为操作液，并以其滴定体积计算待测物质的浓度或质量分数。因此，正确地配制、准确地标定标准溶液是每个定量分析实验必须要做的工作之一。

配制标准溶液一般有两种方法。

(1) 直接法　即准确称取一定量的物质，溶解后，在容量瓶中稀释至一定体积，然后由物质的量与准确体积直接算出准确的物质的量浓度。

能直接用于配制标准溶液的物质必须具备下列条件：

① 物质必须具备足够的纯度，其杂质含量应在滴定分析所允许的误差限度以下，一般可用基准试剂或优级纯试剂。例 G. R. 级的 $K_2Cr_2O_7$ 试剂。

② 物质的组成与化学式应完全符合。若含结晶水，则含量应与化学式相符，例如 $MgSO_4 \cdot 7H_2O$。

③ 化学性质稳定，空气中不挥发，极少吸收水（H_2O）、二氧化碳（CO_2）等。

(2) 间接法　即粗略地称取一定量物质或量取一定体积的溶液，配制成接近于所需浓度的溶液。这样的溶液其准确浓度当然是计算不出来的。必须用基准物或另一种物质的标准溶液来测出它们的准确浓度，这种测定过程称为标定。

本书所选实验的标准溶液大多数都是间接方法配制的，例如 HCl 标准溶液、NaOH 标准溶液以及 EDTA、$Na_2S_2O_3$、$KMnO_4$ 等均属此列。

4.1.2.3　滴定分析中的标准溶液浓度表示方法

(1) 物质的量浓度　自国家计量部门按国际计量单位统一计量后，标准溶液浓度均改用了"物质的量浓度"计量，其量纲为 mol·L^{-1}。

物质的量的单位为摩尔（mol）。摩尔是一系统的物质的量，该系统中所包含的基本单元数与 0.012kg 碳 12 的原子数目相等，即阿伏加德罗常数 N_A 为 6.022045×10^{23} 个·mol^{-1} 一样多个粒子、分子、离子、电子等，也可以是这些粒子的特定组合。例如硫酸的基本单元可以是 H_2SO_4，也可以是 $\frac{1}{2}H_2SO_4$；高锰酸钾可以是 $KMnO_4$，也可以是 $\frac{1}{5}KMnO_4$ 或 $\frac{1}{3}KMnO_4$；当然这种组合也并非任意选择的，人们在选择这种组合时，往往基于某个化学反应的完整的倍数关系，以便于计算。在酸碱反应中，人们往往以化学反应中转移（提供或接受）一摩尔质子（H^+）为基准，例如：$\frac{1}{2}H_2SO_4 \longrightarrow \frac{1}{2}SO_4^{2-} + H^+$。

在氧化还原反应中，又往往以化学反应中转移（提供或接受）1mol 电子（e）为基准，例如，$\frac{1}{5}MnO_4^- + \frac{8}{5}H^+ + e^- \longrightarrow \frac{1}{5}Mn^{2+} + \frac{4}{5}H_2O$。

同样质量的物质，由于所采用的基本单元不同，物质的量也不同。98.08g H_2SO_4 是 1mol，98.08g $\frac{1}{2}H_2SO_4$ 则是 2mol，也就是基本单元不同，其摩尔质量也不同。$K_2Cr_2O_7$ 的摩尔质量为 294.19g·mol^{-1}；$\frac{1}{6}K_2Cr_2O_7$ 的摩尔质量则是 49.03g·mol^{-1}。那么，物质的量与质量的关系永远是，$n(物质的量) = \frac{m(物质的质量)}{M(摩尔质量)}$，根据这个公式可以从溶质的质量求出溶质的物质的量，并计算出标准溶液的浓度。

（2）滴定度　在生产实际中，一种标准溶液常常是专一测定某一种待测物质，计算中常重复几个常数，如计算 $K_2Cr_2O_7$ 法测定 Fe，计算式为：

$$w_{Fe} = \frac{c_{\frac{1}{6}K_2Cr_2O_7} \, V_{\frac{1}{6}K_2Cr_2O_7} \, M \times 10^{-3}}{G} \times 100\%$$

与在批量测定中只有 $V_{\frac{1}{6}K_2Cr_2O_7}$ 与 G 称样量是变化的，$c_{\frac{1}{6}K_2Cr_2O_7} M \times 10^{-3}$ 为一常数，其量纲为 $mol·L^{-1} \times g·mol^{-1} \times 10^{-3} = g·mL^{-1}$，其定义为每毫升标准溶液相当的待测物质（组分）的质量（g）；上例反应则是每毫升 $\frac{1}{6}K_2Cr_2O_7$ 标准溶液相当于所测定 Fe 的质量，用 $T_{Fe/K_2Cr_2O_7}$ 表示。

4.1.2.4　滴定分析中的非标准溶液及浓度表示法

在滴定分析中除常作为操作液的标准溶液外，还需要一些辅助的溶液作为条件控制液、预处理液或其他辅助液（如指示剂）等，它们的加入量没有操作液那么严格，浓度也常常是个变化量不太大的"范围"。因此，配制也比较粗，浓度表示法随溶质状态而有所差异。除以物质的量浓度表示外，还有以下几种浓度。

（1）体积比浓度　对大多数液态溶质常以溶质体积与溶剂（水）体积分数表示。例如：1:1 HCl 即表示 1 份某级别浓盐酸与 1 份水等体积混合；1:10 H_2SO_4 即表示 1 体积浓 H_2SO_4 和 10 体积水混合。

（2）质量分数浓度　以溶质在溶液中所占的质量成分比表示的浓度即质量分数浓度，常用于浓溶液的表示，如 98% 的 H_2SO_4、37% 的 HCl 或 40% 的 NaOH。

（3）体积分数浓度　以 100mL 溶剂中含溶质的质量表示的浓度即体积分数浓度，常用于稀溶液的表示，如 0.1% 的指示剂，即称 0.1g 溶质稀释至 100mL，用起来很方便。

4.1.3　碱滴定应掌握的实验技术

滴定管是滴定时用来准确测量流出的操作溶液体积的量器（量出式仪器）。常量分析最常用的是容积为 50mL、30mL 或 25mL 的滴定管，其最小刻度是 0.1mL，因此读数可以估计到小数点后第二位。另外，还有容积为 10mL、5mL、2mL 和 1mL 的微量滴定管。最小刻度分别是 0.05mL 和 0.02mL，特别适用于电位滴定。

滴定管一般分为两种：一种是具塞酸式滴定管；另一种是无塞碱式滴定管。碱式滴定管的一端连接乳胶管，管内装有玻璃珠，以控制溶液的流出，橡皮管或乳胶管下端接一尖嘴玻管。酸式滴定管用来装酸性及氧化性溶液，但不适于装碱性溶液，因为碱性溶液能腐蚀玻璃，时间长一些，旋塞便不能转动。碱式滴定管用来装碱性及无氧化性溶液，凡是能与乳胶管起反应的溶液，如高锰酸钾、碘和硝酸银等溶液，都不能装入碱式滴定管。滴定管除无色的外还有棕色的，用以装见光易分解的溶液，如 $AgNO_3$、$Na_2S_2O_3$、$KMnO_4$ 等溶液。

(1) 碱式滴定管（简称碱管）滴定前的准备

① 洗涤：根据沾污的程度，可采用不同的清洗剂（如洗洁精、铬酸洗液、草酸加硫酸溶液等）。新用的滴定管应充分清洗，可用铬酸洗液（注意：切勿溅到皮肤和衣物上）洗。在无水的滴定管中加入 5～10mL 洗液，边转动边将滴定管放平，并将滴定管口对着洗液瓶口，以防洗液洒出。洗净后将一部分洗液从管口放回原瓶，最后打开旋塞，将剩余的洗液从出口管放回原瓶。若滴定管油污较多，必要时可用温热洗液加满滴定管浸泡一段时间。将洗液从滴定管彻底放净后，用自来水冲洗时要注意，最初的涮洗液应倒入废酸缸中，以免腐蚀下水管道。有时，需根据具体情况采用针对性洗涤液进行清洗。例如，装过 $KMnO_4$ 的滴定管内壁常有残存的二氧化锰，可用草酸加硫酸溶液进行清洗。用各种洗涤剂清洗后，都必须用自来水充分洗净，并将管外壁擦干，以便观察内壁是否挂水珠，然后用蒸馏水洗三次，最后，将管的外壁擦干。洗净的滴定管倒挂（防止落入灰尘）在滴定管架台上备用。长期不用的滴定管应将旋塞和旋塞套擦拭干净，并夹上薄纸后再保存，防止旋塞和旋塞套之间粘住而不易打开。

如滴定管不净，溶液会沾在壁上影响容积测量的准确性，涮洗时不要用手指堵住管口，以免把手上的油脂带入滴定管中，碱式滴定管洗涤时要注意铬酸洗液不能直接接触橡皮管，洗涤时将橡皮管取下或将玻璃球往上捏，使其紧贴在碱管的下端，防止洗液腐蚀乳胶管。而在用自来水或蒸馏水清洗碱管时，应特别注意玻璃球下方死角处的清洗。为此，在捏乳胶管时应不断改变方位，使玻璃球的四周都清洗到。

② 用操作溶液润洗滴定管，以免操作溶液被稀释：为此，先用摇匀的操作溶液将滴定管刷洗三次（第一次 10mL，大部分溶液可由上口放出，第二、三次各 5mL，可以从出口管放出）。应特别注意的是，一定要使操作溶液洗遍滴定管内壁，并使溶液接触管壁 1～2min，以便涮洗掉原来的残留液。对于碱管，仍应注意玻璃球下方的洗涤。最后，将操作溶液倒入滴定管，直到充满至零刻度以上为止。注意装入操作溶液前，应将试剂瓶中的溶液摇匀，并将操作溶液直接倒入滴定管中，不得借助其他容器（如烧杯、漏斗等）转移。用左手前三指持滴定管上部无刻度处（不要整个手握住滴定管），并可稍微倾斜；右手拿住细口瓶，往滴定管中倒溶液，让溶液慢慢沿滴定管内壁流下。

③ 滴定管下端气泡的排出：注意检查滴定管的出口管是否充满溶液，碱管则需对光检查乳胶管内及出口管内是否有气泡或有未充满的地方。在使用碱管时，装满溶液后，用左手拇指和食指拿住玻璃球所在部位并使乳胶管向上弯曲，出口管斜向上，然后在玻璃球部位往一旁轻轻捏橡皮管，使溶液从管口喷出（下面用烧杯承接溶液），再一边捏乳胶管一边把乳胶管放直，注意应在乳胶管放直后，再松开拇指和食指，否则出口管仍会有气泡（见图 4-2)，最后应将滴定管的外壁擦干。

④ 装液位置：装满操作液至滴定管零刻线或稍下处，记录读数。然后将滴定管夹在架子上。滴定管下端如有悬挂的液滴，也应除去。

(2) 滴定

① 滴定的姿势：学生在站立操作时，身体要站直，左手进行滴定，右手摇锥形瓶。碱式滴定管的操作方式见图 4-3。使用碱管时，左手无名指及小指夹住出口管，拇指与食指在

图 4-2　赶气泡

图 4-3　碱式滴定管的滴定操作

玻璃球所在部位往一旁（左右均可）捏乳胶管，使溶液从玻璃球旁空隙处流出。注意：不要用力捏玻璃球，也不能使玻璃球上下移动；不要捏到玻璃球下部的乳胶管，以免在管口处带入空气。

无论使用哪种滴定管，都不要用右手操作，右手用来摇动锥形瓶。每位学生都必须熟练掌握下面三种加液方法：逐滴连续滴加；只加一滴；加半滴、甚至 1/4 滴（使其液滴悬在滴定管尖口而未落下，靠在锥形瓶壁，再用洗瓶吹入锥形瓶的溶液中）。

② 滴定速度不宜过快，一般 3～4 滴·s^{-1} 为宜。在临近终点时溶液要逐滴（甚至半滴）滴下，并用洗瓶冲洗锥形瓶内壁，使溅在内壁上的液滴也转移到溶液中去。

滴定操作是定量分析的基本功，每位学生必须熟练掌握。滴定时以白瓷板作背景，用锥形瓶或烧杯承接滴定剂。

在锥形瓶中进行滴定时，用右手前三指拿住瓶颈，使瓶底离瓷板 2～3cm。同时调节滴定管的高度，使滴定管的下端伸入瓶口约 1cm。左手按前述方法滴加溶液，右手运用腕力（注意：不是用胳膊晃动）摇动锥形瓶，边滴边摇。摇动锥形瓶时，应使溶液向同一方向，以滴定管口为圆心做圆周运动（左、右旋均可）。切勿使瓶口触到滴定管，溶液绝不可溅出。开始时，滴定速度可稍快，但不要使溶液流成"水线"，应边摇边滴，让滴入的滴定剂充分接触试液。接近终点（局部出现指示剂颜色转变）时，应改为每加一滴，都要注意观察液滴落点周围溶液颜色的变化，充分摇动后再继续滴加。最后每加半滴即摇动锥形瓶，直至溶液出现明显的颜色变化时即停止滴定。加半滴溶液的方法如下：稍稍挤捏乳胶管，使溶液悬挂在出口管嘴上，形成半滴，用锥形瓶内壁将其沾落，再用洗瓶以少量蒸馏水吹洗瓶壁。用碱管滴加半滴溶液时，应先松开拇指与食指，将悬挂的半滴溶液沾在锥形瓶内壁上，再放开无名指与小指，这样可以避免出口管尖出现气泡。

每次滴定最好都从零刻度处开始，这样可使每次读数差不多都在滴定管的同一部位，可消除由于滴定管刻度不准确而引起的系统误差。

在烧杯中进行滴定时不能摇动烧杯，应将烧杯放在白瓷板上，调节滴定管的高度，使滴定管下端伸入烧杯中心的左后方处，但不要靠壁过近。右手持玻璃棒在右前方搅拌溶液。在左手滴加溶液的同时，搅拌棒应做圆周搅动，但不得接触烧杯壁和底部。当加半滴溶液时，用搅拌棒下端承接悬挂的半滴溶液，放入溶液中搅拌。滴定过程中，玻璃棒上沾有溶液，不能随便拿出。

③ 读数方法：用大拇指与食指轻轻提滴定管上端（不可拿着装有溶液的部分），使其自然铅垂。对无色或浅色溶液，读取弯月下层最低点。对于有色溶液，读取液面最上缘。眼睛与刻线在同一水平上（见图 4-4），否则读数将偏高或偏低。读数应准确到毫升数位后

第二位（即小数点后第二位），对于带白底蓝线的滴定管，则按蓝线的最尖部分与分度线上缘相重合的一点进行读数。无论哪种读数方法，都应注意初读数与终读数采用同一标准。

(a) 无色或浅色溶液读数方法	(b) 深色溶液读数方法	(c) 有蓝带滴定管的读数方法

图 4-4　读数方法

装入或放出溶液后，必须等 $1\sim2\,min$，使附着在内壁上的溶液流下来，再进行读数。如果放出溶液的速度较慢（例如，滴定到最后阶段，每次只加半滴溶液时），等 $0.5\sim1\,min$ 方可读数。每次读数前要检查一下管壁是否挂水珠，管尖是否有气泡。

读取初读数前，应将滴定管尖悬挂着的溶液除去。滴定至终点时立即停止挤捏乳胶管，并注意不要使滴定管中溶液有稍微流出，否则终读数便包括流出的半滴溶液。因此，在读取终读数前，应注意检查出口管尖是否悬有溶液。

(3) 滴定管用后的处理　滴定完毕后，应将滴定管内剩余的溶液弃去，不得将其倒回原试剂瓶中，以免沾污整瓶操作溶液。随即洗净滴定管，或者在滴定管中加满蒸馏水，并用盖子盖住管口，夹在滴定台上备用。

4.1.4　酸滴定应掌握的实验技术

(1) 滴定前的准备

① 洗涤：方法同碱式滴定管。

② 滴定管旋塞涂凡士林：为了防止旋塞漏水，涂上适当凡士林起密封作用。

用布或纸把玻璃旋塞槽和旋塞擦干（绝对不能有水，为什么?）。在旋塞的大端涂上一些凡士林，在旋塞的小端的旋塞槽内也涂上极薄一层凡士林，然后把旋塞小心地插入旋塞槽内，向一个方向旋转几下即可。凡士林不可涂得太多，否则容易把孔堵塞，涂得太少，则润滑不够，甚至会漏水。涂得好的旋塞应呈透明、无气泡，旋转灵活。最后用蒸馏水检验是否堵塞或漏水。为了防止在滴定过程中旋塞脱出，可从橡皮管上剪一圈橡皮，套在旋塞末端。涂凡士林方法可见图 4-5。

(a) 擦干活塞窝	(b) 活塞涂凡士林	(c) 旋转活塞至透明

图 4-5　酸式滴定管旋塞涂凡士林

③ 检漏：检查滴定管是否漏水时，可将滴定管内装水至"0"刻度左右，并将其夹在滴定管管夹上，直立约 2min，观察活塞边缘和管端有无水渗出。将活塞旋转 180°后，再观察一次，如无漏水现象，即可使用。

④ 加入操作溶液：加入操作溶液前，先用蒸馏水淌洗滴定管 2～3 次，每次约 10mL。淌洗时，两手平端滴定管，慢慢旋转，让水遍及全管内壁，然后从两端放出。再用操作溶液淌洗 2～3 次，用量依次为 10mL、5mL、5mL。淌洗方法与用蒸馏水淌洗时相同。淌洗完毕，装入操作液至"0"刻度以上，检查活塞附近有无气泡。如有气泡，应将其排出。排出气泡时，酸式滴定管用右手拿住滴定管，使它倾斜约 30°，左手迅速打开活塞，使溶液冲下，将气泡赶掉。

⑤ 读数：对于常量滴定管，读数应读至小数点后第二位。方法同碱式滴定管。

（2）滴定

① 滴定的姿势：同碱式滴定管要求。酸式滴定管的操作方式见图 4-6。

图 4-6　酸式滴定管操作方式

② 滴定速度：同碱式滴定管。

（3）滴定管使用后处理　同碱式滴定管。

4.1.5　移液管与容量瓶的使用

4.1.5.1　移液管和吸量管及其使用

移液管用来量取一定体积的溶液，它是中间有一膨大部分（称为球部）的玻璃管，管颈上部刻有一标线。此是按放出液体的体积来刻的，常见的有 5mL、10mL、20mL、25mL、50mL 等数种，最常用的是 25mL 的移液管。

合格的移液管除了放出的体积应该很准确以外，对出口孔大小也有一定的要求。所有移液管的自由流出时间最长不得超过 1min，最短时间见表 4-2。

表 4-2　移液管最短自由流出时间

放出体积/mL	5	10	25	50	100
流出时间/s	10	20	25	30	40

如果自由流出的时间超出上述规定范围，表示该移液管出口口径过粗（太快）或太细（太慢），都会使管壁滞留的液体超过允许量的范围而导致释出体积不准确，因而是不合格的和不宜使用的。

吸量管是具有分刻度的玻璃管，常用的吸量管有 1mL、2mL、5mL、10mL 等数种，可以准确量取所需要的刻度范围内某一体积的溶液，但其准确度差一些，将溶液吸入，读取与液面相切的刻度（一般在零），然后将溶液放出至适当刻度，两刻度之差为放出溶液的体积。

(1) 洗涤　将移液管或吸量管插入洗液中，用洗耳球将洗液慢慢吸至管容积的 1/3 处，用食指按住管口，把管横过来淌洗，然后将洗液放回原瓶，如果内壁严重污染，则应把吸管放入盛有洗液的大量筒或高形玻璃缸中，浸泡 15min 到数小时，取出后用自来水及蒸馏水冲洗，用纸擦去管外水。

(2) 操作方法　移取溶液前，应用少量操作液将管内壁淌洗 2～3 次，以保证转移溶液的浓度不变。然后把管口插到溶液中去，用洗耳球把溶液吸到稍高于刻度处，迅速用食指按住管口，将移液管提离液面，使管尖靠着贮瓶口，食指松动，让溶液慢慢流到弯月面与刻线相切时，再用食指按紧管口，把准备承接溶液的容器稍倾斜，移液管垂直插入容器，管尖靠着容器的内壁（见图 4-7）。松开食指，让管内溶液自动地全部沿器壁流下。再停 10～15s 后，拿出移液管，残留在管尖的溶液不可吹出，因为在校正移液管时，已考虑了这部分体积了。吸量管的操作方法与上述相同。但有一种 0.1mL 的吸量管，管口上刻有"吹"字的，使用时必须将管内的溶液全部流出，末端的溶液也需吹出，不允许保留。

(a) 调节液面　　　(b) 放出液体　　　(c) 遗留液滴

图 4-7　移液管的使用

4.1.5.2　容量瓶及其使用

容量瓶是一种细颈梨形的平底玻璃瓶，带有磨口塞，颈上有标线，瓶上标有它的容积和标定时的温度，大多数容量瓶只有一条标线。当液体充满至标线时，瓶内所装溶液的体积和瓶上标示的体积相同。但也有刻两条线的，上面一条表示量出体积。量入式符号为"In"，量出式符号为"Ex"。容量瓶主要用来配制标准溶液或试样溶液，通常有 25mL、50mL、100mL、250mL、500mL、1000mL 等各种规格。

(1) 容量瓶的准备　在使用之前必须先检查如下几项：

① 容量瓶容积与所要求的是否一致。

② 标线位置距离瓶口的远近如何，若太近则不可用。

③ 是否漏水：为检查瓶塞是否严密，可在瓶中放水到标线附近，塞紧瓶塞，用干滤纸沿瓶口缝处检查，看有无水珠渗出，如果不漏，再把塞子旋转 180°，塞紧倒置，试验这个方向有无渗漏，这样做两次检查是必要的，因为有时瓶塞与瓶口不是在任何位置都是密合的。

容量瓶应洗涤干净，洗涤方法原则与洗涤滴定管相同。

(2) 操作方法　容量瓶主要是用来把精密称量的物质准确配成一定的容积，或将准确容积的浓溶液稀释成准确体积的稀溶液，这个过程叫作"定容"。

如果是要由固体配制准确浓度的溶液，通常将固体准确称量后放入烧杯中，加少量纯水

（或适当溶剂）使它溶解，然后定量地转移到容量瓶中。转移时，玻璃棒下端要靠住瓶颈内壁，使溶液沿瓶流下（见图 4-8）。溶液流尽后，将烧杯轻轻顺棒上提，使附在玻棒、烧杯嘴之间的液滴回到烧杯中。再用洗瓶挤出的水流冲洗烧杯数次，每次按上法将洗涤液完全转移到容量瓶中，然后用蒸馏水稀释。当水加至容积的 2/3 处时，旋摇容量瓶，使溶液混合（注意不能倒转容量瓶），在接近标线时，可以用滴管逐滴加水，至弯月面最低点恰好与标线相切。盖紧瓶塞，一手食指压住瓶塞，另一手的大、中、食三个指头托住瓶底，倒转容量瓶，使瓶内气泡上升到顶部，摇动数次，再倒过来，如此反复倒转摇动十多次，使瓶内溶液充分混合均匀（见图 4-9）。

图 4-8　定量转移操作

(a)　　　　　　(b)

图 4-9　拿容量瓶的方法

不宜在容量瓶内长期存放溶液。如溶液需使用较长时间，应将它转移入试剂瓶中，该试剂瓶应预先经过干燥或用少量该溶液淌洗两三次。

由于温度对量器的容积有影响，所以使用时要注意溶液的温度、室内的温度以及量器本身的温度。热溶液应冷至室温，才能注入容量瓶中，否则可造成体积误差。

4.2　基础实验

实验一　电子天平的操作及其称量练习

一、实验目的

1. 了解电子天平的构造及其主要部件。

2. 掌握电子天平的基本操作。

3. 学会直接法和减量法称量试样。

4. 学会正确使用称量瓶。

5. 掌握准确、简明、规范地记录实验原始数据的方法。

二、仪器和试剂

电子天平，称量瓶（内装试剂），小烧杯（接收器）。

三、实验内容

1. 天平外观检查

取下天平罩→检查天平状态→插上电源→调电子天平的零点。

2. 直接称量法练习

用电子天平准确称出两锥形瓶和一个装有样品的称量瓶的质量。

按"电子天平操作"整理好天平，调零后，取两个洁净、干燥并编有号码的锥形瓶（1号、2号）和1个装有样品的称量瓶（3号）。将1号锥形瓶轻轻放在天平盘中央，当显示数字稳定后，即可读数，记录称量结果 m_1；重复操作，分别称出2号锥形瓶质量 m_2 与3号称量瓶质量 m_0，记录在相应表格位置上。

3. 减量法称量练习

本实验要求用减量法从称量瓶（3号）中准确称量出 $0.20 \sim 0.25$g 的固体试样（称准至 ± 0.0002g）。

① 分别准确称取1号和2号锥形瓶的质量 m_1 和 m_2（即直接称量法称得的数据 m_1 和 m_2）。

② 准确称取3号称量瓶的质量 m_0（即直接称量法称得的数据 m_0）。

③ 取出称量瓶3号，用瓶盖轻轻地敲打称量瓶口上方，使样品落在1号锥形瓶中，估计倾出的试样在0.2g左右时停止。将称量瓶再放回天平中称其质量 m'_0，两次质量之差（$m_0 - m'_0$）即为倾出试样的质量。若倒出的试样还少于0.2g，应再次敲取（注意不应一下敲取过多），直到倾出的试样在 $0.20 \sim 0.25$g 之间；重复操作，在2号锥形瓶中也倾入 $0.20 \sim 0.25$g 的样品。

④ 用直接称量法准确称量"1号锥形瓶＋样品"的质量 m'_1 与"2号锥形瓶＋样品"质量 m'_2，并计算绝对误差。

⑤ 数据记录与处理。

四、数据记录与处理

次数	I	II
（称量瓶＋样品）m_0/g		
倾出样品后质量 m'_0/g		
$m_0 - m'_0$/g		
（锥形瓶＋样品）$m'_1(m'_2)$/g		
空锥形瓶质量 $m_1(m_2)$/g		
$m'_1 - m_1(m'_2 - m_2)$/g		
绝对误差		

五、注意事项

1. 电子天平属精密仪器，使用时注意细心操作。

2. 所称试样不准直接放置在秤盘上，以免沾污和腐蚀仪器。

3. 不管称取什么样的试样，都必须细心将试样置入接收器皿中，不得洒在天平箱板上或秤盘上。若发生了上述错误，当事人必须按要求处理好，并报告实验指导教师。

4. 实验数据只能记在实验报告上，不能随意记在纸片上。

六、思考题

1. 使用电子天平应该注意些什么？

2. 减重法称样是怎样进行的？增重法称量是怎样进行的？它们各有什么优缺点？宜在何种情况下采用？

3. 在减重法称量过程中能否用小勺取样，为什么？

实验二　溶液的配制

一、实验目的

1. 掌握溶液的质量分数、质量摩尔浓度、物质的量浓度等一般配制方法和基本操作。
2. 了解特殊溶液的配制方法。
3. 学习比重计、移液管、容量瓶的使用方法。

二、实验原理

在化学实验中，常常需要配制各种溶液来满足不同实验的要求。如果实验对溶液浓度的准确性要求不高，一般利用台秤、量筒等低准确度的仪器配制就能满足需要。如果实验对溶液浓度的准确性要求较高，如定量分析实验，就须使用分析天平、移液管、容量瓶等高准确度的仪器配制溶液。对于易水解的物质，在配制溶液时还要考虑先以相应的酸溶解易水解的物质，再加水稀释。无论是粗配还是准确配制一定体积、一定浓度的溶液．首先要计算所需试剂的用量，包括固体试剂的质量或液体试剂的体积，然后再进行配制。

不同浓度的溶液在配制时的具体计算及配制步骤如下。

1. 由固体试剂配制溶液

（1）质量分数

因为：

$$w = \frac{m_{溶质}}{m_{溶液}}$$

所以：

$$m_{溶质} = \frac{w}{1-w} m_{溶剂} = \frac{w}{1-w} \rho_{溶剂} V_{溶剂}$$

如溶剂为水：

$$m_{溶质} = \frac{w}{1-w} V_{溶剂}$$

式中，$m_{溶质}$ 为固体试剂的质量；w 为溶质质量分数；$m_{溶剂}$ 为溶剂质量；$\rho_{溶剂}$ 为溶剂的密度，3.98℃时，$\rho_{水} = 1.0000\text{g} \cdot \text{mL}^{-1}$；$V_{溶剂}$ 为溶剂体积。

计算出配制一定质量分数的溶液所需固体试剂质量，用台秤称取，倒入烧杯，再用量筒取所需蒸馏水也倒入烧杯，搅动，使固体完全溶解即得所需溶液，将溶液倒入试剂瓶中，贴上标签备用。

（2）质量摩尔浓度

$$m_{溶质} = \frac{M_{溶质} \, b m_{溶剂}}{1000} = \frac{M_{溶质} \, b V_{溶剂} \, \rho_{溶剂}}{1000}$$

如以水为溶剂：

$$m_{溶质} = \frac{M_{溶质} \, b V_{溶剂}}{1000}$$

式中，b 为质量摩尔浓度，$\text{mol} \cdot \text{kg}^{-1}$；$M_{溶质}$ 为溶质摩尔质量，$\text{g} \cdot \text{mol}^{-1}$；其他符号说明同前。

配制方法同质量分数。

（3）物质的量浓度

$$m_{溶质} = c V M_{溶质}$$

式中，c 为物质的量浓度，$\text{mol} \cdot \text{L}^{-1}$；$V$ 为溶液体积，L；其他符号说明同前。

①粗略配制　算出配制一定体积溶液所需固体试剂质量，用台秤称取所需固体试剂，倒入烧杯中，加入少量蒸馏水搅动使固体完全溶解后，用蒸馏水稀释至相应体积，即得所需的溶液。然后将溶液转移至试剂瓶中，贴上标签，备用。

②准确配制　先算出配制给定体积准确浓度溶液所需固体试剂的用量，并在分析天平上准确称出它的质量，放在干净烧杯中，加适量蒸馏水使其完全溶解。将溶液转移到容量瓶（与所配溶液体积相适应）中，用少量蒸馏水洗涤烧杯2~3次，冲洗液也移入容量瓶中，再加蒸馏水至标线处，盖上塞子，将溶液摇匀即成所配溶液，然后将溶液移入试剂瓶中，贴上标签备用。

2. 由液体（或浓溶液）试剂配制溶液

(1) 质量分数

①混合两种已知浓度的溶液，配制所需浓度溶液的计算方法是：把所需的溶液浓度放在两条直线交叉点上（即中间位置），已知溶液浓度放在两条直线的左端（较大的在上，较小的在下）。然后每条直线上两个数字相减，差额写在同一直线另一端（右边的上、下），这样就得到所需的已知浓度溶液的份数。如，由85％和40％的溶液混合，制备60％的溶液：需取用20份的85％溶液和25份的40％溶液混合。

②用溶剂稀释原液制成所需浓度的溶液，在计算时只需将左下角较小的浓度写成零表示是纯溶剂即可。如用水把35％的水溶液稀释成25％的溶液：取25份35％的水溶液兑10份的水，就得到25％的溶液。

配制时应先加水或稀溶液，然后加浓溶液。搅匀，将溶液转移到试剂瓶中，贴上标签备用。

(2) 物质的量浓度

① 计算

a. 由已知物质的量浓度溶液稀释

$$V_{原} = \frac{c_{新} V_{新}}{c_{原}}$$

式中，$c_{新}$为稀释后溶液的物质的量浓度；$V_{新}$为稀释后溶液的体积；$c_{原}$为原溶液的物质的量浓度；$V_{原}$为取原溶液的体积。

b. 由已知质量分数溶液配制

$$c_{原} = \frac{\rho w}{M_{溶质}} \times 1000$$

式中，$M_{溶质}$为溶质的摩尔质量；ρ为液体试剂（或浓溶液）的密度；w为质量分数。

② 配制方法

a. 粗略配制　先用比重计测量液体（或浓溶液）试剂的相对密度，从【附注】表中查出其相应的质量分数，算出配制一定物质的量浓度的溶液所需液体（或浓溶液）用量，用量筒量取所需的液体（或浓溶液），倒入装有少量水的有刻度烧杯中混合，如果溶液放热，需冷却至室温后，再用水稀释至刻度。搅匀，然后移入试剂瓶中，贴上标签备用。

b. 准确配制　当用较浓的准确浓度的溶液配制较稀准确浓度的溶液时，先计算，然后用处理好的移液管吸取所需溶液注入给定体积的洁净容量瓶中，再加蒸馏水至标线处，摇匀后倒入试剂瓶，贴上标签备用。

三、实验仪器和试剂

仪器　50mL 和 100mL 烧杯，50mL 或分刻度的移液管，50mL 和 100mL 容量瓶，比重计，50mL 量筒，试剂瓶，称量瓶，台秤，分析天平。

试剂　固体药品：$CuSO_4 \cdot 5H_2O$，$NaCl$，KCl，$CaCl_2$，$NaHCO_3$，$SbCl_3$。

液体药品：浓硫酸，$2.00mol \cdot L^{-1}$ 醋酸，浓盐酸。

四、实验内容

(1) 准确配制 100mL 质量分数为 0.90％ 的生理盐水。按 $NaCl : KCl : CaCl_2 : NaHCO_3 = 45 : 2.1 : 1.2 : 1$ 的比例，在 $NaCl$ 溶液中加入 KCl、$CaCl_2$ 和 $NaHCO_3$，经消毒后即得 0.90％ 的生理盐水。

(2) 粗略配制 50mL $3mol \cdot L^{-1}$ H_2SO_4 溶液。

特别提示：① 容量瓶、移液管的使用，参见 4.1.5 节；② 比重计的使用，参见 2.10.4 节。

五、思考题

1. 配制稀 H_2SO_4 溶液时烧杯中先加水还是先加酸，为什么？
2. 用容量瓶配制溶液时，要不要把容量瓶干燥，要不要用被稀释溶液洗二遍，为什么？

【附注】

浓硫酸的相对密度与质量分数对照表：

d_4^{20}	1.8144	1.8195	1.8240	1.8279	1.8312	1.8337	1.8355	1.8364	1.8361
$x/\%$	90	91	92	93	94	95	96	97	98

实验三　NaOH 标准溶液的配制与标定

一、实验目的

1. 掌握容量分析的基本操作及容量仪器的使用方法。
2. 练习标准碱液的配制与标定。
3. 进一步熟悉分析天平的称量操作。

二、实验原理

氢氧化钠难于提纯，在空气中极易吸收水分和 CO_2，因此只能用间接法配制标准溶液，常用邻苯二甲酸氢钾为基准物质进行标定。反应如下：

三、实验仪器和试剂

仪器　250mL 锥形瓶，25mL 滴定管。

试剂　NaOH（分析纯），酚酞指示剂（1％的酒精溶液），邻苯二甲酸氢钾（基准试剂，在 130℃ 干燥 1h，贮于干燥器中备用）。

四、实验内容

1. $0.1mol \cdot L^{-1}$ NaOH 溶液的配制

在台秤上称取 NaOH 1.8g，倒入试剂瓶中，加 400mL 蒸馏水（是否要求很精确？），溶解，摇匀备用。

2. NaOH 标准溶液的标定

用减量法准确称取 3 份邻苯二甲酸氢钾 0.3700～0.4500g（取此量的依据是什么？）于锥形瓶中，加 40～50mL 蒸馏水溶解、摇匀；加酚酞指示剂一滴，以 NaOH 标准溶液滴定，边滴边摇，直至出现浅红色，摇动 30s 不褪色为终点。记录滴定体积 V。结果按下式计算：

$$c_{NaOH} = \frac{m_{KHC_8H_4O_4} \times 1000}{204.22V} \ mol \cdot L^{-1}$$

平行测定三次。

3. 数据记录与处理

NaOH 标准溶液标定结果

项 目	I	II	III
倾出前瓶与基准物质量/g			
倾出后瓶与基准物质量/g			
基准物 $KHC_8H_4O_4$ 的质量/g			
滴定终点的体积/mL			
滴定开始时体积/mL			
滴定消耗体积/mL			
NaOH 标准溶液的浓度/mol·L^{-1}			
平均浓度/mol·L^{-1}			

五、注意事项

1. 每次滴定初始点均在"0.00"附近，以减少滴定管内径不均匀引起的仪器误差。

2. 滴定过程中可能有溶液溅起附于器壁，结束滴定前应用蒸馏水吹洗瓶壁一次，再滴定到终点，以减少误差。

六、思考题

1. 溶解基准物 $KHC_8H_4O_4$ 所用水的体积的量度，是否需要准确？为什么？

2. 标定用的锥形瓶，其内壁是否要预先干燥？为什么？

3. 用邻苯二甲酸氢钾为基准物质标定 NaOH 溶液时，基准物称取量是如何计算的？

4. 用邻苯二甲酸氢钾为基准物质标定 NaOH 溶液时，为什么用酚酞而不用甲基橙为指示剂？

5. 邻苯二甲酸氢钾是否可用作标定 HCl 溶液的基准物质？

实验四　草酸纯度的测定

一、实验目的

1. 用测定草酸的纯度的典型实验，使学生学会用碱滴酸的基本操作，并验证所标定碱浓度的准确度。

2. 进一步掌握酸碱滴定时如何恰当地选择指示剂。

二、实验原理

滴定反应　　　　　　$H_2C_2O_4 + 2NaOH \Longrightarrow Na_2C_2O_4 + 2H_2O$

用 NaOH 标准溶液滴定一定量草酸试样溶液，并以酚酞为指示剂，根据所用 NaOH 标准溶液的体积和浓度求出草酸的纯度。

三、实验仪器和试剂

仪器　250mL 锥形瓶，25mL 碱式滴定管。

试剂　NaOH 标准溶液（0.1000mol·L^{-1}，准确浓度由学生自行标定），酚酞指示剂（1%酒精溶液）。

四、实验内容

用减量法精确称取草酸试样 0.1000～0.1500g（m）3 份。直接倾入 250mL 锥形瓶中，加入 40mL 蒸馏水溶解，滴入酚酞指示剂 1～2 滴，摇匀，用 0.1000mol·L^{-1}（具体浓度通过实验三的标定结果确定）的 NaOH 标准溶液滴定，边滴边摇，直至呈现不褪的浅红色为止，用水冲洗瓶壁，并完成滴定过程，记下消耗 NaOH 标准溶液的体积 V_{NaOH}（mL）。

草酸的质量分数按下式计算

$$w_{H_2C_2O_4} = \dfrac{c_{NaOH}V_{NaOH} \times \dfrac{M_{H_2C_2O_4}}{2000}}{m} \times 100\%$$

式中，c_{NaOH} 为 NaOH 标准溶液的浓度（学生自己标定的浓度），mol·L^{-1}；V_{NaOH} 为 NaOH 标准溶液滴定用去的体积，mL；$M_{H_2C_2O_4}$ 为草酸的摩尔质量，g·mol^{-1}；m 为草酸试样的质量，g。

五、数据记录与处理

草酸纯度测定结果

记录内容	Ⅰ	Ⅱ	Ⅲ
倾出前瓶与基准物质量/g			
倾出后瓶与基准物质量/g			
草酸质量/g			
滴定终点的体积/mL			
滴定开始时体积/mL			
滴定消耗体积/mL			
草酸纯度/%			
平均纯度/%			

六、思考题

1. 草酸试样称取量 0.1000～0.1500g 是怎样计算出来的？根据什么确定的？

2. 溶解草酸试样为什么用 40mL 水？水量多少有什么关系？

3. 滴定草酸为什么用酚酞作指示剂？可否改用甲基橙作指示剂？说明理由。

4. 每次完成滴定过程时，为什么必须用水冲洗瓶壁？

实验五　盐酸标准溶液的配制与标定

一、实验目的

1. 练习酸标准溶液的配制与标定。

2. 进一步熟悉容量分析的基本操作及容量仪器的使用方法和操作技巧。

二、实验原理

以无水碳酸钠为基准标定盐酸标准溶液，以甲基橙为指示剂。反应如下：

$$Na_2CO_3 + 2HCl \stackrel{}{=\!=\!=} 2NaCl + H_2O + CO_2 \uparrow$$

三、实验仪器和试剂

仪器 250mL 锥形瓶，25mL 滴定管。

试剂 HCl（分析纯，12mol·L^{-1}），甲基橙指示剂（1%水溶液），无水碳酸钠（优级纯，基准试剂，在 270℃灼烧 2h，贮于干燥器中备用）。

四、实验内容

1. 0.1mol·L^{-1} HCl 溶液的配制

用洁净的量筒取分析纯的盐酸（相对密度 1.19，含量 37%）3.5mL，倒入加少量水的具塞细口瓶中，用蒸馏水稀释至 400mL，充分摇匀，并在瓶上贴好标签备用。

2. 标准溶液的标定

用减量法准确称取无水碳酸钠三份（其质量按消耗 20mL 左右 0.1mol·L^{-1} HCl 溶液计，请自己计算），置于 3 只 250mL 锥形瓶中，加 40mL 蒸馏水溶解，摇匀；加甲基橙指示剂 1 滴，用 HCl 标准溶液滴定至溶液由黄色转变为橙色。记录 HCl 标准溶液的耗用量 V，并计算出 HCl 标准溶液的浓度（自己列式计算）。

五、数据记录与处理

HCl 标准溶液标定结果

记录内容	Ⅰ	Ⅱ	Ⅲ
倾出前瓶与基准物质量/g 倾出后瓶与基准物质量/g 基准物 Na$_2$CO$_3$ 质量/g			
滴定终点的体积/mL 滴定开始时体积/mL 滴定消耗体积/mL			
HCl 标准溶液浓度/mol·L^{-1}			
平均浓度/mol·L^{-1}			

六、思考题

1. 配制 HCl 标准溶液时所需蒸馏水及浓盐酸的体积是否需要准确量取？为什么？

2. 用碳酸钠为基准物质标定 HCl 溶液时，用酚酞为指示剂是否可以？为什么？

实验六　碱灰中各组分与总碱度的测定

一、实验目的

1. 掌握碱灰总碱度及其组成成分的测定方法与原理。

2. 熟悉酸碱指示剂选用原则，了解单指示剂、双指示剂的使用方法。

3. 学习用容量瓶把固体试样配制成试液的方法，进一步掌握容量分析的操作技巧。

二、实验原理

碱灰为不纯的碳酸钠，由于制造方法和来源不同，所含成分也不同。其中可能含有 NaCl、Na$_2$SO$_4$、NaOH 或 NaHCO$_3$ 等。在用酸滴定时，除了其中主要成分 Na$_2$CO$_3$ 被中和外，其他碱性的杂质如 NaOH 或 NaHCO$_3$ 也将被中和，这个测定结果是碱的总含量，通常以 Na$_2$O 的质量分数表示。在这个滴定过程中有下述几步反应发生。

当用酚酞或混合指示剂为指示剂时，可能有如下三步反应发生，所消耗的盐酸体积用 V_1 表示：

$$NaOH + HCl \xrightarrow{\text{酚酞}} NaCl + H_2O$$

$$Na_2CO_3 + HCl \xrightarrow{\text{酚酞}} NaHCO_3 + NaCl$$

在酚酞粉红色刚刚消退的试液中再滴一滴甲基橙指示剂，用盐酸标准溶液继续滴定，将发生下一步反应，在滴定终点时，滴定管的读数用 V_0 来表示：

$$NaHCO_3 + HCl \xrightarrow{\text{甲基橙}} NaCl + H_2CO_3$$

V_0 为滴定碱灰试样所有组成成分时所消耗盐酸标准溶液的总体积，用此体积可求出该碱灰试样的总碱度。

利用双指示剂两终点时所消耗的盐酸标准溶液的体积不同，可确定碱灰的组成成分。令 $V_0 - V_1 = V_2$。可能有如下三种情况出现：

① $V_1 > V_2$；

② $V_1 = V_2$；

③ $V_1 < V_2$。

① $V_1 > V_2$ 时则 Na_2CO_3 中含有 NaOH

滴定反应：

$$NaOH + HCl \xrightarrow[\text{酚酞指示剂}]{\text{滴定}} NaCl + H_2O$$

$$Na_2CO_3 + HCl \xrightarrow[\text{酚酞指示剂}]{\text{滴定}} NaHCO_3 + NaCl$$

$\left.\right\}$ 第一段滴定

$$NaHCO_3 + HCl \xrightarrow[\text{甲基橙指示剂}]{\text{滴定}} NaCl + H_2CO_3 \qquad \text{第二段滴定}$$
$$\downarrow$$
$$H_2O + CO_2$$

② $V_1 = V_2$ 时则为纯 Na_2CO_3

滴定反应：

$$Na_2CO_3 + HCl \xrightarrow[\text{酚酞指示剂}]{\text{滴定}} NaHCO_3 + NaCl \qquad \text{第一段滴定}$$

$$NaHCO_3 + HCl \xrightarrow[\text{甲基橙指示剂}]{\text{滴定}} NaCl + H_2CO_3 \qquad \text{第二段滴定}$$
$$\downarrow$$
$$H_2O + CO_2$$

③ $V_1 < V_2$ 时则 Na_2CO_3 中含有 $NaHCO_3$

滴定反应：

$$Na_2CO_3 + HCl \xrightarrow[\text{酚酞指示剂}]{\text{滴定}} NaHCO_3 + NaCl \qquad \text{第一段滴定}$$

$$NaHCO_3 + HCl \xrightarrow[\text{甲基橙指示剂}]{\text{滴定}} NaCl + H_2CO_3 \qquad \text{第二段滴定}$$
$$\downarrow$$
$$H_2O + CO_2$$

注意：此 $NaHCO_3$ 包括两部分，一部分是 Na_2CO_3 用标准 HCl 滴定后得到 $NaHCO_3$，另一部分是试样中含有 $NaHCO_3$。

三、实验仪器和试剂

仪器　250mL 锥形瓶，25mL 滴定管。

试剂　酚酞指示剂（1% 酒精溶液），甲基橙指示剂（0.1% 水溶液），盐酸标准溶液（上述实验标定的约 $0.1\text{mol} \cdot L^{-1}$）。

四、实验内容

1. 称取试样及配制试样溶液

用减量法准确称取碱灰试样 $1.0000 \sim 1.4000$ g，放在洁净的小烧杯中，加蒸馏水为 $40 \sim 50$ mL，加热使之溶解，放冷，移至 200mL 容量瓶中，用水冲洗烧杯 $4 \sim 5$ 次，每次冲洗都应将冲洗液倒入容量瓶中，勿损失（为什么？），最后用水稀释至刻度，盖上瓶塞摇匀。

2. 碱灰总碱度及其所含成分的测定

用移液管准确移取试液 20.00mL，放入 250mL 锥形瓶中，加水 15mL，酚酞指示剂一滴，此时溶液呈粉红色，用 0.1 mol $\cdot$ L^{-1}（具体浓度通过实验五的标定结果确定）盐酸标准溶液缓慢滴定，至红色刚刚消褪。用蒸馏水吹洗瓶壁，如红色复现，再滴加标准盐酸溶液，使红色刚好消褪为止，记下所用盐酸标准溶液的体积 V_1，在试液中再加一滴甲基橙指示剂，摇匀，此时溶液呈浅黄色。继续用盐酸标准溶液滴定，边滴边摇，直至溶液呈现橙色为止，此即为终点，再记下耗用盐酸标准溶液的总体积 V_0。

滴定结果相差不得大于 0.2%，否则重做。

3. 计算

（1）总碱度的质量分数按下式计算

$$w_{Na_2O} = \frac{c_{HCl}V_{HCl} \times \dfrac{M_{Na_2O}}{2000}}{m \times \dfrac{20}{200}} \times 100\%$$

式中，c_{HCl} 为盐酸标准溶液的浓度；V_{HCl} 为盐酸标准溶液滴定所消耗的总体积，即 V_0；M_{Na_2O} 为氧化钠的摩尔质量；m 为碱灰试样的质量。

（2）各组分质量分数计算

$$V_2 = V_0 - V_1$$

① $V_1 > V_2$，碳酸钠中含有氢氧化钠

$$w_{NaOH} = \frac{c_{HCl}(V_1 - V_2)M_{NaOH} \times 10^{-3}}{m \times \dfrac{20}{200}} \times 100\%$$

$$w_{Na_2CO_3} = \frac{c_{HCl}V_2 M_{Na_2CO_3} \times 10^{-3}}{m \times \dfrac{20}{200}} \times 100\%$$

② $V_1 < V_2$，碳酸钠中含有碳酸氢钠

$$w_{Na_2CO_3} = \frac{c_{HCl}V_1 M_{Na_2CO_3} \times 10^{-3}}{m \times \dfrac{20}{200}} \times 100\%$$

$$w_{NaHCO_3} = \frac{c_{HCl}(V_2 - V_1)M_{NaHCO_3} \times 10^{-3}}{m \times \dfrac{20}{200}} \times 100\%$$

③ $V_1 = V_2$，只含有碳酸钠

$$w_{Na_2CO_3} = \frac{c_{HCl}V_2 M_{Na_2CO_3} \times 10^{-3}}{m \times \dfrac{20}{200}} \times 100\%$$

　　按照上述分段滴定操作步骤进行 2～3 次滴定实验,根据实验所得数据算出测定结果的平均值,并写出实验报告(报告的形式由同学各自拟定)。

五、数据记录与处理

总碱度标定结果

记录内容	Ⅰ	Ⅱ	Ⅲ
倾出前瓶与基准物质量/g			
倾出后瓶与基准物质量/g			
碱灰质量/g			
甲基橙变色时体积/mL			
酚酞变色时体积/mL			
滴定开始时体积/mL			
滴定消耗总体积 V_0/mL			
酚酞变色消耗体积 V_1/mL			
甲基橙变色消耗体积 V_2/mL			
总碱度/%			
平均碱度/%			

六、思考题

1. 碱灰试样称取量 1.0000～1.4000g 是怎样计算出来的。

2. 在碱灰中 Na_2CO_3、$NaOH$ 和 $NaHCO_3$ 三者是否可能共同存在？说明理由。

3. 在进行碳酸钠的分段滴定过程中,为什么先加酚酞指示剂,后加甲基橙指示剂？可否倒过来加入使用？说明理由。

4. 计算 $0.1mol \cdot L^{-1}$ HCl 分段滴定 $c_{\frac{1}{2}Na_2CO_3} = 0.1mol \cdot L^{-1}$ 溶液时滴定前及化学计量点时溶液的 pH 值为多少？

5. 本实验中为什么要把试样溶解成 200mL 后再吸出 20mL 进行滴定？为什么不直接称取 0.1000～0.14000g 进行滴定？

实验七　EDTA 的配制与水的总硬度的测定

一、实验目的

1. 熟悉配位滴定法及其操作条件。

2. 学习用 EDTA 测定水的总硬度的原理和方法。

3. 掌握铬黑 T 指示剂的应用,了解金属指示剂的特点。

二、实验原理

天然水中含有各种可溶性的钙盐和镁盐,水的硬度就是由于这些盐类的存在而引起的。水的硬度的测定可分为水的总硬度的测定和钙、镁硬度的测定两种。总硬度的测定是滴定钙、镁总量,并以钙进行计算。

水的总硬度可用配位滴定法进行测定。即在 pH＝10 的氨性缓冲溶液中,以铬黑 T 为指示剂,用 EDTA 标准溶液进行滴定,溶液颜色由酒红色转变为纯蓝色即为终点。由 EDTA 溶液的浓度和用量可算出水的总硬度。

水的硬度的表示方法有很多,随各国的习惯而有所不同。本书采用我国目前常用的表示方法：以每升水中含 10mg 氧化钙（CaO）为 1 硬度单位。

三、实验仪器和试剂

仪器　250mL 锥形瓶,25mL 滴定管。

试剂 $0.02mol \cdot L^{-1}$ EDTA 标准溶液（自行配制）；EDTA 标准溶液通常采用间接法配制。标定 EDTA 溶液的基准物有 Zn、ZnO、$CaCO_3$、Bi、Cu、$MgSO_4 \cdot 7H_2O$、Ni、Pb 等。一般选用与被测物具有相同组成的优级纯的物质作为基准物，这样，标定和测定的条件一致，可减少误差。pH=10 的氨缓冲溶液：见 6.12 节。铬黑 T 指示剂：铬黑 T 固体与 NaCl 按 1:100 研混。

四、实验内容

1. $0.02mol \cdot L^{-1}$ EDTA 标准溶液配制

在台秤上称取 EDTA 3.0g，倒入试剂瓶中，加 400mL 蒸馏水，溶解，摇匀备用。

2. EDTA 标定

用减量法准确称取 $MgSO_4 \cdot 7H_2O$ 三份（其质量按消耗 20mL 左右 $0.02mol \cdot L^{-1}$ EDTA 溶液计，请自己计算），置于 3 支 250mL 锥形瓶中，加 40mL 蒸馏水，加入 5mL 氨缓冲溶液，加固体铬黑 T 指示剂少许溶解、摇匀；用 EDTA 标准溶液缓慢滴定，并充分振摇。滴定至溶液由酒红色转变为纯蓝色即为终点。

3. 水总硬度测定

量取澄清水样 100mL（用什么量器？为什么？），置于 250mL 锥形瓶中，加入 5mL 氨缓冲溶液，加固体铬黑 T 指示剂少许溶解、摇匀；用 EDTA 标准溶液缓慢滴定，并充分振摇。滴定至溶液由酒红色转变为纯蓝色即为终点。

五、数据记录与处理

1. EDTA 标定

EDTA 标定结果

$$\left(c_{EDTA} = \frac{m \times 1000}{246.47V} \right)$$

记录内容	I	II	III
倾出前瓶与基准物质量/g			
倾出后瓶与基准物质量/g			
基准物 $MgSO_4 \cdot 7H_2O$ 质量/g			
滴定终点的体积/mL			
滴定开始时体积/mL			
滴定消耗体积/mL			
EDTA 浓度/$mol \cdot L^{-1}$			
平均浓度/$mol \cdot L^{-1}$			

2. 水硬度测定

水硬度（°）$= c_{EDTA} V_{EDTA} M_{CaO}$

记录内容	I	II	III
水样体积/mL	100.0	100.0	100.0
EDTA 平均浓度/$mol \cdot L^{-1}$			
滴定终点的体积/mL			
滴定开始时体积/mL			
滴定消耗体积/mL			
水硬度/(°)			
平均水硬度/(°)			

六、注意事项

配位反应的速率较慢（不像酸碱反应可瞬间完成），滴定时加入 EDTA 溶液的速度不能太快。特别是临近终点时，应逐滴加入，并充分振摇。

七、思考题

1. 配位滴定法与酸碱滴定法相比有哪些不同点？操作时应注意哪些问题？
2. 用 EDTA 法怎样测出水的总硬度？如何得到钙硬和镁硬？何为永久硬度及暂时硬度？
3. 若水样中混有 Fe^{3+} 或 Al^{3+}，用铬黑 T 作指示剂，将发生什么现象？

实验八　重铬酸钾法测铁盐中铁含量（氧化还原滴定法）

一、实验目的

1. 熟悉重铬酸钾法测铁的基本原理和分析方法。
2. 学习用直接法配制重铬酸钾标准溶液的方法。
3. 了解预氧化还原的目的和方法。

二、实验原理

用 $K_2Cr_2O_7$ 溶液滴定 Fe^{2+} 的方法测定合金、矿石、金属盐类等的含铁量时，有很大的应用价值。

试样溶解后生成 Fe^{3+}，必须用还原剂将它预先还原，才能用氧化剂 $K_2Cr_2O_7$ 溶液滴定。一般常用 $SnCl_2$ 作还原剂：

$$2FeCl_3 + SnCl_2 \Longrightarrow 2FeCl_2 + SnCl_4$$

多余的 $SnCl_2$ 用 $HgCl_2$ 除去：

$$SnCl_2 + 2HgCl_2 \Longrightarrow SnCl_4 + Hg_2Cl_2 \downarrow （银丝状）$$

然后在酸性介质中用 $K_2Cr_2O_7$ 溶液滴定生成的 Fe^{2+}，以二苯胺磺酸钠为指示剂。由于滴定过程中生成黄色的 Fe^{3+}，影响终点的正确判断，故加入 H_3PO_4 使与 Fe^{3+} 结合成无色的 $[Fe(PO_4)_2]^{3-}$ 配离子，这样既消除了 Fe^{3+} 的黄色影响，又降低了 Fe^{3+}/Fe^{2+} 电对的电极电位（为什么?），使电位突跃增大。

三、实验仪器和试剂

仪器　250mL 锥形瓶，25mL 滴定管，250mL 容量瓶。

试剂　固体 $K_2Cr_2O_7$（优级纯），10％ $SnCl_2$ 溶液（现用现配），硫磷混酸（浓硫酸 150mL 与磷酸 100mL 混合后溶于 700mL 蒸馏水中），$6mol \cdot L^{-1}$ HCl，饱和 $HgCl_2$ 溶液，0.2％二苯胺磺酸钠溶液。

四、实验内容

1. $0.02mol \cdot L^{-1}$ $K_2Cr_2O_7$ 标准溶液的配制

用直接法配制 200mL $0.02mol \cdot L^{-1}$ $K_2Cr_2O_7$ 标准溶液（自己拟订方案），你配制的溶液的准确浓度为多少？

2. 铁盐中铁含量的测定

精确称取铁盐试样 $0.6000 \sim 0.6900g$，放入 250mL 烧杯中，加 $6mol \cdot L^{-1}$ HCl 溶液 $15 \sim 20mL$，加热至试样溶解。趁热滴加 $SnCl_2$ 溶液至 Fe^{3+} 的黄色刚好完全消除，再多加 $1 \sim 2$ 滴 $SnCl_2$ 溶液，冷却后再加入饱和 $HgCl_2$ 溶液 10mL（必须一下全部加入），以氧化稍过量的 $SnCl_2$。静置片刻后充分搅拌，溶液内出现银丝状的白色沉淀，加入 100mL 水稀释，再加硫磷混酸 20mL，滴加二苯胺磺酸钠指示剂 $5 \sim 6$ 滴，立即用 $K_2Cr_2O_7$ 标准溶液进行滴定，至溶液呈蓝紫色为止。

五、注意事项

1. $SnCl_2$ 试剂过量不可过多，当溶液中淡黄色刚刚褪去，再多加 1～2 滴即可。

2. 加入 $HgCl_2$ 溶液后，如无沉淀出现，说明 $SnCl_2$ 试剂可能不足；如沉淀非银丝状，则是 $SnCl_2$ 试剂过量太多。两种情况均告失败，必须弃去重做。

六、思考题

1. 加入硫磷混酸的目的何在？

2. 还原后的 Fe^{2+} 为何必须立即滴定？

实验九 硫代硫酸钠溶液的配制与标定

一、实验目的

1. 掌握 $Na_2S_2O_3$ 溶液的配制方法和保存条件。

2. 理解碘量法的基本原理，掌握间接碘量法的测定条件。

二、实验原理

结晶 $Na_2S_2O_3 \cdot 5H_2O$ 一般都含有少量的杂质，如 S、Na_2SO_4、Na_2SO_3、Na_2CO_3 及 NaCl 等，同时还容易风化和潮解。因此，不能用直接法配制其标准溶液。

$Na_2S_2O_3$ 溶液易受空气和微生物等的作用而分解。

（1）与溶解 CO_2 的作用 $Na_2S_2O_3$ 在中性或碱性溶液中较稳定，当 pH<4.6 时即不稳定，溶液中含有 CO_2 会促进 $Na_2S_2O_3$ 分解：

$$Na_2S_2O_3 + H_2O + CO_2 \longrightarrow NaHCO_3 + NaHSO_3 + S\downarrow$$

此分解作用一般发生在溶液配成后的最初十天内。分解后一分子 $Na_2S_2O_3$ 变成一分子 $NaHSO_3$，一分子 $Na_2S_2O_3$ 能和一个碘原子作用，而一分子 $NaHSO_3$ 却能和两个碘原子作用，因此从反应能力看溶液浓度增加了。以后由于空气的氧化作用，溶液浓度又慢慢减少了。

$NaHSO_3$ 在 pH=9～10 时溶液最为稳定，在 $Na_2S_2O_3$ 溶液中加入少量 Na_2CO_3（使其在溶液中的浓度>0.02%），可防止 $Na_2S_2O_3$ 的分解。

（2）与空气中的氧气作用

$$2Na_2S_2O_3 + O_2 \Longrightarrow 2Na_2SO_4 + 2S\downarrow$$

（3）与微生物作用

$$Na_2S_2O_3 \xrightarrow{\text{细菌}} Na_2SO_3 + S\downarrow$$

这是使 $Na_2S_2O_3$ 分解的主要原因。为避免微生物的分解作用，可加入少量 HgI_2（$10mg \cdot L^{-1}$）。为了减少溶解在水中的 CO_2 和杀死水中的微生物，应用新煮沸冷却后的蒸馏水配制溶液。

日光能促进 $Na_2S_2O_3$ 溶液的分解，所以 $Na_2S_2O_3$ 溶液应贮存于棕色试剂瓶中，放置于暗处。经 8～14d 后再进行标定，长期使用的溶液应定期标定。

标定 $Na_2S_2O_3$ 溶液的基准物有 $K_2Cr_2O_7$、KIO_3、$KBrO_3$ 和纯铜等，本实验使用 $K_2Cr_2O_7$ 基准物标定 $Na_2S_2O_3$ 溶液的浓度，$K_2Cr_2O_7$ 先与 KI 反应析出：

$$Cr_2O_7^{2-} + 6I^- + 14H^+ \Longrightarrow 2Cr^{3+} + 3I_2 + 7H_2O$$

析出的 I_2 再用 $Na_2S_2O_3$ 溶液滴定：$I_2 + 2S_2O_3^{2-} \Longrightarrow S_4O_6^{2-} + 2I^-$

这个标定方法是间接碘量法的应用实例。

三、实验仪器和试剂

仪器 碱式滴定管（25mL），移液管（25mL），洗耳球，烧杯（250mL），容量瓶

（250mL），带有磨口塞的锥形瓶或碘量瓶（250mL）。

试剂　$Na_2S_2O_3 \cdot 5H_2O$（分析纯），Na_2CO_3（分析纯），$K_2Cr_2O_7$（分析纯或优级纯），$6mol \cdot L^{-1}$ HCl，20%KI，0.2%淀粉溶液。

四、实验内容

1. 配制 $0.1mol \cdot L^{-1}$ 的 $Na_2S_2O_3$ 溶液

（1）计算出配制约 $0.1mol \cdot L^{-1}$ 的 $Na_2S_2O_3$ 溶液 500mL 所需要 $Na_2S_2O_3 \cdot 5H_2O$ 的质量。

（2）在台秤上称取所需 12.5g（如何计算？）$Na_2S_2O_3 \cdot 5H_2O$ 和 0.1g Na_2CO_3，放入小烧杯中，加入适量刚煮沸并已冷却的水使之溶解，并稀释至 500mL，混合均匀。贮藏在棕色细口瓶中，放置于暗处，8～10 天后再行标定。

2. $Na_2S_2O_3$ 溶液的标定

精确称取预先干燥过的 $K_2Cr_2O_7$ 基准试剂 0.1000～0.1100g 于 250mL 碘量瓶中，加蒸馏水 20～30mL，使之溶解。加入 5mL $6mol \cdot L^{-1}$ HCl 和 10mL 20%KI 溶液，摇匀后，盖好塞子，以防止 I_2 挥发而损失。在暗处放置 5min，然后加 50mL 蒸馏水稀释摇匀，立即用 $Na_2S_2O_3$ 溶液滴定，随滴随摇，待到溶液呈浅黄绿色时，加 5mL 0.2%淀粉溶液摇匀，此时溶液为深蓝色，继续滴入 $Na_2S_2O_3$ 溶液，直至蓝色刚刚变为亮绿色即为终点。

五、数据记录与处理

自拟表格，记下 $Na_2S_2O_3$ 溶液的体积，计算 $Na_2S_2O_3$ 溶液的浓度。

六、注意事项

1. $K_2Cr_2O_7$ 与 KI 的反应不是立刻完成的，在稀溶液中反应更慢，因此应等反应完成后再加水稀释。在上述条件下，大约经 5min 反应即可完成。

2. 生成的 Cr^{3+} 显蓝绿色，妨碍终点的观察。滴定前预先稀释，可使 Cr^{3+} 浓度降低，蓝绿色变浅，终点时由蓝变绿，容易观察。同时稀释也使溶液的酸度降低，适于用 $Na_2S_2O_3$ 滴定 I_2。

3. 滴定结束后的溶液放置后会再变蓝色。如果不是很快变蓝（经 5～10min），那就是由于空气氧化所致。如果很快而且又不断变蓝，说明 $K_2Cr_2O_7$ 与 KI 的作用在滴定前进行得不完全，溶液稀释得太早，遇此情况，实验应重做。

七、思考题

1. 标定 $Na_2S_2O_3$ 溶液时，加入的 KI 量要很精确吗？为什么？

2. 淀粉指示剂为什么一定要接近滴定终点时才能加入？加得太早或太迟有何影响？

3. 间接碘量法的主要误差来源是什么？应怎样消除？

4. 以下做法对标定有无影响？为什么？

① 某同学将基准物质加水后为加速溶解，用电炉加热后，未等冷却就进行下面的滴定。

② 某同学将三份基准物加水溶解后，同时都加入 5mL $6mol \cdot L^{-1}$ HCl 和 10mL 20%KI，然后一份一份滴定。

③ 到达滴定终点后，溶液放置稍久又逐渐变蓝，某同学又以 $Na_2S_2O_3$ 标准溶液滴定，将滴定所消耗的体积又加到原滴定所消耗的体积中。

④ 某同学在滴定过程中剧烈摇动溶液。

实验十　间接碘量法测铜（氧化还原滴定法）

一、实验目的

掌握碘量法测定铜的基本原理及操作条件。

二、实验原理

Cu^{2+} 与 I^- 的反应：

$$2Cu^{2+} + 4I^- \Longrightarrow 2CuI\downarrow + I_2$$

$$I_2 + I^- \Longrightarrow I_3^-$$

析出的 I_2 以淀粉为指示剂，用 $Na_2S_2O_3$ 标准溶液滴定，再计算出铜的含量。

为使上述反应进行得完全，必须加入过量的 KI，在此 KI 是还原剂、沉淀剂，又是配位剂（将 I_2 配合为 I_3^-，可减少 I_2 挥发而产生误差）。但 KI 浓度太大，会妨碍终点的观察。

由于 CuI 沉淀表面吸附 I_2，使分析结果偏低。为了减小 CuI 对 I_2 吸附，可在大部分 I_2 被 $Na_2S_2O_3$ 溶液滴定后加入 KSCN，使 CuI 转化为溶度积更小的 CuSCN（$K_{sp} = 4.8 \times 10^{-13}$）。

$$CuI + SCN^- \Longrightarrow CuSCN\downarrow + I^-$$

CuSCN 沉淀吸附 I_2 的倾向小，而且反应时再生出来的 I^- 与未反应的 Cu^{2+} 发生作用，可以使用较少的 KI 而能使反应进行得更完全。

为了防止铜盐水解，反应必须在酸性溶液中进行，酸度过低，Cu^{2+} 氧化 I^- 不完全，结果偏低，而且反应速率慢，终点拖长；酸度过高，则 I^- 被空气氧化为 I_2 的反应为 Cu^{2+} 催化，使结果偏高。

三、实验仪器和试剂

仪器　25mL 滴定管，250mL 碘量瓶。

试剂　$Na_2S_2O_3$ 标准溶液（0.1mol·L^{-1}）（以自行标定的为准），H_2SO_4（1mol·L^{-1}）溶液，20% KI 溶液，0.2% 淀粉溶液，10% KSCN 溶液。

四、实验内容

用减量称量法精确称取硫酸铜试样（自己计算应称取 $CuSO_4·5H_2O$ 的量），置于 250mL 碘量瓶中，加蒸馏水 50mL 和 1mol·L^{-1} H_2SO_4 5mL，使之溶解，加入 20% KI 溶液 5mL，放置 5min，用 $Na_2S_2O_3$ 标准溶液滴定至呈浅黄色。然后加入 5mL 0.2% 淀粉指示剂滴定至浅蓝色，再加入 10mL 10% KSCN 溶液，摇匀后溶液的蓝色转深（为什么？）。再用 $Na_2S_2O_3$ 标准溶液滴定到蓝色刚好消失为止，此时溶液为米色 CuSCN 悬浮液。

自己列出计算铜的质量分数的式子，并算出分析结果。

五、注意事项

测铜时，注意淀粉指示剂不要加入过早，否则终点不好观察。

六、思考题

1. 测铜含量时，为什么用硫酸酸化，而不用盐酸？
2. 本实验若不加 KSCN，将产生怎样的分析结果？

实验十一　高锰酸钾标准溶液的配制与标定

一、实验目的

1. 练习高锰酸钾标准溶液的配制及标定。
2. 通过实验加深对高锰酸钾法原理及滴定条件的理解。

二、实验原理

市售高锰酸钾含有少量杂质。$KMnO_4$ 是一个很强的氧化剂，易和水中的有机物、NH_3 等微量的还原物质作用，还原产生 Mn^{2+} 及 $MnO(OH)_2$，又促进 $KMnO_4$ 溶液的分解。同时热、光、酸、碱也能促进 $KMnO_4$ 溶液的分解。

$$4KMnO_4 + 2H_2O \Longrightarrow 4MnO_2 \downarrow + 3O_2 \uparrow + 4KOH$$

故通常先配制一近似浓度的溶液。经煮沸放置 7～10d 后过滤除去 MnO_2，再以基准物标定，本实验采用 $Na_2C_2O_4$ 为基准物，其反应如下：

$$2KMnO_4 + 5Na_2C_2O_4 + 8H_2SO_4 \xrightarrow{80℃}$$
$$K_2SO_4 + 2MnSO_4 + 5Na_2SO_4 + 8H_2O + 10CO_2 \uparrow$$

高锰酸钾系自身指示剂，不需要其他指示剂。

三、实验仪器和试剂

仪器　250mL 锥形瓶，25mL 滴定管，250mL 容量瓶，250mL 烧杯。

试剂　$KMnO_4$(s)，$Na_2C_2O_4$（分析纯或基准试剂），H_2SO_4（$3mol \cdot L^{-1}$）溶液。

四、实验步骤

1. 配制（近似浓度 $0.02mol \cdot L^{-1}$）溶液

用台天平称取 $KMnO_4$ 1.3g 放入小烧杯中，以 400mL 蒸馏水分次倒入，将 $KMnO_4$ 溶解，并将溶液全部转移到棕色细口瓶中，最后将剩余的全部倒入瓶中（不能用橡皮塞），摇匀，放置 7～10d 后过滤（除去 MnO_2 等杂质）。

2. 标定

精确称取纯 $Na_2C_2O_4$ 0.1300～0.1500g（如何计算？），放在 250～300mL 烧杯中，加蒸馏水 100mL 溶解并加 $3mol \cdot L^{-1}$ H_2SO_4 20mL 酸化，用温度计代替玻璃棒搅拌（注意：切勿把温度计碰坏），加热到 75～85℃，以酸式滴定管用 $KMnO_4$ 溶液滴定，直到溶液呈粉红色，在 30s 内不消失为止（滴定过程中注意观察自动催化现象），记下所消耗的 $KMnO_4$ 溶液的体积。如此重复 2～3 次。

3. 温度

在室温下，这个反应的速率缓慢，因此必须加热到 75～85℃ 时进行滴定，滴定完毕时，溶液的温度不低于 60℃，但是温度不宜过高，若高于 90℃ 会一部分 $H_2C_2O_4$ 分解。

$$H_2C_2O_4 \xrightarrow{\triangle} CO_2 \uparrow + CO \uparrow + H_2O$$

4. 酸度

溶液中应保持足够的酸度才能使反应能够正常进行，一般在开始时溶液的酸度为 0.5～$1mol \cdot L^{-1}$，滴定终了时的酸度为 0.2～$0.5mol \cdot L^{-1}$。酸度不够时，往往容易生成 $MnO_2 \cdot H_2O$ 沉淀，酸度过高时又会促进 $H_2C_2O_4$ 分解。

5. 滴定速度

滴定时的速度，特别是开始滴定时的速度不能太快，否则加入的 $KMnO_4$ 溶液来不及与 $C_2O_4^{2-}$ 反应，而在热的酸性溶液中分解，影响标定的准确度。

$$4MnO_4^- + 12H^+ \Longrightarrow 4Mn^{2+} + 5O_2 \uparrow + 6H_2O$$

6. 滴定终点的确定

终点时溶液中出现粉红色不能持久，因为空气中的还原性气体灰尘都能与 MnO_4^- 缓慢作用，使粉红色消失，所以滴定时溶液中出现粉红色在 30s 内不褪色即为终点。

五、计算

自行列出计算公式。

六、实验中注意事项

1. 温度计代替玻璃棒主要是为了测定温度，注意不要将温度计碰坏，以免造成损失，而使实验遭到失败。

2. $KMnO_4$ 氧化性强，其溶液应在酸式滴定管中。由于 $KMnO_4$ 颜色很深，不易看清溶液凹液面的最低点。因此应该从液面最高处读数。

七、思考题

1. 配制 400mL 溶液为什么称取固体 $KMnO_4$ 1.3g？在标定时为什么称取 $Na_2C_2O_4$ 的质量在 0.1300～0.1500g 之间？

2. $KMnO_4$ 标准溶液可否用直接法配制？

3. 用 $KMnO_4$ 溶液滴定 $Na_2C_2O_4$ 时为何开始时必须让首先加入的 2～3 滴 $KMnO_4$ 褪色后才继续滴加 $KMnO_4$ 溶液。

4. 此实验为什么必须在酸性溶液中进行？且必须用 H_2SO_4 酸化而不能用 HCl？

5. 为什么要加热，温度过高了有什么关系？（其结果是偏高还是偏低）。

实验十二　丁二酮肟镍重量法测定钢样中镍含量

一、实验目的

1. 学习有机沉淀剂在重量分析中应用。

2. 学习重量分析法操作技能。

二、实验原理

丁二酮肟分子式为 $C_4H_8O_2N_2$，相对分子质量为 116.2，是二元弱酸，以 H_2D 表示，在氨性溶液中以 HD^- 为主，与 Ni^{2+} 发生配合反应：

沉淀经过滤、洗涤，在 120℃ 下烘干恒重，称丁二酮肟镍沉淀的质量 $m_{Ni(HD)_2}$，则 Ni 的质量分数为：

$$w_{Ni} = \frac{m_{Ni(HD)_2} \frac{M_{Ni}}{M_{Ni(HD)_2}}}{m_{试样}}$$

丁二酮肟镍沉淀的条件是在 pH＝8～9 氨性溶液中。pH 值过小则生成 H_2D，沉淀易溶解，pH 值过高易形成 $Ni(NH_3)_4^{2+}$，同样增加沉淀的溶解度。

Fe^{3+}，Al^{3+}，Cr^{3+}，Ti^{3+} 在氨水中也生成沉淀，有干扰；Cu^{2+}，Cr^{2+}，Fe^{2+}，Pd^{2+} 亦可以形成配合物，产生共沉淀，加入柠檬酸或酒石酸掩蔽干扰离子。

三、实验仪器和试剂

仪器　G_4 微孔玻璃坩埚 2 个，分析天平，400mL 烧杯，表面皿，烘箱。

试剂　混合酸 $HCl+HNO_3+H_2O$（3:1:2），50% 酒石酸或柠檬酸溶液，丁二酮肟（1% 乙醇溶液），氨水（1:1），$2mol \cdot L^{-1}$ HNO_3，HCl（1:1），$0.1mol \cdot L^{-1}$ $AgNO_3$，氨-氯化铵洗涤液（100mL 水中加 1mL $NH_3 \cdot H_2O$＋1g NH_4Cl）钢样。

四、实验内容

称取钢样（含 Ni30～80mg）两份，分别置于 400mL 烧杯中，加入 20～40mL 混合酸，盖上表面皿，低温加热溶解后，煮沸除去氮的氧化物，加入 5～10mL50％酒石酸溶液（每克试样加 10mL），然后在不断搅动下，滴加 1∶1 NH$_3$·H$_2$O 至溶液 pH＝8～9，此时溶液转变为蓝绿色。如有不溶物，应将沉淀过滤，并用热的氨-氯化铵洗涤液洗涤 3 次，洗涤液与滤液合并。滤液用 1∶1 HCl 酸化，用热水稀释至 300mL，加热至 70～80℃，在搅拌下加入 1％丁二酮肟乙醇溶液（每毫克 Ni^{2+} 约需 1mL10％丁二酮肟溶液），最后再多加 20～30mL，但所加试剂的总量不要超过试液体积的 1/3，以免增大沉淀的溶解度。然后在不断搅拌下，滴加 1∶1 氨水至 pH＝8～9（在酸性溶液中，逐步中和而形成均相沉淀，有利于大晶体产生）。在 60～70℃下保温 30～40min（加热陈化），取下、冷却、用 G$_4$ 微孔玻璃坩埚进行减压过滤，用微氨性的 2％酒石酸洗涤烧杯和沉淀 8～10 次，再用温热水洗涤沉淀至无 Cl$^-$（用 AgNO$_3$ 检验），将沉淀与微孔坩埚在 130～150℃烘箱中烘 1h，冷却，称重，再烘干，冷却称量直至恒重，计算镍的质量分数。

五、思考题

1. 溶解试样时加氨水起什么作用？
2. 用丁二酮肟沉淀应控制的条件是什么？
3. 实验中丁二酮肟沉淀也可灼烧，试比较，灼烧与烘干的利弊。

实验十三　普通碳素钢中锰含量的测定（分光光度法）

一、实验目的

1. 了解分光光度计的基本结构，掌握其使用方法。
2. 学习分光光度法测定元素含量的方法。

二、实验原理

分光光度法的理论依据是朗伯-比耳定律：当一束平行单色光通过均匀的、非散射的吸光物质溶液时，溶液的吸光度与溶液浓度和液层厚度的乘积成正比。如果固定比色皿厚度，测定有色溶液的吸光度，则溶液的吸光度与浓度之间有简单的线性关系，可用标准曲线法进行定量分析。

普通碳素钢中锰含量约在 0.3％～0.8％之间，在硝酸中被分解：

$$Fe+4HNO_3 =\!=\!= Fe(NO_3)_3+NO\uparrow+2H_2O$$
$$3Mn+8HNO_3 =\!=\!= 3Mn(NO_3)_2+2NO\uparrow+4H_2O$$

在 Ag$^+$ 催化下，二价的锰可以被过硫酸铵氧化为＋7 价：

$$2Ag^++S_2O_8^{2-}+2H_2O =\!=\!= Ag_2O_2+2SO_4^{2-}+4H^+$$
$$2Mn^{2+}+5Ag_2O_2+4H^+ =\!=\!= 10Ag^++2MnO_4^-+2H_2O$$

于是就可依据生成的 MnO$_4^-$ 所呈现的紫色进行比色分析了。

三、实验仪器和试剂

仪器　721 分光光度计，100mL 锥形瓶，50mL 容量瓶，250mL 烧杯。

试剂　高锰酸钾溶液（0.0025mol·L^{-1}），硫磷混酸（H$_2$SO$_4$∶H$_3$PO$_4$∶H$_2$O＝1∶1∶16），硝酸（1∶3），15％过硫酸铵溶液（使用前配制），硝磷混酸（500mL 水中加浓 H$_3$PO$_4$ 30mL，浓 HNO$_3$ 60mL，AgNO$_3$ 2g，溶解后稀释至 1000mL）。

四、实验内容

1. KMnO$_4$ 吸收曲线的绘制

取原 KMnO$_4$ 溶液用硫磷混酸稀释至 0.00025mol·L^{-1}，再注入比色皿中，以蒸馏水为空白，在不同波长下测其吸光度，绘制吸收曲线，找出最大吸收波长。

2. $KMnO_4$ 工作曲线的绘制

取 5 个 50mL 容量瓶，按顺序编号，分别移入 $KMnO_4$ 溶液 1.00mL、2.00mL、3.00mL、4.00mL、5.00mL，以蒸馏水为空白，在最大吸收波长下分别测其吸光度，绘制工作曲线。

3. 试样分析

称取试样 0.0500g 于 100mL 锥形瓶中，加 1：3 硝酸 5mL，小火加热分解，煮沸驱除氮的氧化物；加过硫酸铵溶液 2mL，继续煮沸至小气泡停止发生，加硝磷混酸 10mL、过硫酸铵 5mL，加热煮沸，使 Mn^{2+} 完全氧化为 MnO_4^-，待小气泡停止发生，再煮沸 $1\sim2min$，冷却，稀释至 50mL 容量瓶中。

以测工作曲线相同的条件测其吸光度，从工作曲线上查出相应的 Mn 含量，计算钢中 Mn 的含量（以质量分数表示）。

五、思考题

1. 什么是吸收曲线？绘制吸收曲线的目的何在？
2. 测量吸光度时，为什么要用参比液？选择参比液的原则是什么？
3. 为什么绘制工作曲线和测定试样应在相同的条件下进行？这里主要指哪些条件？
4. 在选择标准系列的浓度时，应考虑哪些问题？

六、选作课题

以 $Cr_2O_7^{2-}$ 和 MnO_4^- 的吸收为例，验证吸光度的加和性。

实验十四　电位滴定法测定醋酸的浓度及其离解常数

一、实验目的

1. 学会用酸度计测定溶液的 pH 值，了解复合电极的结构和使用方法。
2. 掌握用电位滴定法测定醋酸浓度的原理和方法。
3. 学会绘制滴定曲线并由滴定曲线确定终点时的体积，计算含量和离解常数的原理和方法。

二、实验原理

在酸碱电位滴定过程中，随着滴定剂的不断加入，被测物与滴定剂发生反应，绘制溶液的 pH-V 或 $\Delta pH/\Delta V$-V 曲线，由曲线确定滴定的终点，或根据滴定数据，由二阶微商法计算出滴定终点。

以 NaOH 标准溶液滴定 HAc 时，反应方程式为：

$$HAc + OH^- \rightleftharpoons Ac^- + H_2O$$

当被滴定了一半时，溶液中 $[Ac^-] = [HAc]$

HAc 在水溶液中的离解常数 K_a 为：

$$K_a = \frac{[H^+][Ac^-]}{[HAc]}$$

因此，当 HAc 被滴定 50% 时溶液 pH 值即为 pK_a 值。

三、实验仪器与试剂

仪器　pHS-3C 型酸度计，201 复合电极，电磁搅拌器。

pHS-3C 型酸度计实质上就是一个电位计，既可测量电池的电动势，也可直接利用对 H^+ 有选择性响应的玻璃电极，直接测定溶液的 pH 值。

试剂　$0.1mol \cdot L^{-1}$ NaOH 标准溶液，$0.1mol \cdot L^{-1}$ HAc 溶液，pH＝4.00 邻苯二甲

酸氢钾标准缓冲溶液［称取在 115℃±5℃下烘干 2～3h 的邻苯二甲酸氢钾（$KHC_8H_4O_4$）10.21g，溶于蒸馏水，容量瓶中稀释至 1L］，pH＝6.86 磷酸盐标准缓冲溶液［分别称取在 115℃±5℃下烘干 2～3h 的磷酸氢二钠（Na_2HPO_4）3.533g 和磷酸二氢钾（KH_2PO_4）3.40g，溶于蒸馏水，在 1000mL 容量瓶中稀释至刻度］。

四、实验步骤

（1）酸度计预热 20min 后，按照使用说明书安装电极，调节零点，标定仪器。

（2）准确移取 HAc 试液 20.00mL 于 50mL 烧杯中，加蒸馏水 10mL，放入搅拌磁子，插入电极。注意玻璃电极下端球泡应比甘汞电极稍高一些，以保护球泡免被碰碎。

（3）打开磁力搅拌器开关，待电表指针稳定后记下试液的 pH 值。然后，用 NaOH 标准溶液滴定，并测定各观察点的 pH 值。开始可以每滴加 2mL 或 1mL 测一次，在突变附近时，每滴加 0.2mL 或 0.1mL 测定一次，突变过后再逐渐增加滴加量以减少测量次数，至 pH 值无明显变化为止。

五、数据处理

1. 绘制 pH-V 及 $\Delta pH/\Delta V$-V 曲线，求出滴定终点，并计算 HAc 试液的浓度。
2. 用二阶微商法确定滴定终点，并计算 HAc 试液的浓度。
3. 计算醋酸的 pK_a 值并与文献值比较。

六、思考题

1. 电位法测定溶液 pH 值的原理是什么？为什么要用已知 pH 值的标准缓冲溶液校正？
2. 测定酸的 pK_a 值的准确度如何？与文献值有无差异？为什么？
3. 用酸碱电位滴定法能否分别滴定下列混合物中的各组分（假定浓度相等）？

（1）HCl＋HAc

（2）H_2SO_4＋HAc

（3）H_2SO_4＋H_3PO_4

（4）Na_2CO_3＋$NaHCO_3$

它们的 pH-V 曲线的特点如何？

七、选作课题

1. 磷酸或顺丁烯二酸的电位滴定。
2. 硼酸的电位滴定（线性滴定法）。

实验十五　离子选择性电极法测定水中微量氟

一、实验目的

1. 掌握用离子选择性电极测定微量离子的原理和方法。
2. 了解总离子强度调节缓冲溶液的意义和作用。
3. 学会标准曲线法和标准加入法测定水中微量氟的方法。

二、实验原理

离子选择性电极是一种电化学传感器，它将溶液中特定离子的活度转换成相应的电位。当 F^- 浓度在 $1\sim10^{-6}$ mol·L^{-1} 范围时，氟电极电位与 pF 呈线性关系，可用标准曲线或标准加入法进行测定。能与 F^- 生成稳定配合物或难溶沉淀的元素（如 Al、Fe、Ca、Mg 等）会干扰测定，通常可用柠檬酸钠、EDTA、磺基水杨酸及大多数弱酸盐等掩蔽。

溶液的酸度对氟电极的测定有影响。在酸性溶液中，H^+ 与部分 F^- 形成 HF 或 HF_2^-，会降低 F^- 的浓度；在碱性溶液中，LaF_3 薄膜与 OH^- 发生交换作用而使测定值偏高。测定溶液的 pH 值宜为 5～7。

测定时必须使用总离子强度调节缓冲液（TISAB）。总离子强度调节缓冲液通常由惰性电解质、pH 缓冲液和掩蔽剂组成，可以起到控制一定的离子强度和酸度及掩蔽干扰离子等多种作用。

三、实验仪器与试剂

1. 仪器

测氟离子实验装置，pHS-3C 型数字酸度计的测定装置见图 4-10。

图 4-10　pHS-3C 型数字酸度计的测定装置

1—前面板；2—显示屏；3—电极梗插座；4—温度补偿调节旋钮；5—斜率补偿调节旋钮；6—定位调节旋钮；
7—选择旋钮（pH 或 mV）；8—测量与转换电极插座；9—参比电极插座；10—铭牌；11—保险丝；
12—电源开关；13—电源插座；14—电极梗；15—电极夹；16—甘汞电极；17—离子选择电极；
18—电源线；19—短路插头 Q；20—电极插转换器；21—转换器插座；22—磁力搅拌器

当酸度计用来测定离子浓度时，只要换上相应的离子选择电极，根据离子选择电极的电极电位值（mV）与被测物浓度关系，测其浓度。

（1）测电位值（mV）

① 按下 mV 键，接上氟离子选择电极和甘汞电极。

② 用蒸馏水清洗电极，用滤纸吸干。

③ 把电极插在被测溶液内，开动磁力搅拌器，将溶液搅匀，即可读出该离子选择电极的电极电位（mV），并自动显示正、负极性。

（2）测量值（基本同 pHS-2C 操作）

① 插上电极，按下 pH 按键，将斜率调节旋钮按顺时针旋到底（即调到 100%）。

② 先把电极用蒸馏水清洗，并用滤纸吸干，然后把电极插在标定用的已知 pH 的缓冲溶液中，调节温度补偿调节旋钮 4 使所指示的温度与溶液的温度相同，并开动磁力搅拌器使溶液搅拌均匀。

③ 调节定位调节旋钮 6，使仪器读数为标定用的缓冲溶液的 pH 值。

④ 将电极夹向上移，用蒸馏水清洗电极头部，并用滤纸吸干。

⑤ 把电极插入被测溶液内，开动磁力搅拌器，待溶液均匀后读出该溶液的 pH 值。

2. 试剂

0.0100mol·L⁻¹ 氟标准溶液（称取在 120℃干燥 2h 的 NaF 0.150g，溶于 100mL 煮沸的水中，加入 50mL TISAB，冷却后转移至 250mL 容量瓶中，稀释至刻度。此溶液浓度为 0.01mol·L⁻¹，贮于塑料瓶中）。

TISAB：于 1000mL 烧杯中，加入 500mL 蒸馏水和 57mL 冰醋酸、58g NaCl 及 12g 柠檬酸钠，搅拌至溶解，将烧杯置于冷水浴中，缓慢滴加 6mol·L⁻¹ NaOH 溶液，直至溶液的 pH 值为 5.0～5.5，冷却至室温，转入 1000mL 容量瓶中，用蒸馏水稀释至刻度。

四、实验内容

1. 标准曲线法

(1) 吸取 0.0100mol·L⁻¹ 氟标准溶液 1mL、3mL、5mL、7mL、9mL 于 100mL 容量瓶中，分别加入 20mL TISAB，用蒸馏水稀释至刻度，摇匀。上述溶液浓度分别为 1.00×10^{-4} mol·L⁻¹、3.00×10^{-4} mol·L⁻¹、5.00×10^{-4} mol·L⁻¹、7.00×10^{-4} mol·L⁻¹、9.00×10^{-4} mol·L⁻¹。

(2) 将氟标准系列溶液由低浓度到高浓度逐个倒入测量杯中，将准备好的氟离子选择性电极和甘汞电极浸入溶液中，在电磁搅拌器中搅拌数分钟后，停止搅拌，读取平衡电位。注意每次更换溶液时，应以滤纸吸干电极上的原溶液。

(3) 在坐标纸上做 mV-pF 图，即工作曲线或标准曲线。

(4) 吸取试样 25mL 移入 100mL 容量瓶中，加入 20mL TISAB 溶液，用蒸馏水稀释至刻度，摇匀。在与测绘工作曲线相同的条件下，读取电位值 E_1。根据 E_1 从工作曲线上查出离子浓度，再计算试样中氟的含量。

2. 标准加入法

吸取试样 25mL 移入 100mL 容量瓶中，加入 20mL TISAB 溶液，再向该容量瓶中准确加入浓度为 1.00×10^{-2} mol·L⁻¹ 的氟标准溶液 1.00mL，用蒸馏水稀释至刻度，摇匀。测其平衡电位值 E_2。根据 E_1 和 E_2 计算试样中氟的含量。

五、思考题

1. 氟电极响应的是氟离子的浓度还是活度？
2. 实验中为什么要加入 TISAB？它是由哪些成分组成的？各起什么作用？
3. 直接电位法定量测定的方法有几种？试比较各种方法的优缺点及应用条件？

实验十六　排放水中铜、铬、锌及镍的测定（AAS 法）

一、实验目的

1. 掌握原子吸收分光光度法的基本原理。
2. 了解原子吸收分光光度计的基本构造，学习其操作及分析方法。
3. 学习排放水中铜、铬、锌和镍的测定方法。

二、实验原理

不同元素有一定波长的特征共振线，铜的灵敏线为 324.8nm，铬的灵敏线为 357.9nm。每种元素的原子蒸气对辐射光源的特征共振线有强烈的吸收，其吸收程度与试液中待测元素的浓度成正比，符合比耳定律。吸光度与待测元素的浓度关系可表示为：

$$A = K'c$$

式中，K' 为在一定的实验条件下为常数。

利用 A 与 c 的关系，用已知不同浓度的待测离子标准溶液测出不同的吸光度，绘制成标准曲线。再测定试液的吸光度，从标准曲线上可查出试液中待测元素的含量。

不同元素的空心阴极灯用作锐线光源时，能辐射出不同的特征谱线。因此，用不同的元素灯，可在同一试液中分别测定几种不同元素，彼此干扰较少。这体现了原子吸收光谱分析法的优越性。

三、实验仪器和试剂

1. 仪器

WYX-402C 原子吸收分光光度计，主机具有内置微机系统，所有工作条件可以通过微感功能开关设定。其面板上的各功能键分布如图 4-11 所示。

图 4-11　WYX-402C 原子吸收分光光度计

1—总电源开关；2—灯电源开关；3—燃烧器高度调节旋钮；4—通带选择旋钮；5—波长选择；
6—波长选择手轮；7—控制显示功能盘；8—打印；9—通光透镜；10—燃气调节；11—助燃气调节

① 检查仪器各主要操作环节是否正常，并置于应有位置。

② 安装所需空心阴极灯，打开电源开关，通过液晶屏显示，选择能量调节功能，将所需灯电流设置相应挡，使灯预热 30min。

③ 启动空气压缩机及稳压乙炔发生器（具体操作见说明书）。

④ 初调灯位及外光路，适当选择狭缝。

⑤ 接好废液桶，用空白水喷雾到水封确定位，而后用滤纸将燃烧器缝口残液吸净。

⑥ 打开通风。

⑦ 点燃火焰，调整燃气流量到所需火焰状态，并预热燃烧器。

⑧ 选择分析条件，依次完成标准样品及测定样品的测定。

⑨ 工作结束时，首先熄灭火，切断燃气源，将乙炔放空，再切断压缩机电源，稍后关闭助燃气针形阀。

⑩ 将程序退回主目录能量调节挡，将高压、电流放到最低挡，关闭电源。

2. 试剂

金属铜，金属锌，重铬酸钾，硝酸镍（均为优级纯），氯化铵，硝酸，盐酸等（均为分析纯），去离子水。

铜标准溶液：溶解 1.000g 纯金属铜于 15mL 1:1 硝酸中，转入容量瓶，用蒸馏水稀释至 1000mL。此溶液 1.00mL 含铜 1.00mg。

铬标准溶液：溶解重铬酸钾 2.828g 于 200mL 去离子水中，转入容量瓶中，加 1:1 硝酸 3mL，用去离子水稀释至 1000mL。此溶液 1.00mL 含铬 1.00mg。

锌标准溶液：溶解 1.000g 纯金属锌于 20mL 1:1 硝酸中，用去离子水稀释至 1000mL。此溶液 1.00mL 含锌 1.00mg。

镍标准溶液：溶解 4.953g $Ni(NO_3)_2 \cdot 6H_2O$ 于 200mL 去离子水中，转入容量瓶中，加 1：1 硝酸 3mL，用去离子水稀释至 1000mL。此溶液 1.00mL 含镍 1.00mg。

混合标准溶液：准确吸取上述铜标准溶液 10mL、铬标准溶液 10mL、锌标准溶液 5mL、镍标准溶液 20mL 于 100mL 容量瓶中，用去离子水稀释至刻度。此混合溶液 1mL 中含铜 100μg、铬 100μg、锌 50μg、镍 200μg。

四、实验内容

1. 仪器操作条件

项　　目	铜	锌	镍	铬
波长/nm	324.8	213.9	232.0	357.9
灯电流/mA	3	4	8	8
光谱通带/nm	0.2	0.2	0.2	0.2
火焰	空气-乙炔	空气-乙炔	空气-乙炔	空气-乙炔
空气流量/L·min^{-1}	10.2	10.2	10.2	10.2
乙炔流量/L·min^{-1}	1.2	1.2	1.0	1.4

2. 标准曲线的绘制

吸取混合标准溶液 0.0mL、1.0mL、2.0mL、3.0mL、4.0mL、5.0mL，分别置于 6 支 50mL 容量瓶中，每瓶中加入 1：1 盐酸 10mL，用去离子水稀释至刻度。按仪器操作条件，测定某一种元素时应换用该种元素的空心阴极灯作光源。用 1% 盐酸调节吸光度为零，测定各瓶溶液中铜、锌、镍的吸光度。记录每种金属浓度和相应的吸光度。

测定铬时，先取 6 支 50mL 干燥的比色管（或烧杯），每管中加 0.2g 氯化铵，再分别加入上述 6 个容量瓶中不同浓度的标准混合溶液 20mL。待氯化铵溶解后，用 1% 盐酸调零。依次测定每瓶溶液中铬的吸光度，记录其浓度和相应的吸光度。

用坐标纸将铜、锌、镍、铬的含量（单位：μg）与相对的吸光度绘制出每种元素的标准曲线。

3. 排放水中铜、锌、镍和铬的测定

（1）取样　用硬质玻璃瓶或聚乙烯瓶取样。取样瓶先用 1：10 硝酸浸泡一昼夜，再用去离子水洗净。取样时，先用水样将瓶淌洗 2～3 次。然后立即加入一定量的浓硝酸（按每升水样加入 2mL 计算加入量），使溶液的 pH 值约为 1。

（2）试液的制备　取水样 200mL 于 500～600mL 烧杯中，加 1：1 盐酸 5mL，加热将溶液浓缩至 20mL 左右，转入 50mL 容量瓶中，用去离子水稀释至刻度，摇匀，用作测定试液。如有浑浊，应用快速定量干滤纸（滤纸应事先用 1：10 盐酸洗过，并用去离子水洗净、晾干），滤入干烧杯中备用。

（3）测定　测定某一元素时应用该元素的空心阴极灯。

铬的测定：于干燥的 50mL 比色管中，加 0.2g 氯化铵，加上述制成的试液 20mL，待其完全溶解后，按仪器操作条件用 1% 盐酸调零，测定铬的吸光度。

铜、锌和镍的测定：取制备试液，按仪器操作条件，用 1% 盐酸调零，分别测定铜、锌、镍的吸光度。

由标准曲线查出每种元素的含量 m，再根据水样体积 $V_水$ 计算出每种元素在原水样中的浓度 c：

$$c/\mathrm{mg}\cdot\mathrm{L}^{-1}=\frac{m/\mu\mathrm{g}}{V_水/\mathrm{mL}}$$

五、注意事项

1. 若水样中被测元素的浓度太低，则必须用萃取方法才能加以测定。萃取时可用吡咯烷二硫代氨基甲酸铵作萃取配合剂，用甲基异丁基酮作萃取剂，在萃取液中进行测定。

2. 若水样中含有大量的有机物，则需先消化除去大量有机物后才能进行测定。试液的制备方法如下：取 200mL 水样于 400mL 烧杯中，在电热板上蒸发至约 10mL，冷却，加入 10mL 浓硝酸及 5mL 浓高氯酸，于通风橱内消化至冒浓白烟。若溶液仍不清澈，再加少量硝酸消化，直到溶液清澈为止（注意! 消化过程中要防止蒸干）。消化完成后，冷却，加去离子水约 20mL，转入 50mL 容量瓶中，用去离子水稀释至刻度，此溶液即可用作为试液。

六、思考题

1. 用原子吸收光谱分析法测定不同的元素时，对光源有什么要求？
2. 为什么要用混合标准溶液来绘制标准曲线？
3. 测定铬时，为什么要加入氯化铵？它的作用是什么？
4. 从这个实验了解到原子吸收光谱分析法的优点在哪里？如果用比色法来测定水样中这四种元素，它和本方法比较，有何优缺点？

实验十七　气相色谱法测定苯的同系物

一、实验目的

1. 熟悉气相色谱分析法的基本原理及定量分析的基本操作。
2. 了解气相色谱仪的基本构造及分析流程。

二、实验原理

苯、甲苯、对二甲苯、邻二甲苯等称为苯同系物，可以采用气相色谱法进行分析，采用峰面积归一化法进行定量分析。

三、实验仪器

本实验所采用的仪器（见图 4-12），为北京北分瑞利公司提供的 SP-2100 型气相色谱仪，带有热导池、氢火焰离子化两种检测器，并附有程序升温装置。本实验以氢气为载气，采用热导池检测器。

图 4-12　仪器外形

仪器操作步骤如下：

① 打开氢气钢瓶总阀，调分压阀到 0.1MPa 后，检查气路是否漏气，检漏后将检漏液擦干净。

② 检查电路、气路无误后，打开仪器开关，按"状态 1 设定"按键切换到"设定"页面，按"←"或"→"和"↑"或"↓"按键，依次设定恒温、柱箱温度、进样器温度、检

测器温度、热丝温度，按"状态/设定"按键切换到"状态"页面，检查仪器的状态是否符合所设定的工作参数，当仪器的各个温度区达到设定的温度时，仪器显示"就绪"，预热 2h。

③ 打开计算机软件，选择谱图采集，观察基线是否稳定，当基线足够稳定后，按仪器前面板上"调零"按键，将基线调到零后，即可分析样品。

④ 测量完毕后，切断仪器的电源，打开柱箱门，使柱箱内冷却，最后关闭载气气源。

四、实验内容

1. 色谱柱的制备

（1）称取邻苯二甲酸二壬酯（DNP）1g 于蒸发皿中，加乙醚溶解；再将 20g 已烘干的 60～80 目红色载体倾入，所加乙醚以刚好浸过载体为宜。在红外灯下轻轻搅拌，使乙醚挥发至无醚气味为止。

（2）称取有机皂土（Bentone-34）1g 于蒸发皿中，加苯溶解；再将 20g 上述载体倾入，按（1）的条件操作至苯挥发干净。涂制后若有结块或过于破碎，用 60 目与 80 目两种筛子过滤，留取中间层。

（3）将上述涂制好的固定相等量混合，装入内径 3mm、长 1.2m 的不锈钢色谱柱中，在柱温稍高于使用温度的条件下，老化 4h。

2. 操作条件

温度：柱箱 100℃，检测室 150℃，汽化室 120℃；

载气：氢气，流速 100mL·min^{-1}；

检测器：热导池，桥流 150mA；

色谱柱：内径 3mm，柱长 1.2m，不锈钢；

固定相：60～80 目 6210 红色载体，邻苯二甲酸二壬酯，有机皂土，液载比 5%；

满屏时间：5min；

满屏量程：600～1000mV。

3. 测定

（1）取已知各组分质量分数的苯、甲苯、对二甲苯和邻二甲苯混合液 1μL 注入汽化室，根据定量结果给出的峰面积，求出校正因子。

（2）取试液 1μL 注入汽化室，用归一化法求出各组分的质量分数。

五、思考题

1. 校正因子的物理意义是什么？

2. 本实验为何可以采用归一化法原理测定各组分的含量？

3. 本实验中苯、甲苯、对二甲苯和邻二甲苯 4 组分的出峰顺序是如何？

实验十八　固体与液体有机化合物的红外光谱定性分析

一、实验目的

1. 了解红外吸收光谱的基本原理。

2. 初步掌握红外光谱测定的主要实验技术。

3. 学习用红外光谱图推断化合物的结构。

二、实验原理

所有的分子都是由化学键连接的原子组成的。当分子受到红外线照射时，则化学键产生伸缩振动和弯曲振动。此时所产生的红外吸收谱带的位置、强度、形状与化学键的性质有关，因而不同化合物中相同的基团，其吸收频率总是在一定范围内。化合物基团的这一特性即成为红外光谱定性分析的依据，因此可以用红外吸收光谱来推断样品化合物可能的结构。

三、制样方法

要获得一张质量较高的红外光谱图，除仪器本身的因素外，还需要具备两个条件：一是正确地操作仪器（选择操作条件）；二是要有适当的样品制备方法。样品的制备方法在红外光谱测试技术中占有重要地位。制样注意事项如下。

1. 样品必须纯化

混合样品测得的红外光谱呈加和性，即各组分的吸收谱带都会在红外光谱中呈现，因此在制样前必须分离，除去杂质。

2. 除去微量水分

红外吸收光谱对水是很敏感的。只要有极微量的水分存在于样品中，就会在 $3400cm^{-1}$ 附近出现强的—OH 基谱带，影响 N—H、C—H 等键的鉴定。

3. 样品的浓度和试样厚度要适当

一张好的红外光谱图，大部分吸收谱带的透过率在 $20\%\sim80\%$ 范围内。过低的浓度或过薄的厚度往往会使弱吸收谱带和中等强度谱带消失，不能得到一张完整的吸收光谱图。反之，吸收过强，则会产生平头峰，这样就不能测得该峰的极大值，而且该平头峰可能是相距很近的双峰，因平头而无法观测到。

4. 固体样品必须磨碎

样品颗粒一定不能太粗。如果太粗，在粒子表面散乱反射就较多，结果在高频区的透过率不好，测出的谱图基线也不好。

四、各种样品的制备

各种形态的样品制样方法不同，一般可分为三类（具体方法参见配套教材）：液体样品、固体样品、气体样品。

测试样品

1. $C_7H_6O_2$ 白色晶体   熔点：122℃
2. C_7H_8 无色液体   沸点：约110℃
3. $C_3H_8O_2$ 无色黏状液体   沸点：188.2℃
4. $C_8H_8O_3$ 白色晶体   熔点：125～128℃
5. $C_{16}H_{22}O_4$ 无色黏状液体   沸点：340℃

五、测试步骤

首先让仪器通电预热。当仪器升温到一定温度后，再稳定 15min 左右，使仪器达到充分热平衡后，选择仪器操作条件以满足测试要求。然后选择适当的制样方法将上述欲测试的样品进行制样，置于样品光路中，将基线调至 80% 左右，扫描，测得样品的红外光谱图。

六、谱图解析

由分子式求出不饱和度。由红外光谱的特征吸收谱带确定分子中存在的官能团和结构单元。根据分子式、不饱和度和其他物理、化学性质，组合结构单元，推出样品分子可能的结构式。最后将所测得的红外光谱与标准红外光谱进行对照，以确定所推结构式是否正确。将以上结果写在实验报告上。

实验十九　不同介质中苯、苯酚和胺的紫外光谱的测定

一、实验目的

1. 掌握紫外-可见分光光度计的操作方法。

2. 绘制苯、苯酚和胺的紫外光谱图，并用实验数据计算出 λ_{max} 和 ε_{max}，指出各谱带的归属。

3. 观察不同介质对这些化合物紫外光谱的影响，并作出解释。

二、实验原理

紫外-可见分光光度计的工作原理参见教材。

目前广泛使用的各种型号的紫外-可见分光光度计的光学系统大部分如图 4-13 所示。

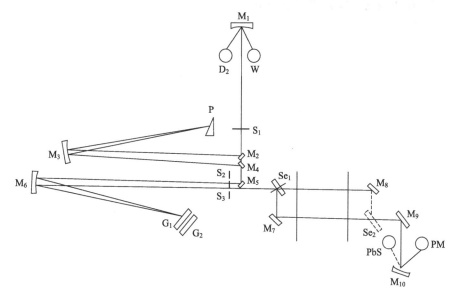

图 4-13　日立 UV340 型紫外-可见分光光度计

W—钨灯；D_2—氘灯；M_1—凹面反射镜；S_1—入射狭缝；M_2,M_4,M_5,M_6,M_7,M_8,M_9—平面反射镜；

M_3,M_{10}—准直镜；P—棱镜；G_1,G_2—光栅；S_2,S_3—中间狭缝；Se_1,Se_2—扇形旋转镜；PM—光电倍增管；PbS—PbS 管

　　可见光由钨灯提供，紫外线由氘灯提供，按不同需要选用。光线反射到凹面光栅上进行色散分光和聚焦，经过入射狭缝到达一个以一定转速转动的切光器上，切光器交替地令分光的光束通过样品池和参比（空白）池。然后这两束光合并，在光电倍增器上给出一个交流信号。放大后送到一个显示或记录系统，即可获得光谱吸收强度信号。由凹面光栅或其他装置的连续转动即构成波长扫描。结合光谱的吸收强度变化就可获得紫外-可见光谱。

三、实验步骤

（1）紫外光谱的测定。按表 4-3 配制 6 种测试液。

表 4-3　紫外光谱测试溶液的配制

25mL 容量瓶编号	1	2	3	4	5	6
取用贮备液(2.50mL)	苯-正己烷	苯-乙醇	苯酚-乙醇	苯酚-乙醇	苯胺-乙醇	苯胺-乙醇
稀释溶剂	正己烷	乙醇	乙醇	$0.1mol \cdot L^{-1}$ NaOH 乙醇溶液	乙醇	$0.1mol \cdot L^{-1}$ HCl 乙醇溶液

（2）贮备液（准确浓度约 0.5g/L）和稀释溶剂由实验室事先准备。

（3）分别以各溶液的稀释溶剂为参比液，用 10mm 比色皿测定上述 6 种测试溶液的紫外光谱（扫描范围：200～400nm 或出现吸收峰的波长范围），并作如下比较和计算：

① 比较苯的正己烷溶液和苯的乙醇溶液的紫外光谱，指出它们的不同之处，为什么不同？

② 求出苯的 λ_{max} 和 ε_{max}。指出各吸收峰所属的吸收带类型及由何种跃迁所致？

③ 比较苯酚和苯酚-氢氧化钠溶液的紫外光谱。指出它们的差别并解释之。

④ 计算苯酚 λ_{max} 和 ε_{max}。

⑤ 比较苯胺和苯胺-HCl 溶液的紫外光谱。指出它们的差别并解释之。

⑥ 计算苯胺 λ_{max} 和 ε_{max}。

⑦ 将以上结果及解释写在实验报告中。

第5章

综合、研究性实验部分

实验一 无机未知物的定性鉴定

一、实验目的

1. 学习用化学方法判别未知纯物质的化学成分的方法。

2. 加深理解元素及其化合物的性质。

3. 综合练习阴、阳离子定性分析技术。

二、实验原理

对于无机未知物的鉴定,主要通过以下步骤进行。

(1) 观察物质的颜色、气味和外形。盐类一般为结晶形的固体,而加热会分解成氧化物固体。把少量固体放在干燥的试管中用小火加热,观察它是否会分解或升华。

(2) 物质溶解性试验。

① 在试管中加少量试样和 1mL 蒸馏水,放在水浴中加热,如果看不出它有显著的溶解,可取出上层清液放在表面皿上,小火蒸干,若表面皿上没有明显的残迹就可判断试样不溶于水。对可溶于水的试样,应检查溶液的酸碱性。

② 试样中不溶于水的部分依次用稀 HCl、浓 HCl、稀 HNO_3、浓 HNO_3 和王水试验它的溶解性,然后取最容易溶解的酸作为溶剂。

(3) 阳离子检测。将少量试样溶于少量蒸馏水中,如果试样不溶于水,则取少量试样,用尽量少的酸溶解,分为两部分(一部分用于阴离子检测),先检出 NH_4^+、Fe^{3+} 和 Fe^{2+},然后按阳离子系统分析的步骤检出各种阳离子。

(4) 阴离子检测。把清液移到另一支试管中,按阴离子分析步骤,检出各种阴离子。

三、实验仪器和试剂

仪器 离心机,酒精灯,试管,点滴板,表面皿,量筒。

试剂 H_2SO_4($2mol \cdot L^{-1}$),HCl($6mol \cdot L^{-1}$、$2mol \cdot L^{-1}$),HNO_3($6mol \cdot L^{-1}$、$2mol \cdot L^{-1}$),$NH_3 \cdot H_2O$($2mol \cdot L^{-1}$、$6mol \cdot L^{-1}$),$NaOH$($2mol \cdot L^{-1}$、$6mol \cdot L^{-1}$),乙醇(95%),NH_4Cl($2mol \cdot L^{-1}$、$3mol \cdot L^{-1}$),H_2O_2(3%),$K_4[Fe(CN)_6]$($0.1mol \cdot L^{-1}$),NH_4Ac($3mol \cdot L^{-1}$),$KMnO_4$($0.01mol \cdot L^{-1}$),KI($0.1mol \cdot L^{-1}$),$NaNO_2$($0.1mol \cdot L^{-1}$),$BaCl_2$($1mol \cdot L^{-1}$),$AgNO_3$($0.1mol \cdot L^{-1}$),淀粉溶液,丁二酮肟,pH 试纸。

四、实验步骤

（1）现有 3 种未知白色晶体：A 可能是 $NaNO_2$ 或 $NaNO_3$，B 可能是 $NaNO_3$ 或 NH_4NO_3，C 可能是 $NaNO_3$ 或 Na_3PO_4。试设计一操作程序将它们分别确认。

（2）试用最简单的方法鉴别下列固体物质：Na_2CO_3、$NaHCO_3$、Na_2SO_4、Na_2SO_3、Na_2SiO_4、$NaCl$、Na_3PO_4。

（3）判别下列 4 种固体金属氧化物：CuO，MnO_2，PbO_2，Co_2O_3。

要求画出鉴定步骤流程图、记录实验现象并写出反应方程式。

实验二　茶叶中微量元素的鉴定与定量测定

一、实验目的

1. 了解并掌握鉴定茶叶中某些化学元素的方法。

2. 学会选择合适的化学分析方法。

3. 掌握配合滴定法测茶叶中钙、镁含量的方法和原理。

4. 掌握分光光度法测茶叶中微量铁的方法。

5. 提高综合运用知识的能力。

二、实验原理

茶叶属植物类，为有机体，主要由 C，H，N 和 O 等元素组成，其中含有 Fe，Al，Ca，Mg 等微量金属元素。本实验的目的是要求从茶叶中定性鉴定 Fe，Al，Ca，Mg 等元素，并对 Fe，Ca，Mg 进行定量测定。

茶叶需先进行"干灰化"。"干灰化"即试样在空气中置于敞口的蒸发皿中，然后在坩埚中加热，把有机物经氧化分解而烧成灰烬。这一方法特别适用于生物和食品的预处理。灰化后，经酸溶解，即可逐级进行分析。

铁铝混合液中 Fe^{3+} 对 Al^{3+} 的鉴定有干扰。利用 Al^{3+} 的两性，加入过量的碱，使 Al^{3+} 转化为 AlO_2^- 留在溶液中，Fe^{3+} 则生成 $Fe(OH)_3$ 沉淀，经分离去除后，消除了干扰。

钙镁混合液中，Ca^{2+} 和 Mg^{2+} 的鉴定互不干扰，可直接鉴定，不必分离。

铁、铝、钙、镁各自的特征反应式如下：

$$Fe^{3+} + nKSCN(饱和) \longrightarrow Fe(SCN)_n^{3-n}(血红色) + nK^+$$

$$Al^{3+} + 铝试剂 + OH^- \longrightarrow 红色絮状沉淀$$

$$Mg^{2+} + 镁试剂 + OH^- \longrightarrow 天蓝色沉淀$$

$$Ca^{2+} + C_2O_4^{2-} \xrightarrow{HAc介质} CaC_2O_4(白色沉淀)$$

根据上述特征反应的实验现象，可分别鉴定出 Fe，Al，Ca，Mg 四个元素。

钙、镁含量的测定，可采用配合滴定法。在 pH＝10 的条件下，以铬黑 T 为指示剂，ED-TA 为标准溶液。直接滴定可测得 Ca、Mg 总量。若欲测 Ca、Mg 各自的含量，可在 pH＞12.5 时，使 Mg^{2+} 生成氢氧化物沉淀，以钙指示剂、EDTA 标准溶液滴定 Ca^{2+}，然后用差减法即得 Mg^{2+} 的含量。

Fe^{3+}，Al^{3+} 的存在会干扰 Ca^{2+}，Mg^{2+} 的测定，分析时可用三乙醇胺掩蔽 Fe^{3+} 与 Al^{3+}。

茶叶中铁含量较低，可用分光光度法测定。在 pH＝2～9 的条件下，Fe^{2+} 与邻菲罗啉能生成稳定的橙红色的配合物，该配合物的 $\lg K_稳 = 21.3$，摩尔吸收系数 $\varepsilon_{530} = 1.10 \times 10^4$。反应式如下：

$$3\ \text{(phen)} + Fe^{2+} = \left[\left(\text{phen}\right)_3 Fe\right]^{2+}$$

在显色前，用盐酸羟胺把 Fe^{3+} 还原成 Fe^{2+}，其反应式如下：

$$4Fe^{3+} + 2NH_2OH \cdot HCl \Longrightarrow 4Fe^{2+} + H_2O + 4H^+ + N_2O$$

显色时，溶液的酸度过高（pH<2），反应进行较慢；若酸度太低，则 Fe^{2+} 离子水解，影响显色。

三、实验仪器和试剂

仪器　煤气灯，研钵，蒸发皿，称量瓶，托盘天平，分析天平，中速定量滤纸，长颈漏斗，250mL、50mL 容量瓶，250mL 锥形瓶，50mL 酸式滴定管，3cm 比色皿，5mL、10mL 吸量管，721 型分光光度计。

试剂　1% 铬黑 T，6mol·L^{-1} HCl，2 mol·L^{-1} HAc，6 mol·L^{-1} NaOH，0.25 mol·L^{-1} $(NH_4)_2C_2O_4$，0.01 mol·L^{-1} EDTA（自配并标定），饱和 KSCN 溶液，0.010mg·L^{-1} Fe 标准溶液，铝试剂，镁试剂，25% 三乙醇胺水溶液，$NH_3 \cdot H_2O$-NH_4Cl 缓冲溶液（pH=10），HAc-NaAc 缓冲溶液（pH=4.6），0.1% 邻菲罗啉水溶液，1% 盐酸羟胺水溶液。

四、实验内容

1. 茶叶的灰化和试液的制备

取在 100~105℃ 下烘干的茶叶 7~8g 于研钵中捣成细末，转移至称量瓶中，称出称量瓶和茶叶的质量和，然后将茶叶末全部倒入蒸发皿中，再称空称量瓶的质量，差减得茶叶的准确质量。

将盛有茶叶末的蒸发皿加热使茶叶灰化（在通风橱中进行），然后升高温度，使其完全灰化，冷却后加 6 mol·L^{-1} HCl 10mL 于蒸发皿中，搅拌溶解（可能有少量不溶物）将溶液完全转移至 150mL 烧杯中，加水 20mL，再加 6 mol·L^{-1} $NH_3 \cdot H_2O$ 适量控制溶液 pH 为 6~7，使产生沉淀。并置于沸水浴加热 30min，过滤，然后洗涤烧杯和滤纸。滤液直接用 250mL 容量瓶盛接，并稀释至刻度，摇匀，贴上标签，标明为 Ca^{2+}，Mg^{2+} 试液（1#），待测。

另取 250mL 容量瓶一只于长颈漏斗之下，用 6 mol·L^{-1} HCl 10mL 重新溶解滤纸上的沉淀，并少量多次地洗涤滤纸。完毕后，稀释容量瓶中滤液至刻度线，摇匀，贴上标签，标明为 Fe^{3+} 试验（2#），待测。

2. Fe，Al，Ca，Mg 元素的鉴定

从 1# 试液的容量瓶中倒出试液 1mL 于一洁净的试管中，然后从试管中取液 2 滴于点滴板上，加镁试剂 1 滴，再加 6mol·L^{-1} NaOH 碱化，观察现象，作出判断。

从上述试管中再取试液 2~3 滴 于另一试管中，加入 1~2 滴 2mol·L^{-1} HAc 酸化，再加 2 滴 0.25mol·L^{-1} $(NH_4)_2C_2O_4$，观察实验现象，作出判断。

从 2# 试液的容量瓶中倒出试液 1mL 于一洁净试管中，然后从试管中取试液 2 滴于点滴板上，加饱和 KSCN 1 滴，根据实验现象，作出判断。

在上述试管剩余的试液中，加 6 mol·L^{-1} NaOH 直至白色沉淀溶解为止，离心分离，取上层清液于另一试管中，加 6 mol·L^{-1} HAc 酸化，加铝试剂 3~4 滴，放置片刻后，加 6mol·L^{-1} $NH_3 \cdot H_2O$ 碱化，在水浴中加热，观察实验现象，作出判断。

3. 茶叶中 Ca，Mg 总量的测定

从 1# 容量瓶中准确吸取试液 25mL 置于 250mL 锥形瓶中，加入三乙醇胺 5mL，再加入 $NH_3 \cdot H_2O$-NH_4Cl 缓冲溶液 10mL，摇匀，最后加入铬黑 T 指示剂少许，用 $0.01mol \cdot L^{-1}$EDTA 标准溶液滴定至溶液由红紫色恰变纯蓝色，即达终点，根据 EDTA 的消耗量，计算茶叶中 Ca，Mg 的总量。并以 MgO 的质量分数表示。

4. 茶叶中 Fe 含量的测量

（1）邻菲罗啉亚铁吸收曲线的绘制　用吸量管吸取铁标准溶液 0，2.0，4.0mL 分别注入 50mL 容量瓶中，各加入 5mL 盐酸羟胺溶液，摇匀，再加入 5mL HAc-NaAc 缓冲溶液和 5mL 邻菲罗啉溶液，用蒸馏水稀释至刻度，摇匀。放置 10min，用 3cm 的比色皿，以试剂空白溶液为参比溶液，在 721 型分光光度计中，从波长 420～600nm 间分别测定其光密度，以波长为横坐标，光密度为纵坐标，绘制邻菲罗啉亚铁的吸收曲线，并确定最大吸收峰的波长，以此为测量波长。

（2）标准曲线的绘制　用吸量管分别吸取铁的标准溶液 0，1.0，2.0，3.0，4.0，5.0，6.0mL 于 7 只 50mL 容量瓶中，依次分别加入 5.0mL 盐酸羟胺，5.0mL HAc-NaAc 缓冲溶液，5.0mL 邻菲罗啉，用蒸馏水稀释至刻度，摇匀，放置 10min。用 3cm 的比色皿，以空白溶液为参比溶液，用分光光度计分别测其光密度。以 50mL 溶液中铁含量为横坐标，相应的光密度为纵坐标，绘制邻菲罗啉亚铁的标准曲线。

（3）茶叶中 Fe 含量的测定　用吸量管从 2# 容量瓶中吸取试液 2.5mL 于 50mL 容量瓶中，依次加入 5.0mL 盐酸羟胺，5.0mL HAc-NaAc 缓冲溶液，5.0mL 邻菲罗啉，用水稀释至刻度，摇匀，放置 10min。以空白溶液为参比溶液，在同一波长处测其光密度，并从标准曲线上求出 50mL 容量瓶中 Fe 的含量，并换算出茶叶中 Fe 的含量，以 Fe_2O_3 质量分数表示之。

五、注意事项

1. 茶叶尽量捣碎，利于灰化。
2. 灰化应彻底，若酸溶后发现有未灰化物，应定量过滤，将未灰化的重新灰化。
3. 茶叶灰化后，酸溶解速度较慢时可小火略加热，定量转移要安全。
4. 测 Fe 时，使用的吸量管较多，应插在所吸的溶液中，以免搞错。
5. 1# 250mL 容量瓶试液用于分析 Ca、Mg 元素，2# 250mL 容量瓶用于分析 Fe、Al 元素，不要混淆。

六、思考题

1. 应如何选择灰化的温度？
2. 测定钙镁含量时加入三乙醇胺的作用是什么？鉴定 Ca^{2+} 时，Mg^{2+} 为什么会干扰？
3. 邻菲罗啉分光光度法测铁的作用原理如何？用该法测得的铁含量是否为茶叶中亚铁含量？为什么？
4. 欲测该茶叶中 Al 含量，应如何设计方案？
5. 试讨论，为什么 pH＝6～7 时，能将 Fe^{3+}、Al^{3+} 与 Ca^{2+}、Mg^{2+} 分离完全。
6. 通过本实验，你在分析问题和解决问题方面有何收获？请谈谈体会。

实验三　三草酸合铁（Ⅲ）酸钾的合成和组成分析

一、实验目的

1. 了解三草酸合铁（Ⅲ）酸钾的合成方法。

2. 掌握确定化合物化学式的基本原理和方法。

3. 巩固无机合成、滴定分析和重量分析的基本操作。

二、实验原理

三草酸合铁（Ⅲ）酸钾 $K_3[Fe(C_2O_4)_3] \cdot 3H_2O$ 为亮绿色单斜晶体，易溶于水而难溶于乙醇、丙酮等有机溶剂。受热时，在 110℃ 下可失去结晶水，到 230℃ 即分解。该配合物为光敏物质，光照下易分解。

本实验首先利用 $(NH_4)_2Fe(SO_4)_2$ 与 $H_2C_2O_4$ 反应制取 FeC_2O_4

$$(NH_4)_2Fe(SO_4)_2 + H_2C_2O_4 \Longrightarrow FeC_2O_4(s) + (NH_4)_2SO_4 + H_2SO_4$$

在过量 $K_2C_2O_4$ 存在下，用 H_2O_2 氧化 FeC_2O_4，即可制得产物：

$$6FeC_2O_4 + 3H_2O_2 + 6K_2C_2O_4 \Longrightarrow 4K_3[Fe(C_2O_4)_3] + 2Fe(OH)_3(s)$$

反应中产生的 $Fe(OH)_3$ 可加入适量的 $H_2C_2O_4$，将其转化为产物：

$$2Fe(OH)_3 + 3H_2C_2O_4 + 3K_2C_2O_4 \Longrightarrow 2K_3[Fe(C_2O_4)_3] + 6H_2O$$

利用如下的分析方法可测定该配合物中各组分的含量，通过推算便可确定其化学式。

1. 用重量分析法测定结晶水含量

将一定量产物在 125℃ 下干燥，根据质量减少的情况即可计算出结晶水的含量。

2. 用高锰酸钾法测定草酸根含量

$C_2O_4^{2-}$ 在酸性介质中可被 MnO_4^- 定量氧化，反应式为：

$$5C_2O_4^{2-} + 2MnO_4^- + 16H^+ \Longrightarrow 2Mn^{2+} + 10CO_2 \uparrow + 8H_2O$$

用已知浓度的 $KMnO_4$ 标准溶液滴定 $C_2O_4^{2-}$，由消耗 $KMnO_4$ 的量，便可计算出 $C_2O_4^{2-}$ 的含量。

3. 用高锰酸钾法测定铁含量

先用过量的 Zn 粉将 Fe^{3+} 还原为 Fe^{2+}，然后用 $KMnO_4$ 标准溶液滴定 Fe^{2+}：

$$Zn + 2Fe^{3+} \Longrightarrow 2Fe^{2+} + Zn^{2+}$$

$$5Fe^{2+} + MnO_4^- + 8H^+ \Longrightarrow 5Fe^{3+} + Mn^{2+} + 4H_2O$$

由消耗 $KMnO_4$ 的量，便可计算出 Fe^{3+} 的含量。

4. 确定钾含量

配合物减去结晶水、$C_2O_4^{2-}$、Fe^{3+} 的含量便可计算出 K^+ 含量。

三、仪器和药品

仪器　分析天平，烘箱。

试剂　H_2SO_4（$6mol \cdot L^{-1}$），$H_2C_2O_4$（饱和），$K_2C_2O_4$（饱和），H_2O_2（5%），C_2H_5OH（95% 和 50%），$KMnO_4$ 标准溶液（$0.02mol \cdot L^{-1}$），$(NH_4)_2Fe(SO_4)_2 \cdot 6H_2O$（s），Zn 粉，丙酮。

四、实验步骤

1. 三草酸合铁（Ⅲ）酸钾的合成

将 5g $(NH_4)_2Fe(SO_4)_2 \cdot 6H_2O$（s）溶于 20mL 去离子水中，加入 5 滴 $6mol \cdot L^{-1}$ H_2SO_4 酸化，加热使其溶解。在不断搅拌下再加入 25mL 饱和 $H_2C_2O_4$ 溶液，然后将其加热至沸，静置。待黄色的 FeC_2O_4 沉淀完全沉降后，用倾析法弃去上层清液，洗涤沉淀 2～3 次，每次用水约 15mL。

在上述沉淀中加入 10mL 饱和 $K_2C_2O_4$ 溶液，在水浴上加热至 40℃，用滴管缓慢地滴加 12mL 质量分数为 5% 的 H_2O_2 溶液，边加边搅拌并维持温度在 40℃ 左右，此时溶液中有

棕色的 $Fe(OH)_3$ 沉淀产生。加完 H_2O_2 后将溶液加热至沸，分两批共加入 8mL 饱和 $H_2C_2O_4$ 溶液（先加入 5mL，然后慢慢滴加 3mL），这时体系应该变成亮绿色透明溶液（体积控制在 30mL 左右）。如果体系浑浊，可趁热过滤。在滤液中加入 10mL 质量分数为 95% 的乙醇，这时溶液如果浑浊，微热使其变清。放置暗处，让其冷却结晶。抽滤，用质量分数为 50% 的乙醇溶液洗涤晶体，再用少量的丙酮淋洗晶体两次，抽干，在空气中干燥。称量，计算产率。产物应避光保存。

2. 组成分析

（1）结晶水含量的测定　自行设计分析方案测定产物中结晶水含量。

提示：

① 产物在 125℃ 下烘 1h，结晶水才能全部失去。

② 有关操作可参考"基本操作训练"单元。

（2）草酸根含量的测定　自行设计分析方案测定产物中 $C_2O_4^{2-}$ 含量。

提示：

① 用高锰酸钾滴定 $C_2O_4^{2-}$ 时，为了加快反应速率需升温至 $75\sim85℃$，但不能超过 85℃，否则，$H_2C_2O_4$ 易分解。

$$H_2C_2O_4 \Longrightarrow H_2O + CO_2 + CO$$

② 滴定完成后保留滴定液，用来测定铁含量。

（3）铁含量的测定　自行设计分析方案测定保留液中的铁含量。

提示：

① 加入的还原剂 Zn 粉需过量。为了保证 Zn 能把 Fe^{3+} 完全还原为 Fe^{2+}，反应体系需加热。Zn 粉除与 Fe^{3+} 反应外，也与溶液中 H^+ 反应，因此溶液必须保持足够的酸度，以免 Fe^{3+}、Fe^{2+} 等水解而析出。

② 滴定前过量的 Zn 粉应过滤除去。过滤时要做到使 Fe^{2+} 定量地转移到滤液中，因此过滤后要对漏斗中的 Zn 粉进行洗涤。洗涤液与滤液合并用来滴定。另外，洗涤不能用水而要用稀 H_2SO_4（为什么）？

（4）钾含量确定　由测得 H_2O、$C_2O_4^{2-}$、Fe^{3+} 的含量可计算出 K^+ 的含量，并由此确定配合物的化学式。

五、思考题

1. 合成过程中，滴完 H_2O_2 后为什么还要煮沸溶液？

2. 合成产物的最后一步，加入质量分数为 95% 的乙醇，其作用是什么？能否用蒸干溶液的方法提高产率？为什么？

3. 产物为什么要经过多次洗涤？洗涤不充分对其组成测定会产生怎样的影响？

4. $K_3[Fe(C_2O_4)_3] \cdot 3H_2O$ 可用加热脱水法测定其结晶水含量，含结晶水的物质能否都可用这种方法进行测定？为什么？

实验四　含铬废液的处理

一、实验目的

了解含铬废液的处理方法。

二、实验原理

铬化合物对人体的毒害很大，能引起皮肤溃疡、贫血、肾炎及神经炎。所以含铬的工业废水必须经过处理达到排放标准才准排放。

Cr(Ⅲ) 的毒性远比 Cr(Ⅵ) 小，所以可用硫酸亚铁石灰法来处理含铬废液，使 Cr(Ⅵ) 转化成 Cr(OH)$_3$ 难溶物除去。

Cr(Ⅵ) 与二苯碳酰二肼作用生成紫红色配合物，可进行比色测定，确定溶液中 Cr(Ⅵ) 的含量。Hg(Ⅰ，Ⅱ) 也与配合剂生成紫红色化合物，但在实验的酸度下不灵敏。Fe(Ⅲ) 浓度超过 1mg·L^{-1} 时，能与试剂生成黄色溶液，后者可用 H$_3$PO$_4$ 消除。

三、实验仪器和试剂

仪器　721 型分光光度计，抽滤装置，移液管（10mL，20mL），吸量管（10mL，5mL），比色管（25mL）。

试剂　含铬（Ⅵ）废液（0.1g·L^{-1}），混酸（15％ H$_2$SO$_4$＋15％ H$_3$PO$_4$＋70％ H$_2$O$_2$），FeSO$_4$·7H$_2$O（s），NaOH（6.0mol·L^{-1}），二苯碳酰二肼溶液［0.1g DPC 溶于 50mL 95％的乙醇中，立即加入 200mL 10％（体积比）H$_2$SO$_4$ 即可，低温避光保存］。

四、实验内容

1. 含铬废液处理

在含铬（Ⅵ）废液中逐滴加入 3mol/L H$_2$SO$_4$ 使呈酸性，然后加入 FeSO$_4$·7H$_2$O 固体（1.5～2.0g）充分搅拌使溶液中 Cr(Ⅵ) 转变成 Cr(Ⅲ)。加入 NaOH（6.0mol·L^{-1}），将溶液调至 pH 值近似为 9 生成 Cr(OH)$_3$ 和 Fe(OH)$_3$ 等沉淀，加热至 70℃左右，冷却后过滤，留取滤液备用。

2. 残留液的处理

将除去 Cr(OH)$_3$ 的滤液，在碱性条件下加入 H$_2$O$_2$，使溶液中残留的 Cr(Ⅲ) 转化为 Cr(Ⅵ)。然后加热除去过量的 H$_2$O$_2$。

3. 标准曲线的绘制

Cr(Ⅵ) 贮备液 0.01mmol·L^{-1} 是将 0.2828g 重铬酸钾溶于一定量的蒸馏水中，转移到 1000mL 的容量瓶中，用蒸馏水稀释至刻度，摇匀备用。

用吸量管或移液管分别量取 0.00、0.50mL、1.00mL、1.50mL、2.00mL、2.50mL、3.00mL 上面配制的 Cr(Ⅵ) 标准溶液，加入 6 个 25mL 的比色管中，加 5 滴混酸（H$_3$PO$_4$：H$_2$SO$_4$＝1：1），摇匀后再分别加入 15mL 二苯碳酰二肼溶液，再摇匀。用水稀释至刻度。用分光光度计、以 540nm 波长、2cm 比色皿测定各溶液的吸光度，绘制标准曲线。

4. Cr(Ⅵ) 的测定

取净化后滤液 10mL 放入 25mL 比色管，分别加入 10 滴混酸，1.5mL DPC 溶液，稀释至 25mL 刻度，放置 5min 测吸光度，利用标准曲线算出 Cr(Ⅵ) 浓度。

五、思考题

1. 本实验中加入 NaOH 后，首先生成的是什么沉淀？
2. 在实验内容步骤 2 中，为什么要除去过量的 H$_2$O$_2$？

实验五　废烂板液的综合利用

一、实验目的

了解废烂板液的综合利用方法。

二、实验原理

用于印刷电路的腐蚀液又称烂板液，通常是三氯化铁溶液、盐酸与过氧化氢的混合液。腐蚀印刷电路的废铜板时发生反应如下：

$$Cu+2FeCl_3 \xrightarrow{40\sim60℃} 2FeCl_2+CuCl_2$$

$$Cu+H_2O_2+2HCl \xrightarrow{\quad} 2H_2O+CuCl_2$$

腐蚀后的废液（废烂板液）含有大量铜的化合物，回收 Cu 有一定经济价值。

废烂板液中，主要组成为 $CuCl_2$，$FeCl_2$ 与过剩的 $FeCl_3$，因此，回收铜的简单方法是加入铁，发生铁置换铜反应形成金属铜，加入铁粉发生如下反应

$$CuCl_2+Fe \xrightarrow{\quad} Cu+FeCl_2$$

$$2FeCl_3+Fe \xrightarrow{\quad} 3FeCl_2$$

经分离取得金属铜，溶液经蒸发结晶为 $FeCl_2 \cdot 4H_2O$。氯化亚铁通常制成 4 种化合物，它的不同水合物转化温度如下：

$$FeCl_2 \cdot 2H_2O \xrightarrow{76.5℃} FeCl_2 \cdot 4H_2O \xrightarrow{123℃} FeCl_2 \cdot 6H_2O$$

分离后制得铜，Cu 在高温炉中灼烧成 CuO，用 H_2SO_4 溶解制取 $CuSO_4 \cdot 5H_2O$ 试剂。

另可将分离铜的溶液浓缩蒸发，结晶出 $FeCl_2 \cdot 4H_2O$ 晶体，亦可将 $FeCl_2$ 加氯氧化后制得 $FeCl_3$，再作烂板液原料。

铁与盐酸反应生成 $FeCl_2$，必须再由氯氧化得 $FeCl_3$，反应如下：

$$2FeCl_2+Cl_2 \xrightarrow{\quad} 2FeCl_3$$

固体三氯化铁易溶于水，在空气中易潮解，$FeCl_3 \cdot 6H_2O$ 熔点为 37℃，100℃ 即已挥发。三氯化铁在工业上除用作烂板液外，亦用于有机合成的氧化剂及制备其他铁盐，医药上用作止血剂。本实验用回收的氯化亚铁经氯氧化制成三氯化铁溶液，产品要求氯化亚铁基本氧化，以 $K_3[Fe(CN)_6]$ 检查时基本无蓝色沉淀。

设计废烂板液综合利用方案，首先测定废烂板液中铜及铁的含量，以便计算回收率及估算回收时需加入各种试剂的量。

三、实验仪器和试剂

仪器 10mL、100mL 烧杯，抽滤装置，蒸发皿，移液管（10mL、20mL），吸量管（10mL、5mL），比色管（50mL），250mL 容量瓶，滴定管，锥形瓶和滴液漏斗装置的氯气发生器。

试剂 酸：HCl（$1mol \cdot L^{-1}$、$2mol \cdot L^{-1}$、$6mol \cdot L^{-1}$、浓），H_2SO_4（$1mol \cdot L^{-1}$、$6mol \cdot L^{-1}$），浓 HNO_3；盐：$1mol \cdot L^{-1}$ KSCN，$KMnO_4$（s），$KMnO_4$ 标准溶液，$0.1mol \cdot L^{-1}$ 溶液包括 $CuSO_4$、$SnCl_2$、Na_2WO_4、$TiCl_3$、$K_3[Fe(CN)_6]$。

其他：废烂板液，8% H_2O_2，Fe 粉。

四、实验内容

1. 废烂板液组成测定

在废烂板液中 $FeCl_3$ 浓度为 $2\sim2.5mol \cdot L^{-1}$，$FeCl_2$ 为 $2\sim2.5mol \cdot L^{-1}$，$CuCl_2$ 浓度为 $1\sim1.3mol \cdot L^{-1}$。自行设计铜、铁含量的测定方法。

① 铜含量测定　Cu^{2+} 可用碘量法测定，铁离子干扰可用配合掩蔽，亦可用配合滴定法测定。

② 铁含量测定　可用 $KMnO_4$ 法测定，亦可用配合滴定法。

2. 铜和氯化亚铁回收

（1）工艺流程

（2）操作步骤

① 取三氯化铁废腐蚀液（废烂板液）100mL 于烧杯中，溶液一般为绿色或棕色，无浑浊，若有浑浊可滴加 6mol·L^{-1} HCl 约 1mL 至溶液澄清。

② 加铁粉 5～6g 于溶液中，并不断搅拌，直至铜全部置换及 Fe^{3+} 被还原为 Fe^{2+} 为止，溶液呈透明的青绿色。

③ 抽滤，滤渣（铜粉混有少量杂质）移至烧杯中，加水 20mL 及 6mol·L^{-1} HCl 2mL 浸泡，以除去多余的铁粉，滤液移至蒸发皿，加铁粉 1g，加热、蒸发、浓缩，直至液面出现少许晶膜为止。迅速趁热抽滤，溶液移入烧杯后用冷水冷却结晶，即得 $FeCl_2 \cdot 4H_2O$（注意：溶液在蒸发过程中若出现浑浊变黄，则滴加 6mol·L^{-1} HCl 搅拌使之澄清）。

④ 若第二次抽滤的滤渣仍有铜粉，则与第一次的合并，回收，加酸浸泡铜粉除去多余的铁后（沉渣应无黑色，无气泡放出）抽滤水洗并尽量吸干，称量（湿重）后，盛于干净的试管中，留作制备 $CuSO_4 \cdot 5H_2O$ 用。

⑤ $FeCl_2 \cdot 4H_2O$ 结晶后，倾出母液，晶体用一张滤纸吸干，称量后，盛于干净的试管中密封，留作制备 $FeCl_3$ 用（母液同时保留用于制备 $FeCl_3$）。

⑥ 产品纯度检查（三价铁含量测定）取少量（一小粒）自制 $FeCl_2 \cdot 4H_2O$ 结晶（约 1g）于 10mL 小烧杯中，加 10mL H_2O 溶解，转移至 50mL 比色管中，加入 1mol·L^{-1} HCl 5 滴，加 1mol·L^{-1} KSCN 2 滴，后用蒸馏水稀释至刻度，与标准液比较。Fe^{3+} 含量 <0.001% 则为一级品（GR），Fe^{3+} 含量 <0.005% 则为二级品（AR），Fe^{3+} 含量 <0.02% 为三级品（CR）。

（3）结果　制备所得

① 铜粉 =_____ g　回收率_____

② $FeCl_2 \cdot 4H_2O$ =_____ g

③ $FeCl_2$ 母液 =_____ mL

④ $FeCl_2 \cdot 4H_2O$ 纯度_____级

3. 三氯化铁的制备

（1）工艺流程

$$FeCl_2 \cdot 4H_2O \xrightarrow[100mL]{H_2O} 溶液于锥形瓶中 \xrightarrow[每秒1～2气泡]{通\,Cl_2} 至溶液变棕色$$

（2）实验步骤

① 将以上实验所得的 $FeCl_2 \cdot 4H_2O$ 晶体与保留的母液一起加水至 100mL，搅拌使之溶解盛于锥形瓶中。

② 用锥形瓶和滴液漏斗装置氯气发生器。取 $KMnO_4$ 4g 于锥形瓶中，浓 HCl 60mL 于分液漏斗中。氯气引出管插入盛 $FeCl_2$ 溶液的锥形瓶中（图 5-1）。

③ 发生氯并控制氯发生速度，使逸出的氯气气泡每秒 1～2 个，以便 $FeCl_2$ 溶液完全吸收。不断摇动溶液，直至溶液变棕，氯气明显不被吸收为止。

④ 测量制得的溶液浓度及纯度

a. 取 1mL 溶液于试管中，加入 0.1mol·L^{-1} $K_3[Fe(CN)_6]$ 2 滴，检查 Fe^{2+} 的氧化情况。

b. $FeCl_3 \cdot 6H_2O$ 浓度测定。吸取适量 $FeCl_3$，

图 5-1　用氯气氧化 $FeCl_2$

溶液于 250mL 容量瓶中稀释至刻度，摇匀。

吸取 $FeCl_3 \cdot 6H_2O$ 25.00mL 于锥形瓶中，加 $6mol \cdot L^{-1}$ HCl，加热至棕黄，滴加 $SnCl_2$ 至淡黄，加 1mL Na_2WO_4，滴加 $TiCl_3$，生成钨蓝。加 H_2O 20mL，$CuSO_4$ 2 滴，冷却至蓝色消失。用 $KMnO_4$ 标准溶液滴定至淡红色，记下消耗 $KMnO_4$ 标准溶液的体积 V_{KMnO_4}。

请自行拟定分析方案。

(3) 结果

$FeCl_3$ 的溶液量_____ mL；$FeCl_3$ 的溶液浓度_____ $g \cdot mL^{-1}$；$FeCl_3$ 的剩余量_____ mL。

五、思考题

1. 怎样选择烂板液中铜、铁含量测定方法，不同方法有何利弊？请比较？
2. $FeCl_2 \cdot 4H_2O$ 纯度检查不合格则应怎样处理才能是提高纯度？
3. 怎样测定硫酸铜中的铁含量？请自行设计方案。
4. $FeCl_2$ 氯化时是否有过剩 Cl_2 逸出？应怎样处理？
5. 请自行设计 $Fe^{2+} + Fe^{3+}$ 混合液测定方法？

实验六　利用废铜和工业硫酸制备五水硫酸铜

一、实验目的

1. 掌握铜、五水硫酸铜的性质。
2. 了解以废铜和工业硫酸为主要原料制备 $CuSO_4 \cdot 5H_2O$ 的原理和方法。
3. 掌握无机制备过程中的灼烧、水浴加热、减压过滤、结晶等基本操作。

二、实验原理

$CuSO_4 \cdot 5H_2O$ 俗名胆矾、蓝矾。是蓝色三斜晶系晶体，在干燥空气中缓慢风化，溶于水和氨液，难溶于无水乙醇。在不同温度下，可以发生下列脱水反应

$$CuSO_4 \cdot 5H_2O \xrightarrow{375K} CuSO_4 \cdot 3H_2O \xrightarrow{386K} CuSO_4 \cdot H_2O \xrightarrow{531K} CuSO_4 \xrightarrow{923K} CuO + SO_3$$

失去五个结晶水的 $CuSO_4$ 为白色粉末，其吸水性很强，吸水后即显出特征的蓝色，可利用这一性质检验某些有机溶剂中的微量水分，也可以用无水 $CuSO_4$ 除去有机物中少量水分（作干燥剂）。

$CuSO_4 \cdot 5H_2O$ 的制备方法有很多种，常用的有氧化铜法、废铜法、电解液法、白冰铜法、二氧化硫法。本实验选择以废铜和工业硫酸为主要原料制 $CuSO_4 \cdot 5H_2O$。先将铜屑灼烧成氧化铜，然后再与稀 H_2SO_4 反应

$$2Cu + O_2 \xrightarrow{灼烧} 2CuO(黑色)$$
$$CuO + H_2SO_4 \longrightarrow CuSO_4 + H_2O$$

由于本实验选用的是废铜和工业硫酸为原料，所以得到的 $CuSO_4$ 溶液中还含有其他杂质，不溶性杂质可过滤除去，可溶性杂质为 Fe^{2+} 和 Fe^{3+}，通常先用氧化剂（如 H_2O_2）将 Fe^{2+} 氧化为 Fe^{3+}，然后调节溶液的 pH 至 3（注意：不能使 $pH \geqslant 4$，否则会析出浅蓝色碱式硫酸铜沉淀，影响产品的质量和产率），再加热煮沸，使 Fe^{3+} 水解为 $Fe(OH)_3$，过滤除去。反应如下

$$2Fe^{2+} + 2H^+ + H_2O_2 \longrightarrow 2Fe^{3+} + 2H_2O$$

$$Fe^{3+}+3H_2O \xrightarrow[\triangle]{pH=3} Fe(OH)_3(s)+3H^+$$

除去杂质后的 $CuSO_4$ 溶液，再加热蒸发，冷却结晶，减压抽滤，即可得到蓝色的 $CuSO_4 \cdot 5H_2O$。

$CuSO_4 \cdot 5H_2O$ 用途广泛，它是制备其他含铜化合物的重要原料，在工业上用于镀铜和制颜料，还是农业上的杀虫剂，木材的防腐剂。

三、实验仪器和试剂

仪器　托盘天平，瓷坩埚，泥三角，坩埚钳，烧杯（100mL），量筒（10mL），酒精灯，蒸发皿，滤纸，剪刀。

试剂　Cu 粉（实验五的产品，LR 或工业纯），H_2SO_4（$3mol \cdot L^{-1}$，工业纯），$K_3[Fe(CN)_6]$（$0.1mol \cdot L^{-1}$），H_2O_2（3%），$CuCO_3$（s）（CP），广泛 pH 试纸。

四、实验内容

1. 氧化铜的制备

在托盘天平上称取 3.0g 废铜粉，放入预先洗净、干燥的瓷坩埚（或蒸发皿）中，将坩埚置于泥三角上，用煤气灯的氧化焰小火微热，将 Cu 粉干燥后，加大火焰高温灼烧，并不断搅拌，搅拌时用坩埚钳夹住坩埚。灼烧至 Cu 粉完全转化为黑色 CuO（约 20min。若用酒精灯加热，则需 30～40min），停止加热并冷却至室温（注意：煤气灯用毕后先关闭空气孔，再关闭煤气调节阀，最后关紧总阀门）。

2. 粗 $CuSO_4$ 溶液的制备

冷却后的 CuO 倒入 100mL 小烧杯中，加入 18mL $3mol \cdot L^{-1}$ H_2SO_4（工业纯），微热使 CuO 溶解，过滤，得粗 $CuSO_4$ 溶液。检验溶液中是否存在 Fe^{2+}（如何检验？）。

3. $CuSO_4$ 溶液的精制

在粗 $CuSO_4$ 溶液中，滴加 3% H_2O_2 2mL，将溶液加热，检验溶液中是否存在 Fe^{2+}。当 Fe^{2+} 完全氧化后，慢慢加入 $CuCO_3$ 粉末，同时不断搅拌，直到溶液 pH=3（为什么？）。在此过程中，要不断用 pH 试纸检验溶液的 pH 值。再加热至沸腾（为什么？），趁热减压抽滤，滤液转移至洁净的 100mL 烧杯中。

4. $CuSO_4 \cdot 5H_2O$ 晶体的制备

在精制后的 $CuSO_4$ 溶液中，慢慢滴加 $3mol \cdot L^{-1}$ H_2SO_4，调节溶液 pH=1，将滤液转移至洁净的蒸发皿中，水浴加热蒸发至液面出现晶膜时停止。自然冷却至晶体析出，减压抽滤，晶体用滤纸吸干，称重。计算产率。

5. 成品检查

① GR 级，AR 级，CP 级三种铁标准色列，请自己拟定这三种标准色列配置方案。

② 硫酸铜纯度检查　将 1g 精制结晶硫酸铜放入 100mL 小烧杯中，用 10mL 纯水溶解，加入 1mL $1mol \cdot L^{-1}$ 硫酸酸化，然后加入 2mL 8% H_2O_2，煮沸片刻，使其中 Fe^{2+} 氧化成 Fe^{3+}。待溶液冷却后，在搅拌下滴加 1∶1 氨水，直至最初生成的蓝色沉淀完全溶解，溶液呈深蓝色为止。此时 Fe^{3+} 成为 $Fe(OH)_3$ 沉淀，而 Cu^{2+} 则成为 $[Cu(NH_3)_4]^{2+}$ 配离子。将此溶液分 4～5 次加到漏斗上过滤，然后用滴管以 $2mol \cdot L^{-1}$ 氨水洗涤沉淀，直至蓝色洗去为止。以少量纯水冲洗，此时 $Fe(OH)_3$ 黄色沉淀留在滤纸上。用滴管将 3mL $2mol \cdot L^{-1}$ HCl 滴在滤纸上，溶解 $Fe(OH)_3$，以纯水稀释至刻度，摇匀。与标准色列相比较颜色深浅，确定产品等级。

试剂 $CuSO_4 \cdot 5H_2O$ 杂质最高含量规定（GB 665—78）如下：

指　标	GR 级	AR 级	CP 级
水不溶物/%	0.002	0.005	0.01
氯化物/%	0.0005	0.001	0.002
氮化物/%	0.0025	0.001	0.003
铁/%	0.001	0.003	0.02
硫化氢不沉淀物(以硫酸盐计)/%	0.05	0.10	0.20

五、思考题

1. 为什么在精制后的 $CuSO_4$ 溶液中调节 pH=1 使溶液呈强酸性？

2. 列举从 Cu 制备 $CuSO_4$ 的其他方法，并加以评述。

实验七　氧化镁的制备——利用工业废渣制备氧化镁

一、实验目的

1. 了解制备金属氧化物的一般方法。学会制备氧化镁的一种方法。

2. 熟悉提纯固体物质的原理和方法，利用废物回收硝酸镁及消除镁渣对水源的污染。

3. 掌握溶解、过滤、洗涤、蒸发、结晶等基本操作，正确使用托盘天平、温度计和离心机。

4. 熟悉正确使用试剂，能对产品纯度进行简单定性检验。

二、实验原理

制备氧化镁（简称氧镁）有多种方法。

金属镁和氧气直接化合可以生成氧化镁，碳酸镁或硝酸镁加热分解也可得到氧化镁。

以菱镁矿（$MgCO_3$）为原料，制取氧化镁（或硝酸镁），除去不溶性杂质及 Fe^{3+}、Ca^{2+} 等可溶性杂质后，在氧化镁（或硝酸镁）溶液中加入碳酸铵或碳酸钠溶液，反应后生成碱式碳酸镁，碱式碳酸镁经灼烧即得氧化镁。

本实验是利用从镁渣中提取的硝酸镁［也可直接以 $Mg(NO_3)_2$］为原料，制取碱式碳酸镁，再经碱式碳酸镁热分解制得氧化镁，其反应如下：

$$5(NH_4)_2CO_3 + 5Mg(NO_3)_2 + 7H_2O \longrightarrow Mg(OH)_2 \cdot (MgCO_3)_4 \cdot 6H_2O + 10NH_4NO_3 + CO_2(g)$$

$$Mg(OH)_2 \cdot (MgCO_3)_4 \xrightarrow{800℃} 5MgO + H_2O + 4CO_2(g)$$

碱式盐在 600℃ 就发生分解，但分解不完全，且需要的时间长。

镁渣的主要成分是硝酸镁。杂质中以 Fe^{3+} 为主，此外含有 Ca^{2+}、Cr^{3+}、Mn^{2+}、Ni^{2+}、Cl^- 等可溶性杂质和不溶性杂质（如泥沙、碎瓷环等）。

根据物质溶解物的不同，不溶性杂质可用溶解和过滤的方法除去，Fe^{3+} 易水解生成 $Fe(OH)_3$ 沉淀，过滤除去。硝酸镁的溶解度随温度变化较大，少量可溶性杂质 Ca^{2+}、Mn^{2+} 等可用重结晶法除去。

氧化镁分重质氧化镁和轻质氧化镁两类，以视比容（1g 试样所占的体积，$cm^3 \cdot g^{-1}$）大小区分，如果视比容小于 $5cm^3 \cdot g^{-1}$ 者为重质氧化镁，视比容大于 $5cm^3 \cdot g^{-1}$ 者为轻质氧化镁。碱式碳酸镁经灼烧得到轻质氧化镁。它广泛应用于医药、橡胶、人造纤维、造纸、塑料、电气、化妆品等工业。

三、实验仪器和试剂

仪器　托盘天平，离心机，普通漏斗架，减压过滤装置一套，或酒精灯，三脚架，石棉网，铁架台及铁环，蒸发皿，点滴盘，温度计（0～150℃），烧杯（250mL，100mL），马弗炉，坩埚。

试剂　镁渣，$NaBiO_3$（s），HCl（$2mol \cdot L^{-1}$），HNO_3（$6mol \cdot L^{-1}$），$NH_3 \cdot H_2O$（浓、$2mol \cdot L^{-1}$），$K_4[Fe(CN)_6]$（$0.1mol \cdot L^{-1}$），KSCN（$0.1mol \cdot L^{-1}$）；$(NH_4)_2S$（$0.1mol \cdot L^{-1}$），$(NH_4)_2CO_3$（30%）。

材料：滤纸，剪刀，pH 试纸，天然气。

四、实验内容

1. 镁渣称取

在托盘天平上称取 50g 镁渣。

2. 溶解

把称好的镁渣倒在洗净的 250mL 烧杯中，用量筒量取 70mL 去离子水（水量过多或过少有什么问题?），倒入烧杯中，用玻璃棒搅拌，为了加速镁渣中可溶物的溶解和使 Fe(Ⅲ) 水解完全，并利于破坏胶体便于过滤分离，控制 pH>4，加热煮沸约 10min，趁热过滤，保留滤渣。

3. 过滤、洗涤

用普通漏斗过滤，使不溶物质（沉淀）和溶液分开，用 10mL 去离子水洗涤沉淀 2 次，收集滤液。

4. 蒸发、结晶

将上述所得滤液（取出 2mL 留作检查杂质用），倒入事先洗净的瓷蒸发皿中，用煤气灯或酒精灯直接加热，并用玻璃棒不断搅拌滤液，当溶液温度达到 120℃时，停止加热。冷却即有针状硝酸镁析出。

待冷却到室温时，用减压过滤法将晶体与滤液分开。将所得晶体（硝酸镁）称重（保存产品作为下次制氧化镁的原料），并按下式计算得率：

$$得率 = \frac{硝酸镁质量}{镁渣质量} \times 100\%$$

5. 硝酸镁产品纯度检验

定性地比较原料和产品中 Fe^{3+}、Ca^{2+}、Mn^{2+} 等杂质含量的情况，并将结果填入表 5-1 中。

表 5-1　比较结果

项　　目		Fe^{3+}	Ca^{2+}	Mn^2
原料	滤液			
	滤渣①			
产品				
母液				

① 检查滤渣中的 Fe^{3+}、Ca^{2+}、Mn^{2+} 时，需取少量的滤渣于试管中，加 2mL $6mol \cdot L^{-1}$ 的 HNO_3 使其溶解，然后取溶液分别检查。

总实验结果，对比杂质的含量比较产品的纯度，并说明不溶性杂质和可溶性杂质除去的方法。

6. 纯制硝酸镁

① 将上述实验所得硝酸镁重结晶 1～2 次。即将硝酸镁溶于去离子水中（如有不溶物应

过滤除去），然后蒸发，当溶液达到 $120℃$ 时冷却结晶。抽滤，得到硝酸镁晶体。

② 分析检验重结晶后的晶体及母液中的 Fe^{3+}、Ca^{2+}、Mn^{2+}（方法同前）的含量，并与重结晶前进行对比。

7. 合成碱式碳酸镁

① 将上述重结晶后的硝酸镁再加去离子水溶解（浓度约为 $1mol \cdot L^{-1}$），加热至沸，边搅拌边缓慢加入 30%（$(NH_4)_2CO_3$）溶液，待有大颗粒沉淀生成并不再溶解后，可快加 $(NH_4)_2CO_3$ 至终点（在上层清液中加入浓氨水不发生沉淀即可视为沉淀完全）停止加热。

② 趁热抽吸过滤，将滤饼转入烧杯中，用 $70～80℃$ 热水洗 $2～3$ 次（以除去 NH_4NO_3）。最后尽量抽干。

8. 灼烧制氧化镁

将上述沉淀 $Mg(OH)_2 \cdot (MgCO_3)_4 \cdot 6H_2O$ 放入瓷蒸发皿中炒干后，转移到坩埚中，再放入马弗炉中，在 $900℃$ 下灼烧 $3～6h$，冷却后检验是否分解完全（若产品的量很少，亦可放在瓷蒸发皿中用煤气灯加热炒干后，再继续灼烧 $30min$ 以上，直到分解完全为止）。

9. 氧化镁产品检验

① 取少量灼烧后已冷却的产品于试管中，先加去离子水少许，然后加入 $5～6$ 滴 $2mol \cdot L^{-1}$ HCl，观看有无气泡产生，若无气泡产生即证明分解完全。否则需要重新灼烧（或炒）。

② 将制得的氧化镁称重，记录外观，测试比容。

③ 检验 Fe^{3+}、Ca^{2+}。

五、思考题

1. 金属氧化物的制备，一般可采用哪些方法？
2. 怎样除去镁渣中的可溶性杂质和不可溶性杂质？
3. 如何检验 $Mg(NO_3)_2$ 是否完全转化为碳酸盐沉淀？
4. 本实验中能否用 Na_2CO_3 代替 $(NH_4)_2CO_3$？各有何利弊？
5. 制备 MgO 选用 $MgCO_3$ 或碱式碳酸镁分解有什么优点？为何不用 $Mg(NO_3)_2 \cdot 6H_2O$ 分解制备？

参考数据见表 5-2。一些阳离子的鉴定方法见 6.6 节。

表 5-2 硝酸镁的溶解度（g/100g H_2O）

温度/℃	0	10	20	30	40	50	60	70	80	90
溶解度	66.7	70	73.1	77.4	81.1	85.7	91.8	99.5	110.1	137.2

实验八 配合物磁化率的测定

一、实验目的

1. 了解磁化率的意义及其与配合物结构的内在联系。
2. 熟悉古埃（Gouy）法测定磁化率的实验原理和计算方法。
3. 学会测定物质的磁化率，进而推算中心离子未成对电子数并判断分子的空间构型。
4. 了解不同配体对相同中心离子的晶体场的影响。

二、实验原理

磁性是物质的基本性质之一，物质的性质可以反映物质的内部结构。测定磁性是研究物质结构的基本方法之一。在配合物化学中，通过测定物质的磁性，可以计算配合物分子中未成对的电子数，为研究配合物的化学键、空间构型及配合物的稳定性提供重要依据。

1. 物质的磁性

把一个待研究的物质放在一个非均匀的外磁场中，根据物质在外磁场中的不同表现将物质分为三类。

① 顺磁性。含有未成对电子的物质能被一个磁体吸引，该物质即是顺磁性的，所含的成单电子数越多则被磁场吸引的力越大。

② 反磁性。物质中各个电子的电子自旋磁矩和轨迹磁矩彼此相互抵消，总磁矩为零，该物质即为反磁性。或者说：如果物质中正自旋电子数和反自旋电子数相等（即电子皆为已成对），电子自旋所产生的磁效应相互抵消，该物质就表现为反磁性。所有的物质，内层轨道被成对电子占满，所以反磁性存在于所有物质中。顺磁性或反磁性又称为非铁磁性物质。

③ 铁磁性。铁磁性物质与顺磁性物质一样也含有单电子，但这种物质的磁性并不消失，呈现出滞后现象。我们熟悉的铁磁性物质有 Fe、Ni 等金属及其合金。

凡是能被磁场磁化的物质或能够对磁场发生影响的物质称为磁介质。磁介质一般分为非铁磁性物质和铁磁性物质。

2. 物质的磁化率和磁矩

① 磁化强度。假如一个物质放到外磁场中，物质内部的磁场和外部的磁场不同。物质置于磁场强度为 H 的外磁场中，物质被磁化，可以产生一种附加磁场，这种现象称为介质的磁化。磁介质被磁化后，物质内部的磁场强度 B（即磁感应强度）的大小取决于外磁场强度 H 和附加磁场强度 H'，即

$$B = H + H' \tag{1}$$

H 与 H' 的方向可以相同，也可以不同。在均匀的磁介质中若两者方向相同（实验的 $H' > 0$），此磁介质为顺磁性物质；若两者方向相反（实验的 $H' < 0$），此磁介质为反磁性物质。一般反磁性物质与大多数顺磁性物质的 H' 都小于 H。

磁介质的磁化是用磁化强度 H_i 来描述的

$$H' = 4\pi H_i \tag{2}$$

因此式（1）可写为

$$B = H + 4\pi H_i \tag{3}$$

式中，H_i 等于单位体积的诱导磁矩，是在物质中被外磁场诱导的单位体积总磁矩。

② 体积磁化率。对于非铁磁性物资，磁化强度 H_i 与外加磁场强度 H 成正比。即

$$H_i = KH \qquad K = \frac{H_i}{H}$$

式中，K 为比例常数，是衡量磁介质是否易于磁化的一种量度，称为单位体积磁化率，简称磁化率。顺磁性物质 $K > 0$，反磁性物质 $K < 0$。K 可以直接用实验方法测量出来。

③ 物质的磁化率。在化学上表征物质磁性通常用摩尔磁化率 χ_M 和单位质量磁化率（又称比磁化率）χ，它们的定义是：

$$\chi_M = \chi M \tag{4}$$

式中，M 为物质的相对分子质量。

$$\chi = \frac{K}{\rho} \tag{5}$$

式中，ρ 为物质的密度，$g \cdot cm^{-3}$。

由此，可以定义化学中常用的摩尔磁化率为

$$\chi_M = K \frac{M}{\rho} \tag{6}$$

摩尔磁化率 χ_M 的单位是 $cm^3 \cdot mol^{-1}$；单位质量磁化率的单位是 $cm^3 \cdot g^{-1}$。

$\chi_M > 0$ 的物质为顺磁性物质，$\chi_M < 0$ 的物质为反磁性物质。

物质的摩尔磁化率是摩尔顺磁磁化率 χ_μ 与摩尔反磁磁化率 χ_D 之和。另外，反磁磁化率 χ_D 与温度无关，但是具有加和性。例：在一个配合物中，化合物总的摩尔磁化率 χ_M 是化合物中未成对电子顺磁磁化率 χ_μ 与金属、配位基、离子（酸根）上成对电子的反磁磁化率 χ_D 之和：

$$\chi_M = \chi_\mu + \chi_D(金属) + \chi_D(配位基) + \chi_D(酸根)$$

后三项之和为配合物的反磁磁化率。

实验测得的摩尔磁化率 χ_M 是摩尔顺磁磁化率 χ_μ 和摩尔反磁磁化率 χ_D 之和：

$$\chi_M = \chi_\mu + \chi_D$$

但是 χ_μ 比 χ_D 大得多，故顺磁性物质的 $\chi_M > 0$，因此在粗略的研究顺磁性物质时，可近似地把 χ_M 当作 χ_μ，即有：

$$\chi_M \approx \chi_\mu$$

但在精确计算中，χ_D 的影响应给予校正。校正后的值：

$$\chi'_M = \chi_M + \chi_D$$

对于有机化合物，其反磁磁化率由帕斯卡（Pascal）总结出下述规律：每一化学键有一定磁化率值，称为键的反磁磁化率，而有机分子的磁化率就等于每个原子核各个键（如：双键、三键、苯环等）的磁化率的总和。

④ 磁化率和磁矩的关系。含有一个或一个以上为成对电子的顺磁性物质具有永久磁矩。其物质有效磁矩 μ（有效）为

$$\mu(有效) = \sqrt{4S(S+1) + L(L+1)} \tag{7}$$

式中，S 为总的电子自旋角动量量子数；L 为总的轨道角动量量子数。

对于过渡金属的配离子，它的未填满 d 层中的电子处在最外层，因此在配离子或晶体中强烈地受到周围配体所产生电场的微扰，使轨道运动对磁矩的贡献几乎完全消失，而顺磁性物质的磁矩主要是金属离子的电子自旋的贡献，轨道运动的贡献通常可以忽略。因此式（7）是可以简化为

$$\mu(有效) = \sqrt{4S(S+1)} \tag{8}$$

因为 $S = \sum m_s$，m_s 为电子自旋量子数，$m_s = \pm \frac{1}{2}$，当配合物的中心离子的未成对电子数为 n 时，则 $S = \frac{n}{2}$，代入式（8），得到

$$\mu(有效) = \sqrt{n(n+2)} \tag{9}$$

由式（9）可知，为了推算未成对电子数，必须先求出有效磁矩 μ（有效），但 μ（有效）是一个微观的物质量，无法从实验直接测出，还需将它与宏观物理性质磁化率联系起来。

根据郎之万-德拜方程得知顺磁物质的摩尔顺磁磁化率 χ_μ 与温度 T 成反比，与物质磁矩的平方 μ^2 成正比

$$\chi_\mu = \frac{N_A \mu^2 \mu_0}{3kT} \tag{10}$$

式中，N_A 为阿伏伽德罗常数 $6.022 \times 10^{23} mol^{-1}$；$\mu$ 为分子的磁矩；μ_0 为真空磁导率，$\mu_0 =$

$4\pi\times10^{-7}\mathrm{H/m}$；$k$ 为玻尔兹曼常数 $1.380658\times10^{-23}\mathrm{J\cdot K^{-1}}$；$T$ 为热力学温度。

式(10)把宏观的磁化率和微观的分子磁矩联系起来了。

$$\mu=\mu_{\mathrm{B}}\cdot\mu(\text{有效})$$

式中，μ_{B} 为玻尔磁子 9.2740154×10^{-24}，单位为 $\mathrm{A\cdot m^2}$。

因此有

$$\chi_{\mu}=\frac{N_{\mathrm{A}}\mu_{\mathrm{B}}^2\mu^2(\text{有效})\mu_0}{3kT} \tag{11}$$

$$\mu(\text{有效})=\sqrt{\frac{3kT\chi_{\mu}}{N_{\mathrm{A}}\mu^2\mu_0}} \tag{12}$$

将 k、N_{A}、μ_{B}、μ_0 各项数值代入式(12)，得到

$$\mu(\text{有效})=7.8946\times10^{-21}\sqrt{\chi_{\mu}T}\,(\mathrm{A\cdot m^2})$$

$$=797.7\sqrt{\chi_{\mu}T}\ \ (\mu_{\mathrm{B}}\text{ 的单位}) \tag{13}$$

本实验通过测定单位体积磁化率 K 后，再由式(5)和式(6)分别求出比磁化率 χ、摩尔磁化率 χ_{M}；然后再根据式(13)计算出 μ(有效)；最后应用式(9)计算出配合物中未成对电子数 n。反之，若已知未成对电子数，也可计算出 μ(有效)。

3. 古埃（Gouy）**法测量磁化率的原理**

将体积为 $\mathrm{d}V$（或质量为 $\mathrm{d}m$）的均匀物体放在不均匀的磁场 H 中，设 y 为沿着样品管上下方向的坐标，规定样品管的最低点为 y 的零点，则沿磁场梯度 $\dfrac{\mathrm{d}H}{\mathrm{d}y}$ 方向上所受的力 $\mathrm{d}F_y$ 为

$$\mathrm{d}F_y=KH\frac{\mathrm{d}H}{\mathrm{d}y}\mathrm{d}V=\chi H\frac{\mathrm{d}H}{\mathrm{d}y}\mathrm{d}m \tag{14}$$

如将截面积为 A 的样品放在圆柱形的挂于天平臂上的样品管中（见图 5-2），悬在两磁极中间。样品管下端位于极间磁场强度 H 最大的区域，另一端位于磁场强度很弱的 H_0 区域（磁极边缘附近）。顺磁性物质会被不均匀外磁场强的一端吸引，则样品管上升，使磁力线尽量多的通过样品，因此需要减去右盘砝码，以保持天平平衡。反之，对于反磁性物质，会被排斥，样品管下降，使尽量少的磁力线通过样品，因此必须增加右盘的砝码，来保持天平的平衡。这样在加磁场前后称量样品有一质量差 Δm，则样品所受的力 F_y 为

$$F_y=\Delta mg \tag{15}$$

式中，g 为重力加速度。

对式(14)磁场梯度积分可求得作用在整个样品管上总的力 F_y

$$F_y=K\int_{\mathrm{V}}H\frac{\mathrm{d}H}{\mathrm{d}y}\mathrm{d}V$$

$$=KA\int_{y_1}^{y_2}H\frac{\mathrm{d}H}{\mathrm{d}y}\mathrm{d}y=\frac{1}{2}K(H^2-H_0^2)A$$

即 $F_y=\dfrac{1}{2}K(H^2-H_0^2)A=\Delta mg$

$$\tag{16}$$

在实际测量中，还必须考虑两个校正。首先在空气中进行测定，必须对样品取代出去的具有一定磁化率的空气加以校正，也就是说样品周围气体的磁化率 K_0 不能忽略不计时，所观察到的力应该是

$$F_y=\frac{1}{2}K(H^2-H_0^2)(K-K_0)A \tag{17}$$

图 5-2　古埃磁天平示意图

1—分析天平；2—样品管；3—电磁铁；4—霍尔探头；5—电源开关；
6—调节电位器；7—电流表；8—电压表；9—特斯拉计；10—温度计

式中，K_0 为空气的体积磁化率，20℃时有 $K_0 = +3.63 \times 10^{-7}$。

一般由于样品上端所在位置是弱磁场，H_0 趋近于零，可以忽略不计。如果周围气体不是空气，是 $H_2(g)$ 或 $N_2(g)$，则 K_0 项可以忽略不计，这样，式(17) 就可简化为：

$$F_y = \frac{1}{2}H^2 KA = \Delta mg$$

即

$$K = \frac{2\Delta mg}{H^2 A} \tag{18}$$

若已知磁场强度 H（可由仪器高斯计直接读出）及样品的截面积 A 和重力加速度 g，由测出的加磁场前后、加减砝码的质量差 Δm，就可求出磁化率 K。

其次要考虑校正的是，样品管本身是一个空心玻璃管，玻璃管是反磁性物质，因而也总是受到作用力 δ，在磁场作用下会有质量变化，产生的力 δ 为负值，计算时必须从观察到的力中减去，才能得到真正作用在样品上的力。于是

$$F_y = \frac{1}{2}K(H^2 - H_0^2)(K - K_0)A + \delta \tag{19}$$

若外磁场一定，样品管长度 L 和截面积 A 一定（即固定体积）则在同一磁场强度 H，同一样品管中测定时，$(H^2 - H_0^2)A$ 为常数，再通过样品的密度 ρ 及质量 m，式(19) 可以改写为单位质量的磁化率（比磁化率）χ 为

$$\chi = \frac{+3.64 \cdot 10^{-7}}{\rho} + \frac{\beta(F - \delta)}{m} = \frac{3.64 \cdot 10^{-7}V + \beta(F - \delta)}{m} \tag{20}$$

式中，m 为样品的质量；V 为不加磁场时样品的体积（可从质量/密度求得）；β 为样品管校正系数；F 为试样在有、无磁场下的质量差；δ 为样品的密度。

实际测量时，用已知比磁化率的标准样（见表 5-3）测出玻璃样品管的校正系数 β 值，最后根据此 β 值以及试样测得的其他数据按式(20)就可计算出试样的比磁化率 χ。

表 5-3　固体试样通常采用的标准物

标 准 物 质	$\chi(20℃)$	适 用 范 围
$(NH_4)_2Fe(SO_4)_2 \cdot 6H_2O$	$+4.06 \times 10^{-9}$	测顺磁性物质
$Hg[Co(CNS)_4]$	$+206.06 \times 10^{-9}$	测顺磁性物质
$CuSO_4 \cdot 5H_2O$	$+74.4 \times 10^{-9}$	测顺磁性物质
Pt	$+12.20 \times 10^{-9}$	测顺磁性物质

测定物质 χ_M 的实验方法很多。本实验采用古埃天平测定物质磁化率。该方法的主要优点是装置简单，易于操作，样品的放置不困难。缺点是样品用量大，粉末样品如装填不均匀引起的测量误差较大。

三、实验仪器和试剂

仪器　古埃磁天平 1 套（电光天平、电磁铁、励磁电源、电子稳压器等），玻璃样品管 2 支（$\phi 8mm$，$L 100 \sim 200mm$），筛子（$60 \sim 100$ 目），研钵，角匙，一端烧平的玻璃棒，电吹风一台（冷、热两用风机）。

试剂　$(NH_4)_2Fe(SO_4)_2 \cdot 6H_2O$（AR，相对分子质量 $M = 392.15$），$K_3[Fe(CN)_6]$（AR，相对分子质量 $M = 329.25$），$K_3[Fe(C_2O_4)_3] \cdot 3H_2O$（AR，相对分子质量 $M = 389.34$），无水乙醇，丙酮，洗液。

四、实验内容

① 清除样品管中永磁性杂质。用洗液浸泡样品管，然后用水冲洗干净，再用去离子水、无水乙醇、丙酮各洗一次，用电吹风的冷风吹干。

② 测定样品管质量。把干燥的空样品管挂在天平盘下悬线的挂钩上套管（为使称量时不受外界流动空气的影响）。空样品管要位于磁极正中，其底部要注意位于磁场强度最大的区域（调节磁极距离为 27mm，磁极距离固定后，测量时不要再变动）。当悬线不在摇动后，就可在不加磁场下称重为 A。

接通电流（电子稳压器预热 15min），调节调压变压器，使电流表指示 4A，电磁铁在稳定电流作用下，产生一个稳定磁场，样品管在外加磁场下称重为 B_1。用同样方法将电流调至 6A，再称重为 B_2。根据加磁场和不加磁场时的质量就可算出样品管在两种条件下的质量差 δ，即 $\delta = B - A$。

③ 样品管体积的测量。干净样品管装入煮沸后冷却的去离子水至管的刻度处，在不加磁场下称量水的质量为 $W_水$，从水的质量计算水的体积 $V_水$，得到样品管在刻度以下的体积。

④ 标准物的测定。在干净的样品管中用小漏斗或纸条装入事先研细过筛的标准样品 $(NH_4)_2Fe(SO_4)_2 \cdot 6H_2O$。填装时不断将样品管垂直地在桌上轻轻蹾实，直装到刻度线的高度为止。在不加磁场下称重为 $D_标$，再加磁场下称重为 $E_标$，同时记录实验温度。

⑤ 试样的测定。倒出标准样品，用自来水冲洗样品管，再依次用少量去离子水、无水乙醇、丙酮洗净，电吹风吹干冷却至室温，然后将装入待测的事先研细过筛的 $K_3[Fe(CN)_6]$ 试样，装样方法同标准物，保持与标准样品装的紧密程度基本一致（如均匀性和紧密程度与标

准样品相差太大，会产生较大误差）。然后在不加磁场下称重为 $D_样$，加磁场下称重为 $E_样$。记录实验温度。重复上述操作，测量 $K_3[Fe(CN)_6] \cdot 3H_2O$ 的 $D_样$ 和 $E_样$。

为使测得数据可靠，重现性好，可反复测试两次。另外还要保持电流强度恒定，注意电压的波动，随时调整电压，使电流大小稳定为 4A 或 6A。特别要注意装人的标准样品，试样和水要体积一致。

实验操作很简单，但必须认真调节，控制实验条件，任何细小环节都不能疏忽大意，只有这样，才能取得满意结果。

五、实验数据记录及计算

1. 实验数据记录

见表 5-4。

表 5-4　实验数据　　　　　　　　　　　　实验温度：＿＿＿＿＿＿ K

实验项目及说明		无外磁场下称重 输人电流 4A	有外磁场下称重 输人电流 6A
样品管（空）	第一次读数 第二次读数 平均值		
样品管＋（标准样品）	第一次读数 第二次读数 平均值		
样品管＋（试样）	第一次读数 第二次读数 平均值		
样品管＋（试样）	第一次读数 第二次读数 平均值		
样品管＋（水）	第一次读数 第二次读数 平均值		

2. 结果计算

① 根据测的数据求算

$$F = E - D, m = D - A, \delta = B - A$$

$$V = \frac{(m_水 - A)}{\rho_水} \quad (\rho_水 \text{ 为水的密度})$$

② 根据式(20) 用标准物一套数据求出样品管的校正系数 β。已知 $(NH_4)_2Fe(SO_4)_2 \cdot 6H_2O$ 的比磁化率 $\chi = \frac{+4.06 \cdot 10^{-9}}{T+1}$，式中 T 为热力学温度。

③ 上面求得的 β，用测得的试样的一套数据，由式(20) 计算出试样的比磁化率 χ。

④ 根据定义 $\chi_M = \chi M$，分别求出 $K_3[Fe(CN)_6]$ 和 $K_3[Fe(C_2O_4)_3] \cdot 3H_2O$ 的摩尔磁化率 χ_M。

⑤ 根据 $\chi_\mu = \chi_M + [\chi_0(Fe^{3+}) + 6\chi_0(CN^-)]$

$$\chi_\mu = \chi_M + [\chi_0(Fe^{3+}) + 3\chi_0(C_2O_4^{2-})]$$

求出顺磁化率 χ_μ。（反磁化率 χ_D 可以查 6.19 节）。

⑥ 由式(13) μ（有效）$=797.7\sqrt{\chi_\mu T}$ 求出有效磁矩 μ（有效）。

⑦ 由 μ（有效）$=\sqrt{n(n+2)}$ 求出未成对电子数 n。

⑧ 由上面计算出的 n 值，讨论 $[Fe(CN)_6]^{3-}$ 和 $[Fe(C_2O_4)_3]^{3-}$ 中的 Fe^{3+} 的电子结构，试用价键理论和晶体场理论分析这两个配离子的成键情况。

六、注意事项

为避免磁化，进入本实验的人员不要戴手表、手机。

七、思考题

1. 在计算配合物中心离子（或原子）的有效磁矩之前，为什么必须先做反磁磁化率的校正？

2. 被测样品填充样品管的高度及测定时的磁场强度，与标准物测定时的高度及磁场强度是否要相同？为什么？

3. 对同一样品，在不同电流下测得的摩尔磁化率 χ_M 是否一致？为什么？

4. 本实验在计算磁矩时，忽略了轨道所做的贡献；若考虑轨道贡献，实验结果将如何处理？

实验九　化学反应热效应的测定

一、实验目的

1. 学会测定化学反应热效应的一般原理和方法。

2. 进一步练习分析天平的使用，掌握配置准确浓度溶液的方法。

3. 练习运用作图法处理实验数据，测出反应的热效应。

二、实验原理

对一化学反应，当生成物的温度与反应物的温度相同，且在反应过程中除膨胀功以外不做其他功时，该化学反应所吸收或放出的热量，称为化学反应的热效应。若反应是在恒压条件下进行的，则反应的热效应称为恒压热效应 Q_p，此热效应全部增加体系的焓（ΔH），所以有

$$\Delta H = Q_p$$

热效应通常可由实验测得，先使反应物在量热器中绝热变化，根据量热计温度的改变和体系的热容，便可算出热效应。现以锌粉和硫酸铜溶液反应为例，在恒压条件下，1mol 锌置换硫酸铜溶液中的铜离子时，放出 216.8kJ 的热量，即

$$Zn + CuSO_4 \rightleftharpoons ZnSO_4 + Cu \qquad \Delta_r H_m^\ominus = -216.8kJ \cdot mol^{-1}$$

该反应是放热反应。测定时，先在一个绝热良好的量热器中放入稍微过量的锌粉及已知浓度和体积的硫酸铜溶液。随着反应进行，不时地记录溶液温度的变化。当温度不再升高，并且开始下降时，说明反应完毕。然后根据下列计算公式，求出该反应的热效应：

$$\Delta_r H_m^\ominus = -\Delta T C V \rho / n$$

式中，ΔT 为溶液的温升，K；C 为溶液的比热容，$kJ \cdot kg^{-1} \cdot K^{-1}$；$V$ 为 $CuSO_4$ 溶液的体积，L；ρ 为溶液的密度，$kg \cdot L^{-1}$；n 为体积为 V 的溶液中 $CuSO_4$ 的物质的量，mol。

由上式可见，本实验的关键在于能否测得准确的温度值。为获得准确的温度变化 ΔT，

除精细观察反应时的温度变化外，还要对影响 ΔT 的因素进行校正。其校正的方法是：在反应过程中，每隔 20s 记录一次温度，然后以温度 T 对时间 t 作图，绘制 $T-t$ 曲线。将曲线上线段延长、外推，找到较准确的 ΔT。

三、仪器和试剂

仪器　分析天平，台秤，精密温度计 1 支，保温杯热量计 1 只（也可以用 250mL 塑料烧杯放在 1000mL 大烧杯中，两杯间填以泡沫塑料，配上聚苯乙烯泡沫塑料盖），250mL 容量瓶 1 只，50mL 移液管 1 支，秒表。

试剂　$CuSO_4 \cdot 5H_2O$ 晶体，锌粉。

四、实验步骤

1. 实验操作

① 实验装置如图 5-3 所示。

(a)　　　　　　　　　　(b)

图 5-3　反应热测定装置示意图

② 用台秤称取 3g 锌粉。

③ $0.200 \text{mol} \cdot L^{-1}$ $CuSO_4$ 溶液的配制。在分析天平上称出配制 250mL $0.2 \text{mol} \cdot L^{-1}$ $CuSO_4$ 溶液所需要 $CuSO_4 \cdot 5H_2O$ 晶体的质量，用 250mL 容量瓶配制成溶液，准确计算 $CuSO_4$ 溶液的浓度。

④ 用 50mL 移液管准确量取 $0.2 \text{mol} \cdot L^{-1}$ $CuSO_4$ 溶液 100mL，放入外套泡沫塑料的烧杯 [见图 5-3(a)] 或保温杯 [见图 5-3(b)] 中，在泡沫塑料盖中插入精密温度计和有外套塑料管的铁丝搅棒。

⑤ 用搅棒不断搅动溶液，每隔 20s 记录一次温度。

⑥ 在测定开始 2min 后迅速添加 3g 锌粉（注意仍需不断搅动溶液），并继续每隔 20s 记录一次温度。记录温度至上升到最高点后再继续测定 2min。

2. 数据记录

时间 t	
温度 T	

3. 数据处理

① 按图 5-4 所示，以温度 T 对时间 t 作图，求得溶液温升 ΔT。

② 根据实验数据，计算 $\Delta_r H_m^{\ominus}$。计算时保温杯的热容量忽略不计。已知溶液的比热容为 $4.18 \text{kJ} \cdot \text{kg}^{-1} \cdot \text{K}^{-1}$；溶液的密度约为 $1 \text{kg} \cdot L^{-1}$。

图 5-4　反应时间与温度变化的关系

五、思考题

1. 为什么要不断搅拌溶液及注意温度变化？

2. 本实验所用的锌粉为什么不必用分析天平称量？

3. 造成实验误差的主要原因有哪些？

实验十　化学反应速率和化学平衡

一、实验目的

1. 理解浓度、温度、催化剂对反应速率的影响。

2. 加深理解浓度、温度对化学平衡移动的影响。

3. 训练在水浴中保持恒温的操作。

二、实验原理

1. 影响化学反应速率的因素有浓度、温度、催化剂等

（1）浓度对反应速率的影响　碘酸钾 KIO_3 可氧化亚硫酸氢钠而本身被还原，其反应如下：

$$2KIO_3 + 5NaHSO_3 \Longrightarrow Na_2SO_4 + 3NaHSO_4 + K_2SO_4 + I_2 + H_2O$$

反应中生成的碘可使淀粉变为蓝色。如果在溶液中预先加入淀粉作指示剂，则淀粉变蓝所需时间 t 的长短，即可用来表示反应速率的快慢。时间 t 和反应速率成反比，而 $1/t$ 则和反应速率成正比。如果固定 $NaHSO_3$ 的浓度，改变 KIO_3 的浓度，则可以得到 $1/t$ 和 KIO_3 浓度变化之间的直线关系。

（2）温度对反应速率的影响　根据碘酸钾 KIO_3 可氧化亚硫酸氢钠而本身被还原的反应，通过水浴加热，加热到比室温高 10℃左右，记录淀粉变蓝时间。

（3）催化剂对反应速率的影响　H_2O_2 溶液在常温能分解而放出氧，但分解很慢，如果加入催化剂（如二氧化锰、活性炭等），则反应速度立刻加快。

2. 影响化学平衡的因素有浓度、压力和温度等

在可逆反应中，当正逆反应速率相等时，即达到了化学平衡。当外界条件例如浓度、压力或温度等改变时，平衡就向能减弱这个改变的方向移动。据此可用来判断平衡移动的方向。

$$Fe^{3+} + nSCN^- \Longrightarrow Fe(SCN)_n^{3-n}$$

由于生成 $Fe(SCN)_n^{3-n}$ 而使溶液呈深红色，改变反应物浓度，根据溶液颜色的变化，观察平衡移动的方向。

$$2NO_2 \Longrightarrow N_2O_4 \qquad \Delta_r H_m^{\ominus} = -54.431 kJ \cdot mol^{-1}$$

NO$_2$ 为深棕色气体，N$_2$O$_4$ 为无色气体，这两种气体混合物则视二者的相对含量而具有由淡棕至深棕的颜色。当二氧化氮和四氧化二氮处于平衡状态时，改变温度，根据气体颜色的变化，可判断平衡移动的方向。

三、实验仪器和试剂

仪器 秒表1只，温度计（100℃）2支，烧杯（100mL、400mL）各2只，NO$_2$ 平衡仪1只，量筒（50mL）2只。

试剂 固体：MnO$_2$；

溶液：0.05mol·L^{-1} KIO$_3$（称取10.7g分析纯 KIO$_3$ 晶体溶于1L水中），0.05mol·L^{-1} NaHSO$_3$（称取5.2g分析纯 NaHSO$_3$ 和5g可溶性淀粉，配制成1L溶液。配制时先用少量水将5g淀粉调成浆状，然后倒入100~200mL沸水中，煮沸，冷却后加入 NaHSO$_3$ 溶液，然后加水稀释到1L），FeCl$_3$（0.01mol·L^{-1}、饱和），KSCN（0.03mol·L^{-1}，饱和），3% H$_2$O$_2$。

四、实验内容

1. 浓度对反应速率的影响（需两人合做）

（1）实验方法 用筒量取 A 液（如：10mL NaHSO$_3$ 和35mL水），倒入100mL小烧杯中，搅动均匀。用另一量筒量取 B 液（如：5mL 0.05mol·L^{-1}KIO$_3$ 溶液）。准备好秒表和搅棒，将 B 液迅速倒入盛有 A 溶液的小烧杯中，立刻计时并搅动，记录溶液变蓝所需的时间。

（2）数据记录

实验序号	A 液		B 液	溶液变蓝时间 t/s	(1/t)×100	KIO$_3$ 的浓度×200/mol·L^{-1}
	NaHSO$_3$ 体积/mL	H$_2$O 体积/mL	KIO$_3$ 体积/mL			
1	10	35	5			
2	10	30	10			
3	10	25	15			
4	10	20	20			
5	10	15	25			

根据上列实验数据，以 KIO$_3$ 的浓度（mol·L^{-1}）×200为横坐标，(1/t)×100为纵坐标，绘制曲线，得出结论。

2. 温度对反应速率的影响（需两人合做）

（1）实验方法 用筒量取 A 液（如：10mL NaHSO$_3$ 和35mL水），倒入100mL小烧杯中，用另一量筒量取 B 液（如：5mL 0.05mol·L^{-1}KIO$_3$ 溶液）加入试管中。将小烧杯和试管同时放在热水浴中，加热到比室温高10℃左右，取出，将 B 溶液倒入 A 溶液中，记录溶液变蓝时间。

（2）数据记录

实验序号	A 液		B 液	实验温度 T/℃	溶液变蓝时间 t/s
	NaHSO$_3$ 体积/mL	H$_2$O 体积/mL	KIO$_3$ 体积/mL		
1	10	35	5		
2	10	35	5		

注：水浴可用400mL烧杯加水，用小火加热，控制温度高出要测定的温度约10℃，不宜过高。如果在室温30℃以上做本实验时，用冰浴来代替热水浴，温度要比室温低10℃左右，记录淀粉变蓝时间，并与室温时淀粉变蓝时间作比较。

根据实验结果，得出温度对反应速率影响的结论。

3. 催化剂对反应速率的影响

在试管中加入 3mL 3% H_2O_2 溶液，观察是否有气泡发生。用角匙的小端加入少量 MnO_2，观察气泡发生的情况，比较加 MnO_2 前后反应速率的快慢，证明放出的气体是氧气。

4. 浓度对化学平衡的影响

取稀 $FeCl_3$ 溶液（0.01mol·L^{-1}）和稀 KSCN 溶液（0.03mol·L^{-1}）各 6mL，倒入小烧杯内混合。将所得溶液平均分装在三支试管中，在两支试管中分别加入少量饱和 $FeCl_3$ 溶液、饱和 KSCN 溶液，充分振荡使混合均匀，注意它们颜色的变化，并与另一支试管中的溶液进行比较。

说明各试管中溶液的颜色变化的原因。

5. 温度对化学平衡的影响

取一只带有两个玻璃球的平衡仪（见图 5-5），（可用两个带塞子、玻璃管连通的锥形瓶代替）。

图 5-5　平衡仪

将一只玻璃球浸入热水中，另一只玻璃球浸入冰水中，观察两只玻璃球内气体颜色的变化。试从观察到的现象，指出玻璃球中气体的平衡各向哪一方向移动？说明原因。

五、思考题

1. 影响化学反应速率的因素有哪些？

2. 如何判断化学平衡移动的方向？

实验十一　纳米 $BaTiO_3$ 的制备与表征

一、实验目的

1. 学习和掌握溶胶-凝胶法制备纳米粉体材料的技术。

2. 学习纳米粉体材料表征的方法。

3. 了解纳米粉体材料的应用和纳米技术的发展。

二、实验原理

纳米材料和纳米技术将在 21 世纪发挥重大作用。纳米粉是纳米材料的基础，而溶胶-凝胶（sol-gel）法是制备纳米粉的有效方法之一。

该方法的简单原理是：钛酸四丁酯吸收空气或体系中的水分而逐渐水解，水解产物发生失水缩聚形成三维网络状凝胶，而 Ba^{2+} 或 $Ba(Ac)_2$ 的多聚体均匀分布于网络中。高温热处理时，溶剂挥发或灼烧-Ti-O-Ti-多聚体与 $Ba(Ac)_2$ 分解产生的 $BaCO_3$（X 射线衍射分析表明，在形成 $BaTiO_3$ 前有 $BaCO_3$ 生成），生成 $BaTiO_3$。

纳米粉的表征方法可以用 X 射线衍射（XRD）、透射电子显微镜（TEM）、比表面积测定和红外透射光谱等方法，本实验仅采用 XRD 技术。

三、实验步骤

1. 溶胶-凝胶的制备

准确称取钛酸四丁酯 10.2108g（0.03mol）置于小烧杯中，倒入 30mL 正丁醇使其溶解，搅拌下加入 10mL 冰醋酸，混合均匀。另准确称取等物质的量已干燥过的无水醋酸钡（0.03mol，7.6635g），溶于 15mL 蒸馏水中，形成 $Ba(Ac)_2$ 水溶液。将其加入钛酸四丁酯的正丁醇溶液中，边滴加边搅拌，混合均匀后用冰醋酸调 pH 值为 3.5，即得到淡黄色澄清透明的溶胶。用普通分析滤纸将杯口盖上、扎紧，在室温下静置 24h，即可得到近乎透明的凝胶。

干凝胶的制备：将凝胶捣碎，置于烘箱中，在100℃温度下充分干燥（24h 以上），去除溶剂和水分，即得凝胶。研细备用。

2. 高温灼烧处理

将研细的干凝胶置于坩埚中进行热处理。先以 $4℃ \cdot min^{-1}$ 的速度升温至250℃，保温1h 后彻底除去粉料中的有机溶剂。然后以 $8℃ \cdot min^{-1}$ 的速度升温至1000℃，高温灼烧保温 2h，然后自然降至室温，即得到白色或淡黄色固体，研细即可得到结晶态 $BaTiO_3$ 纳米粉。$BaTiO_3$ 纳米粉的制备流程如图5-6所示。

3. 纳米粉的表征

将 $BaTiO_3$ 粉涂于专用样品板上，于 X 射线衍射仪上测定衍射图，对得到的数据进行计算机检索或与标准图谱对照，可以证实所制 $BaTiO_3$ 粉是否为结晶态，同时还可以根据已给的公式计算所得 $BaTiO_3$ 粉是否为纳米粒子。$BaTiO_3$ 纳米粉 XRD 标准谱图见图5-7。

图 5-6　溶胶-凝胶（sol-gel）法制备 $BaTiO_3$ 纳米粉的工艺过程

图 5-7　$BaTiO_3$ 纳米粉 XRD 标准谱图

$BaTiO_3$ 纳米粉的平均晶粒尺寸可以由下式计算：

$$D = 0.9\lambda/(\beta\cos\theta)$$

式中，D 为晶粒尺寸，纳米微粒一般在 $1\sim100$nm 之间；λ 为入射 X 射线波长，对 Cu 靶，$\lambda=0.1542$nm；θ 为 X 射线衍射的布拉格角，(°)；β 为 θ 处衍射峰的半高宽（以 rad 计），其中 β 和 θ 可由 X 射线衍射数据直接给出。

四、注意事项

1. 本实验所用溶胶-凝胶法为广义的溶胶-凝胶法，水解得到的干凝胶并非无定形的 $BaTiO_3$，而是一种混合物，只有经过适当的热处理才成为纯相的 $BaTiO_3$ 纳米粉。

2. 确定热处理温度要通过 DTA 曲线。教师在实验课上应对 DTA 曲线及其意义进行分析说明。

3. 在制备前驱体溶胶时，应清澈透明略有黄色并有一定黏度，若出现分层或沉淀，则表示失败。

实验十二 纳米 TiO_2 的低温制备、表征及光催化活性检测

一、实验目的

1. 学习蒸汽-水热法制备纳米 TiO_2 的基本过程。
2. 了解纳米材料表征的基本参数和数据处理方法。
3. 学习和了解一些现代仪器的基本情况。
4. 了解半导体光催化的基本原理及应用。

二、实验原理

1. 纳米 TiO_2 的制备（蒸汽-水热法）

（1）以 $Ti(SO_4)_2$ 为钛源：

$$Ti(SO_4)_2 + 4H_2O \xrightarrow{p,T} Ti(HO)_4 \downarrow + 2H_2SO_4$$
$$Ti(HO)_4 \xrightarrow{p,T} TiO_2 + 2H_2O$$

（2）以酞酸丁酯（TBOT）为钛源：

$$Ti(OC_4H_9)_4 + 4H_2O \xrightarrow{p,T} Ti(HO)_4 \downarrow + 4C_4H_9OH$$
$$Ti(HO)_4 \xrightarrow{p,T} TiO_2 + 2H_2O$$

（3）以 $Ti(Cl)_4$ 为钛源：

$$Ti(Cl)_4 + 4H_2O \xrightarrow{p,T} Ti(HO)_4 \downarrow + 4HCl$$
$$Ti(HO)_4 \xrightarrow{p,T} TiO_2 + 2H_2O$$

2. 光催化机理

TiO_2 光生空穴的氧化电位以标准氢电位计为 3.0V，比臭氧的 2.07V 和氯气的 1.36V 高许多，具有较强的氧化性。高活性的光生空穴具有很强的氧化能力，可以将吸附在半导体表面的 OH^- 和 H_2O 进行氧化，生成具有强氧化性的 $\cdot OH$。光生电子可将吸附在催化剂表面的分子氧转化成过氧根（$\cdot O_2^-$），最后生成具有强氧化性的 $\cdot OH$。同时空穴本身也可以夺取吸附在 TiO_2 表面的有机污染物中的电子，使原本不吸光的物质能直接氧化。在光催化反应体系中，这两种氧化方式可能单独起作用，也可能同时起作用。

三、实验仪器和试剂

催化剂的 X 射线粉末衍射（XRD）在德国 Bruker 公司 D8-Advance 型 XRD 仪上测定，电压 40kV，电流 40mA。催化剂的形貌用美国 FEI 公司 TECNAI G^2 STWin 型透射电子显微镜（TEM）观察。紫外-可见漫反射光谱在日本日立公司 UV-3010 型紫外-可见分光光度仪上测定。X 射线光电子能谱（XPS）在美国 VG 公司 Multilab 2000 型 X 射线光电子能谱仪上测定。

内衬聚四氟乙烯的反应釜（100mL，3 套），内衬聚四氟乙烯的反应釜内胆（25mL，3 个），烧杯（50mL）以及玻璃棒若干，恒温箱，抽滤装置，圆柱形硬质石英瓶（70mL，4 个），容量瓶（50mL，2 个），搅拌子（2 个），自制光反应器，pH 计，移液管（2mL，2 支），洗耳球 2 个，洗瓶，EP 管（5mL，若干），离心机，Lambda25 型紫外-可见分光光度计（美国 PE），计算机。

$Ti(SO_4)_2$（分析纯），酞酸丁酯（TBOT）（分析纯），HCl（分析纯），无水乙醇（分析纯），$0.01mol \cdot L^{-1}$ $BaCl_2$ 溶液，$0.01mol \cdot L^{-1}$ $AgNO_3$ 溶液，$5.00 \times 10^{-4} mol \cdot L^{-1}$ RhB

溶液，5.00×10^{-4} mol·L^{-1} SRB 溶液，$1:100$ 的高氯酸溶液，二次蒸馏水。

四、实验步骤

1. 纳米 TiO_2 的制备（蒸汽-水热法）

（1）以 $Ti(SO_4)_2$ 为钛源 配制 10mL 0.4mol·L^{-1} 的 $Ti(SO_4)_2$ 溶液，将 10mL 0.4mol·L^{-1} 的 $Ti(SO_4)_2$ 溶液盛装于 25mL 反应釜内胆中，将 25mL 反应釜内胆置于装有 20mL 蒸馏水的 100mL 外胆高压反应釜中密封，置于恒温箱中，180℃恒温 12h。待反应釜自然冷却之后，取出反应釜内胆，得到的白色沉淀进行真空抽滤，用去离子水清洗，反复进行多次，利用 $BaCl_2$ 溶液检测无 SO_4^{2-} 为止，最后用无水乙醇清洗一次，于 80℃干燥。

（2）以酞酸丁酯（TBOT）为钛源 将 10mL TBOT 盛装于 25mL 反应釜内胆中，将 25mL 反应釜内胆置于装有 20mL 蒸馏水的 100mL 外胆高压反应釜中密封，置于恒温箱中 180℃恒温 12h。待反应釜自然冷却之后，取出反应釜内胆，得到的白色沉淀进行真空抽滤，用去离子水清洗，反复进行 3 次，最后用无水乙醇清洗一次，于 80℃干燥。

（3）以 $Ti(Cl)_4$ 为钛源 边搅拌边将 5mL $Ti(Cl)_4$ 溶于 5mL 浓 HCl 中，将此混合溶液盛装于 25mL 反应釜内胆中，将 25mL 反应釜内胆置于装有 20mL 蒸馏水的 100mL 外胆高压反应釜中密封，置于恒温箱中 180℃恒温 12h。待反应釜自然冷却之后，取出反应釜内胆，得到的白色沉淀进行真空抽滤，用去离子水清洗，反复进行多次，利用 $AgNO_3$ 溶液检测无 Cl^- 为止，最后用无水乙醇清洗一次，于 80℃干燥。

2. 纳米 TiO_2 的表征

（1）利用 X 射线衍射仪（XRD）对纳米 TiO_2 进行晶型和粒径分析

利用 Scherrer 公式计算粉体的平均晶粒尺寸：

$$D_{平均}=K\lambda/\beta\cos\theta$$

式中，$D_{平均}$ 为晶粒大小，nm；K 为常数，$K=0.89$；λ 为 X 射线波长（$\lambda=0.15406$nm）；θ 为布拉格衍射角；β 为衍射角的半高峰宽。

（2）利用 X 射线光电子能谱（XPS）对纳米 TiO_2 的价键结构进行分析。

（3）利用透射电镜分析纳米 TiO_2 的形貌和分散度。

（4）利用紫外-可见漫反射光谱分析纳米 TiO_2 的禁带宽度。

3. 光催化降解有机染料

纳米 TiO_2 对有机染料 RhB 及 SRB 的紫外光催化降解：在 70mL 圆柱形硬质石英瓶中，加入 1.5mL 5.00×10^{-4} mol·L^{-1} RhB 溶液定容到 50mL，然后加入 10mg 纳米 TiO_2，用 $1:100$ 的高氯酸调节 pH 值为 3.00，均匀混合后将其转入反应器中计时进行反应，暗反应 30min 后，开始加外光，间隙一定的时间，取约 3mL 样品置于离心管中，8000r·min^{-1} 离心 10min。测其吸光度，并作图。以同样的方法同时进行 SRB 的暗反应降解。

五、数据记录与处理

1. 光催化降解的动力学曲线分析。以 t-(A_t/A_0) 作图，得出体系褪色率。

2. XRD 晶相纳米尺寸分析。纳米 TiO_2 的粒径分析（专用软件及 Origin 软件），利用 Scherrer 公式计算粉体的平均晶粒尺寸。

3. 利用 X 射线光电子能谱（XPS）对纳米 TiO_2 的价键结构进行分析（专用软件及 Origin 软件）。

4. 利用透射电镜分析纳米 TiO_2 的形貌和分散度。

5. 利用紫外-可见漫反射光谱分析纳米 TiO_2 的禁带宽度（Origin 软件）。

六、注意事项

1. 使用聚四氟乙烯的反应釜反应时压力较大，为防止发生意外，请注意溶液体积不要超过总体积的 4/5。

2. 光催化活性实验中需注意所有降解实验都要在同一光照强度下进行。

七、思考题

1. 不同钛源对制得的纳米 TiO_2 的光催化活性有何影响？

2. 不同钛源对 TiO_2 的晶相、晶型、分散性等有何影响？

实验十三　高盐废水可溶性氯化物中氯含量的测定（莫尔法）

一、实验目的

1. 掌握沉淀滴定法的原理及滴定方法。

2. 掌握 $AgNO_3$ 标准溶液的配制、标定及滴定的基本操作。

3. 掌握可溶性氯化物中氯含量的测定方法。

二、实验原理

废水中可溶性氯化物中氯含量的测定常采用莫尔法。此方法是在中性或弱碱性溶液中，以 K_2CrO_4 为指示剂，用 $AgNO_3$ 标准溶液进行滴定。由于 AgCl 的溶解度比 Ag_2CrO_4 的溶解度略小，因此溶液中首先析出 AgCl 沉淀，当 AgCl 定量沉淀后，过量一滴 $AgNO_3$ 溶液即与 CrO_4^{2-} 生成砖红色 Ag_2CrO_4 沉淀，指示达到终点。主要反应如下：

$$Ag^+ + Cl^- \Longrightarrow AgCl\downarrow（白色）\qquad K_{sp} = 1.8\times10^{-10}$$

$$2Ag^+ + CrO_4^{2-} \Longrightarrow Ag_2CrO_4\downarrow（砖红色）\qquad K_{sp} = 2.0\times10^{-12}$$

滴定必须在中性或弱碱性溶液中进行，最适宜 pH 值范围为 6.5～10.5。如有铵盐存在，溶液的 pH 值必须控制在 6.5～7.2 之间。

指示剂的用量对滴定有影响，一般以 $5\times10^{-3}\,mol\cdot L^{-1}$ 为宜。凡是能与 Ag^+ 生成难溶性化合物或配合物的阴离子，如 PO_4^{3-}、AsO_4^{3-}、AsO_3^{3-}、S^{2-}、CO_3^{2-}、$C_2O_4^{2-}$ 等都干扰测定。其中 H_2S 可加热煮沸除去，将 SO_3^{2-} 氧化成 SO_4^{2-} 后不再干扰测定。大量的 Cu^{2+}、Ni^{2+}、Co^{2+} 等有色金属离子将影响终点的观察。凡是能与 CrO_4^{2-} 指示剂生成难溶化合物的阳离子也干扰测定，如 Ba^{2+}、Pb^{2+} 能与 CrO_4^{2-} 分别生成 $BaCrO_4$ 和 $PbCrO_4$ 沉淀。Ba^{2+} 的干扰可加入过量 Na_2SO_4 消除。Al^{3+}、Fe^{3+}、Bi^{3+}、Sn^{4+} 等高价金属离子在中性或弱碱性溶液中易水解产生沉淀，也不应存在。

三、实验仪器和试剂

25mL 酸式滴定管一支，5mL、20mL 移液管各一个，小烧杯，100mL、500mL 容量瓶各一个，250mL 锥形瓶 3 个，电子天平，pH 计，洗耳球两个，洗瓶一个。

$AgNO_3$（分析纯），NaCl（优级纯，使用前在高温炉中于 500～600℃下干燥 2h，贮于干燥器内备用），K_2CrO_4 溶液（50g·L^{-1}）。

四、实验步骤

1. 配制 0.10mol·L^{-1} $AgNO_3$ 溶液

称取 $AgNO_3$ 晶体 8.5g 于小烧杯中，用少量水溶解后，转入棕色试剂瓶中，稀释至 500mL 左右，摇匀置于暗处，备用。

2. 0.10mol·L^{-1} $AgNO_3$ 溶液浓度的标定

准确称取 m 约为 0.5500g 基准试剂 NaCl 于小烧杯中，用水溶解完全后，完全转移到

100mL 容量瓶中，用水稀释至刻度，摇匀。

用移液管准确移取 20.00mL NaCl 溶液，置于 250mL 锥形瓶中，加 20mL 水、50g·L^{-1} K_2CrO_4 1mL，在不断摇动下，用 $AgNO_3$ 溶液滴定至溶液呈砖红色即为终点。平行做三份，计算 $AgNO_3$ 溶液的准确浓度。

根据 NaCl 标准溶液的浓度和滴定中所消耗的 $AgNO_3$ 的体积 V_1，计算 $AgNO_3$ 的浓度（mol·L^{-1}）。

3. 试样分析

准确量取废水试样 20.00mL 三份，移入 250mL 锥形瓶中，加 20mL 水、50g·L^{-1} K_2CrO_4 1mL，在不断摇动下，用 $AgNO_3$ 溶液滴定至溶液呈砖红色即为终点。平行测定三份。

根据试样的质量和滴定中消耗的 $AgNO_3$ 标准溶液的体积 V_2，计算试样中 Cl^- 的含量。

五、数据记录与处理

(1) 滴定体积记录。实验数据记录表格可以根据学生对实验的理解自行设计，如表 5-5。

表 5-5　滴定记录表格设计

实验序号	1	2	3
标定消耗 $AgNO_3$ 溶液的体积 V_1/L			
试样分析消耗 $AgNO_3$ 溶液的体积 V_2/L			

(2) 按式 (1) 计算 $AgNO_3$ 溶液浓度 c，取平均值 $\bar{c}$；再根据式 (2) 计算试样中 Cl^- 的含量 x（g·L^{-1}）。

$$c = \frac{m_{NaCl} \times 20}{58.5 \times 100 \times V_1} \tag{1}$$

$$x = \frac{\bar{c}\, V_2 \times 35.5}{20.00}（g \cdot L^{-1}） \tag{2}$$

六、注意事项

1. K_2CrO_4 指示剂的浓度要适合。

2. 测定 Cl^- 时要控制合适的 pH 值范围（6.5~10.5）。

3. 滴定过程中要充分摇动溶液。

实验十四　水样中化学需氧量的测定

一、实验目的

了解化学需氧量测定的意义与测定方法。

二、实验原理

化学需氧量（COD）是指水样在一定条件下，氧化 1L 水样中还原性物质所消耗氧化剂的量，以氧的含量 mg·L^{-1} 表示。水中还原性物质包括有机物和亚硝酸盐、硫化物、亚铁盐等无机物。化学需氧量反映了水中受还原性物质污染的程度。基于水体被有机物污染是很普通的现象，该指标也作为有机物相对含量的综合指标之一。

对废水化学需氧量的测定，我国规定用重铬酸钾法，记为 COD_{Cr}。在强酸性溶液中，用重铬酸钾氧化水样中的还原性物质，过量的重铬酸钾以试亚铁灵作指示剂，用硫酸亚铁铵标准溶液回滴，根据其用量计算水中还原性物质消耗氧的量，反应式如下：

$$C_nH_aO_b + cCr_2O_7^{2-} + 8cH^+ \xrightarrow[\triangle]{回流} nCO_2 + \frac{a+8c}{2}H_2O + 2cCr^{3+}$$

式中，$C_nH_aO_b$ 代表有机物。

$$c = \frac{2}{3}n + \frac{a}{6} - \frac{b}{3}（按氧化数推出）$$

$$Cr_2O_7^{2-} + 14H^+ + 6Fe^{2+} \Longrightarrow 6Fe^{3+} + 2Cr^{3+} + 7H_2O$$

本法的最低检出浓度为 $50mg \cdot L^{-1}$，测定上限为 $400mg \cdot L^{-1}$。

三、实验仪器和试剂

1. 仪器

① 回流装置：24mm 或 29mm 标准磨口 500mL 全玻璃回流装置。球形冷凝器，长度为 30cm（见图 5-8）。

② 加热装置：功率大于 $1.4W \cdot cm^{-2}$ 的电热板或电炉，以保证回流液充分沸腾。

③ 25mL 酸式滴定管。

2. 试剂

① $0.25mol \cdot L^{-1}$ $\frac{1}{6}K_2Cr_2O_7$ 标准溶液：称取 12.25g 重铬酸钾（预先在 105～110℃ 烘箱中干燥 2h，并贮存于干燥器中冷却至室温）溶于水中，移入 100mL 容量瓶中，用水稀释至标准线，摇匀。

② 试亚铁灵指示剂：称取 1.40g 邻菲啰啉（$C_{12}H_8N_2 \cdot H_2O$，1,10-Phenanthroline），0.695g 硫酸亚铁（$FeSO_4 \cdot 7H_2O$）溶于水中，稀释至 100mL，贮于棕色试剂瓶中。

③ $0.25mol \cdot L^{-1}$ 硫酸亚铁铵标准溶液：称取 98g 硫酸亚铁铵 $[FeSO_4 \cdot (NH_4)_2SO_4 \cdot 6H_2O]$ 溶于水中，加入 20mL 浓硫酸，冷却后稀释至 1000mL。摇匀。临用前用重铬酸钾标准溶液标定。

图 5-8　重铬酸钾法测定 COD 的回流装置

标定方法：吸取 25.00mL 重铬酸钾标准溶液于 500mL 锥形瓶中，用水稀释至 250mL，加 20mL 浓硫酸，冷却后加 2～3 滴试亚铁灵指示剂，用硫酸亚铁铵标准溶液滴定到溶液由黄色经蓝绿刚变为红褐色为止。

硫酸亚铁铵溶液的浓度，可由下式计算：

$$c = \frac{c_1V_1}{V}$$

式中，c_1 为重铬酸钾标准溶液的浓度，$mol \cdot L^{-1}$；V_1 为吸取的重铬酸钾标准溶液的体积，mL；V 为消耗的硫酸亚铁铵标准溶液的体积，mL。

④ 硫酸银硫酸溶液：于 2500mL 浓硫酸中加入 33.3g 硫酸银，放置 1～2d，不时摇动，使其溶解（每 75mL 硫酸中含 1g 硫酸银）。

⑤ 硫酸汞（结晶状）。

四、实验内容

（1）吸取 50.00mL 的均匀水样（或吸取适量的水样，用水稀释至 50.00mL，其中 COD 值为 50～400mg · L⁻¹），置于 500mL 磨口锥形瓶中，加 25.00mL 重铬酸钾标准溶液，慢慢加入 75mL 硫酸银-硫酸溶液和数粒玻璃珠（以防暴沸），轻轻摇动锥形瓶使溶液混匀，加热回流 2h。

若水样中氯离子大于 $30mg \cdot L^{-1}$ 时，取水样 50.00mL，加 0.4g 硫酸汞和 5mL 浓硫酸，摇匀，待硫酸汞溶解后，再依次加 25.00mL 重铬酸钾溶液、75mL 硫酸-硫酸银溶液和数粒玻璃珠，加热回流 2h。

(2) 冷却后，先用少许水冲洗冷凝器壁，然后取下锥形瓶，再用水稀释至 350mL（溶液体积不应小于 350mL，否则因酸度太大终点不明显）。

(3) 冷却后，加 2～3 滴（0.10～0.15mL）试亚铁灵指示剂，用硫酸亚铁铵标准溶液滴定到溶液由黄色经蓝绿刚变为红褐色为止。记录消耗的硫酸亚铁铵标准溶液的体积（mL）。

(4) 同时以 50.00mL 水作空白，其操作步骤和水样相同，记录消耗的硫酸亚铁铵标准溶液的体积（mL）。

计算：

$$化学需氧量(O_2, mg/L) = \frac{(V_0 - V_1)c \times 8 \times 100}{V_2}$$

式中，c 为硫酸亚铁铵标准溶液的浓度，$mol \cdot L^{-1}$；V_1 为滴定水样消耗的硫酸亚铁铵标准溶液的体积，mL；V_0 为滴定空白消耗的硫酸亚铁铵标准溶液的体积，mL；V_2 为水样的体积，mL。

五、注意事项

1. 用本法测定时，0.4g 硫酸汞可与 40mg 氯离子结合，如果氯离子浓度更高，应补加硫酸汞，以使硫酸汞与氯离子的质量比为 10:1，如果产生轻微沉淀也不影响测定。如水样中氯离子的含量超过 $1000mg \cdot L^{-1}$ 时，则需要按其他方法处理。

2. 在某些情况下，如所取水样在 10～50mL 时，试剂的体积、浓度等应按表 5-6 进行相应的调整。

表 5-6　用重铬酸钾法测 COD 的测定条件

水样体积 /mL	$0.25mol \cdot L^{-1}$ 重铬酸钾标准溶液[①] /mL	硫酸银-硫酸溶液/mL	硫酸汞/g	硫酸亚铁铵标准溶液的 c[②]/$mol \cdot L^{-1}$	滴定前体积/mL
10.00	5.00	15	0.2	0.0500	70
20.00	10.00	30	0.4	0.1000	140
30.00	15.00	45	0.6	0.1500	210
40.00	20.00	60	0.8	0.2000	280
50.00	25.00	75	1.0	0.2500	350

① 重铬酸钾溶液以 $\frac{1}{6}K_2Cr_2O_7$ 为单位。

② c 为物质的量浓度。

3. 回流过程中若溶液颜色变绿，说明水样的化学需氧量太高，需将水样适当稀释后重新测定。

4. 水样加热回流后，溶液中重铬酸钾剩余量以原加入量的 1/5～4/5 为宜。

5. 若水样中含易挥发有机物，在加硫酸银硫酸溶液时，应在冰浴或冷水浴中进行，或者从冷凝器顶端慢慢加入，以防易挥发性物质损失，使结果偏低。

6. 水样中的亚硝酸盐对测定有干扰，每毫克亚硝酸盐氮相当 1.14mg 化学需氧量。可按每毫克亚硝酸盐氮加入 10mg 氨基磺酸来消除。蒸馏水空白中也应加入等量的氨基磺酸。

实验十五　工业废水 BOD 的测定

一、实验目的

1. 掌握 BOD 测定的基本原理。
2. 熟练掌握水体 BOD 测定仪的使用及其他基本操作。

二、实验原理

生化需氧量（BOD）是指在有氧条件下（溶解氧 $\geq 10^{-6}$），微生物分解有机物质的生物化学氧化过程中所需要的溶解氧量。BOD 是反映水体被有机物污染程度的综合指标，也是废水的可生化降解性和生化处理研究，以及生化处理废水工艺设计和动力学研究中的重要参数。微生物分解有机物质缓慢，若将可分解的有机物全部分解，约需 20d 以上的时间。目前国内外普遍采用 20℃培养 5d 所需要的氧为指标，称为 BOD_5，以氧的 $mg \cdot L^{-1}$ 表示，它成为水质监测的重要指标。有机物在微生物作用下好氧分解大体上分为两个阶段。

（1）氧化阶段，主要是含碳有机物氧化为二氧化碳和水。

（2）硝化阶段，主要是含氮有机化合物在硝化菌的作用下分解为亚硝酸盐和硝酸盐，约在 5～7d 后才显著进行。故目前常用的 20℃ 5d 培养法（BOD_5 法）测定 BOD 值一般不包括硝化阶段。

测定原理：将待测水样中和到 pH 值在 6.5～7.5 之间，可用不同量的含有充足溶解氧和需氧微生物菌种的稀释水稀释。取两份水样分别置于溶解氧瓶中，须全充满，无气泡，加塞，水封。取一份放入 20℃培养箱中培养 5d，测定溶解氧；另一份当天测定。然后计算每升水中所消耗的氧量。

三、实验仪器和试剂

BOD 测定仪（OxiTop-OC100，上海亚荣生化仪器厂），BOD 培养瓶、培养箱等配套装置，10mL、100mL 量筒各一支，pH 计。

$0.5mol \cdot L^{-1}$ 的 H_2SO_4 溶液，$1mol \cdot L^{-1}$ 的 NaOH 溶液。

四、实验步骤

1. 样品的预处理

（1）含有悬浮物质的试样混匀后，取适当的体积分析。

（2）冬季采取水样，冷却保存时含氧量较高，藻类多的江、河、湖泊因光合作用也含有较多的氧，要注意夏季易使溶解氧出现过饱和，对于其他溶解性气体多的水样也要曝气处理。

（3）试样中和：呈酸性或碱性的试样要用 $1mol \cdot L^{-1}$ 的 NaOH 溶液或用 $0.5mol \cdot L^{-1}$ 的 H_2SO_4 溶液中和至 pH 值为 7 左右（6.5～7.5）。

（4）试样中余氯低于 $0.1mol \cdot L^{-1}$ 时短时间放置有时也会消失。氯含量高时需用硫代硫酸钠除去。

2. 确定水样稀释倍数

由于水中有机物含量高，为了确定 BOD 的稀释度，首先需测定耗氧量或化学需氧量值再推测出 BOD 值，为了防止失败，通常采用不同阶段稀释法。

可先测定水样的总有机碳（TOC）或重铬酸盐法化学需氧量（COD），根据 TOC 或 COD 估计 BOD_5 可能值，再围绕预期的 BOD_5 值做几种不同的稀释比，最后从所得测定结果中选取合乎要求条件者。

一般认为稀释过的培养液在 20℃温度下，经培养 5d 后溶氧量减少 40%～70% 较为合适。减少量过多或过少都会带来较大误差，所以一份水样应同时做 2～3 稀释度，最后只采用溶解氧降低在 40%～70%之间的平均值为测定结果。

3. 测试

将达到测试量程范围内的样品移入培养瓶，用 BOD 测定仪进行激活记录，后放置培养箱内 20℃培养 5d，5d 后再次用 BOD 测定仪激活，即读取所对应的 BOD 值。

五、数据记录与处理

本实验采用 BOD 测定仪进行测定，相关的数据处理过程是仪器本身的程序完成的。试样的 BOD 值可以直接通过测定仪读出。

六、注意事项

1. 为了测定可靠，最好同时培养 2～3 瓶，从测定值算出平均值；稀释用的量器具及 BOD 培养瓶要充分洗净，因为高倍稀释时，即使轻微的污染，也能影响 BOD 值。

2. 样品稀释时，水样及稀释水用虹吸管插入容器底部，轻轻流入，防止产生气泡。

3. 水样储存过程中 BOD 值会发生明显变化，因此，水样需及时测定。一般认为在 15～20℃下放置数小时，可使 BOD 的含量减少 1/2；冰冻条件下保存 3d 时，其 BOD 值减少 5%。

实验十六 沉淀重量法测定钡（微波干燥恒重法）

一、实验目的

1. 了解测定 $BaCl_2 \cdot 2H_2O$ 中钡的含量的原理和方法。

2. 掌握晶形沉淀的制备、过滤、洗涤、灼烧及恒重的基本操作技术。

3. 了解微波技术在样品干燥方面的应用。

二、实验原理

称取一定量的 $BaCl_2 \cdot 2H_2O$，以水溶解，加稀 HCl 溶液酸化，加热至微沸，在不断搅动的条件下，慢慢地加入稀、热的 H_2SO_4，Ba^{2+} 与 SO_4^{2-} 反应，形成晶形沉淀。沉淀经陈化、过滤、洗涤、烘干、炭化、灰化、灼烧后，以 $BaSO_4$ 形式称量。可求出 $BaCl_2 \cdot 2H_2O$ 中钡的含量。

为了获得颗粒较大、纯净的结晶形沉淀，应在酸性、较稀的热溶液中缓慢加入沉淀剂，以降低相对过饱和度，沉淀完成后还需陈化；为保证沉淀完全，沉淀剂必须过量，并在自然冷却后再过滤；沉淀前试液经酸化可防止碳酸盐等钡的弱酸盐沉淀产生。选用稀硫酸为洗涤剂可减少 $BaSO_4$ 的溶解损失，H_2SO_4 在灼烧时可被分解除掉。

微波干燥恒重法与传统方法不同之处是本实验使用微波干燥 $BaSO_4$ 沉淀。与传统的灼烧干燥法相比，后者既可节省 1/3 以上的实验时间，又可节省能源。在使用微波法干燥 $BaSO_4$ 沉淀时，包藏在 $BaSO_4$ 沉淀中的高沸点杂质如 H_2SO_4 等不易在干燥过程中被分解或挥发而除去，所以在对沉淀条件和沉淀洗涤操作要求更加严格。沉淀时应将 Ba^{2+} 试液进一步稀释，并且使过量的沉淀剂控制在 20%～50%之间，沉淀剂的滴加速度要缓慢，尽可能减少包藏在沉淀中的杂质。

三、实验仪器和试剂

仪器 玻璃坩埚（G4 号或 P16 号），淀帚（1 把），循环水真空泵（配抽滤瓶），微波炉。

试剂 H_2SO_4（0.5mol·L^{-1}），HCl（2mol·L^{-1}），$AgNO_3$（0.1mol·L^{-1}），$BaCl_2 \cdot 2H_2O$（s，分析纯）。

四、实验内容

（1）玻璃坩埚的准备：将两只洁净的坩埚放在微波炉内于 500W 的输出功率（中高火）

下进行干燥。第一次干燥 10min，第二次灼烧 4min。每次干燥后放入干燥器中冷却 12～15min，然后在分析天平上快速称量。两次干燥后所得质量之差若不超过 0.4mg，即已恒重。

（2）准确称取两份 0.4000～0.6000g $BaCl_2 \cdot 2H_2O$ 试样，分别置于 250mL 烧杯中，加 150mL 水及 3mL 2mol·L^{-1} HCl 溶液，搅拌溶解，加热至近沸。另取 5～6mL H_2SO_4 两份于两个 100mL 烧杯中，加水 40mL，加热至近沸，趁热将两份 H_2SO_4 溶液分别用小滴管逐滴地加入两份热的钡盐溶液中，并用玻璃棒不断搅拌，直至两份 H_2SO_4 溶液加完为止。待 $BaSO_4$ 沉淀下沉后，于上层清液中加入 1～2 滴 0.1mol·L^{-1} H_2SO_4 溶液，仔细观察沉淀是否完全。沉淀完全后，盖上表面皿（切勿将玻璃棒拿出杯外），放置过夜陈化或在水浴上陈化 1h。

（3）准备洗涤液：在 100mL 水中加入 3～5 滴 H_2SO_4 溶液，混匀。

（4）称量形的获得：$BaSO_4$ 沉淀冷却后，用倾泻法在已恒重的玻璃坩埚中进行减压过滤。滤完后，用洗涤液洗涤沉淀 3 次，每次用 15mL，再用水洗一次。然后将沉淀转移到坩埚中，并用玻棒"擦""和"黏附在杯壁上的沉淀，再用水冲洗烧杯和玻棒直至沉淀转移完全。最后用水淋洗沉淀及坩埚内壁数次（6 次以上），这时沉淀基本已洗涤干净（如何检验?）。继续抽干 2min 以上至不再产生水雾，将坩埚放入微波炉进行干燥（第一次 10min，第二次 4min），冷却、称量，直至恒重。根据 $BaSO_4$ 的质量，计算钡盐试样中钡的百分含量 W_{Ba}（%）。

五、注意事项

1. 干、湿坩埚不可在同一微波炉内加热，因炉内水分不挥发，加热恒重的时间很短，湿度的影响过大。并且，本实验中，可考虑先用滤纸吸去坩埚外壁的水珠，再放入微波炉中加热，以减少加热的时间。

2. 干燥好的玻璃坩埚稍冷后放入干燥器，先要留一小缝，30s 后盖严，用分析天平称量，必须在干燥器中自然冷却至室温后方可进行。

3. 由于传统的灼烧沉淀可除掉包藏的 H_2SO_4 等高沸点杂质，而用微波干燥时不能分解或挥发掉，故应严格控制沉淀条件与操作规范。应把含 Ba^{2+} 的试液进一步稀释，过量的沉淀剂 H_2SO_4 控制在 20%～50%，滴加 H_2SO_4 速度缓慢，且充分搅拌，可减少 H_2SO_4 及其他杂质被包裹的量，以保证实验结果的准确度。

4. 坩埚使用前用稀 HCl 抽滤，不用稀 HNO_3，防止 NO_3^- 成为抗衡离子。本实验中，使用后的坩埚可即时用稀 H_2SO_4 洗净，不必用热的浓 H_2SO_4。

六、思考题

1. 为什么要在稀热 HCl 溶液中且不断搅拌条件下逐滴加入沉淀剂沉淀 $BaSO_4$？HCl 加入太多有何影响？

2. 为什么要在热溶液中沉淀 $BaSO_4$，但要在冷却后过滤？晶形沉淀为何要陈化？

3. 什么叫倾泻法过滤？洗涤沉淀时，为什么用洗涤液或水都要少量多次？

4. 什么叫灼烧至恒重？

5. 使用微波炉时有哪些注意事项？

实验十七　分光光度法测定铁（Ⅲ）——磺基水杨酸配合物的组成

一、实验目的

1. 了解分光光度法测定配合物组成的常用方法——摩尔比法及等摩尔连续变化法。

2. 掌握方法的原理及测定步骤。

二、实验原理

配合物组成（配合比）的确定是研究配合反应平衡的基本问题之一。金属离子 M 和配位体形成配合物的反应为：

$$M+nL \Longrightarrow ML_n （忽略离子的电荷）$$

式中，n 为配合物的配位数，它可用分光光度法按摩尔比法或等摩尔连续变化法测定。

1. 摩尔比法

配制一系列溶液，维持各溶液的金属离子浓度、酸度、离子强度、温度恒定，只改变配位体的浓度，在配合物的最大吸收波长处测定各溶液的吸光度，以吸光度对摩尔比 R（即 c_L/c_M）作图（见图 5-9）。由图可见，当 $R<n$ 时，L 全部转变成 ML_n，吸光度随 L 浓度的增大而增高，且与 R 呈线性关系；当 $R>n$ 时，M 全部转变成 ML_n，继续增大 L 的浓度，吸光度不再变化。将曲线的线性部分延长相交于一点，该点对应的 R 值即为 n。本法适用于稳定性较高的配合物的组成的测定。

图 5-9　摩尔比

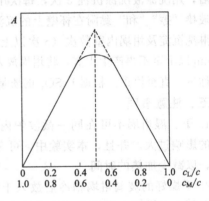

图 5-10　等摩尔连续变化

2. 等摩尔连续变化法

配制一系列溶液，在保持实验条件相同的情况下，使所有溶液中 M 和 L 的总物质的量不变，即

$$c_L+c_M=c （常数）$$

只改变 M 或 L 在总摩尔数中所占的比例（即摩尔分数 c_M/c 或 c_L/c），在配合物的最大吸收波长处测定吸光度，以吸光度对摩尔分数 c_L/c 或（c_M/c）作图（见图 5-10）。吸光度曲线的极大值所对应的摩尔分数之比（即 c_L/c_M）即为 n。

为方便起见，实验时配制浓度相同的 M 和 L 溶液，在维持溶液总体积不变的条件下，按不同体积比配成一系列 M 和 L 的混合溶液，它们的体积比就是摩尔分数之比。

在 pH2~2.5 的酸性溶液中，磺基水杨酸与 Fe^{3+} 生成紫红色配合物：

$$Fe^{3+} + \text{（磺基水杨酸）} \rightleftharpoons \text{（配合物）}^+ + 2H^+$$

配合物的最大吸收波长约为 500nm。

三、实验仪器和试剂

仪器　721 型（或 722 型）分光光度计，50mL 容量瓶 9 只，5mL 吸量管 2 支。

试剂　$0.01000\,mol\cdot L^{-1}\,Fe^{3+}$：称取 0.4822g $NH_4Fe(SO_4)_2\cdot12H_2O$，以 $HClO_4$ 溶液溶解后，转入 100mL 容量瓶中，以 $HClO_4$ 稀释至刻度。$0.01000\,mol\cdot L^{-1}$ 磺基水杨酸：称取 0.2542g 磺基水杨酸 $[C_6H_2(OH)(COOH)SO_3H\cdot2H_2O]$，以 $HClO_4$ 溶液溶解后，转入 100mL 容量瓶，以 $HClO_4$ 稀释至刻度。$0.025\,mol\cdot L^{-1}\,HClO_4$ 溶液：移取 2.2mL 70% $HClO_4$，稀释至 1000mL。

四、实验内容

1. 摩尔比法

取 9 支 50mL 容量瓶，编号。按表 5-7 配制溶液，用去离子水稀释至刻度。用 1cm 比色皿，以水为参比，在 500nm 处测定各溶液的吸光度。以 A 对 R（即 c_L/c_M）作图，将曲线的两直线部分延长相交，确定 n 值。

表 5-7　摩尔比法中溶液的配制及吸光度的测定

编号	V_{HClO_4}/mL	$V_{Fe^{3+}}$/mL	$V_{磺基水杨酸}$/mL	A
1	7.50	2.00	0.50	
2	7.00	2.00	1.00	
3	6.50	2.00	1.50	
4	6.00	2.00	2.00	
5	5.50	2.00	2.50	
6	5.00	2.00	3.00	
7	4.50	2.00	3.50	
8	4.00	2.00	4.00	
9	3.50	2.00	4.50	

2. 等摩尔连续变化法

取 7 支 50mL 容量瓶，编号。按表 5-8 配制溶液，用去离子水稀释至刻度。用 1cm 比色皿，以水为参比，在 500nm 处测定各溶液的吸光度。以 A 对摩尔分数（即 c_L/c 或 c_M/c）作图，将曲线的两侧的直线部分延长，由交点确定 n 值。

表 5-8　等摩尔连续变化法中溶液的配制及吸光度的测定

编号	V_{HClO_4}/mL	$V_{Fe^{3+}}$/mL	$V_{磺基水杨酸}$/mL	A
1	5.00	5.00	0.00	
2	5.00	4.50	0.50	
3	5.00	3.50	1.50	
4	5.00	2.50	2.50	
5	5.00	1.50	3.50	
6	5.00	0.50	4.50	
7	5.00	0.00	5.00	

五、思考题

1. 在什么情况下，才可以使用摩尔比法或等摩尔连续变化法测定配合物的组成？

2. 酸度对测定配合物的组成有什么影响？如何确定适宜的酸度条件？

3. 根据摩尔比法和等摩尔连续变化法的实验曲线，可以确定实验条件下的配合物的表观形成常数。试根据你的实验结果计算 Fe^{3+} 磺基水杨酸的表观形成常数，并与手册上查得的数据对比。

实验十八　邻二氮杂菲分光光度法测定铁条件的研究

一、实验目的

1. 掌握邻二氮杂菲分光光度法测定铁的原理和方法。

2. 学习分光光度法实验条件的选择方法。

二、实验原理

应用分光光度法测定物质的含量时，通常要经过取样、显色及测量等步骤。显色反应受多种因素的影响，为了使被测离子全部转化为有色化合物，应当通过试验确定显色剂用量、显色时间、显色温度、溶液酸度及加入试剂的顺序等。本实验通过对邻二氮杂菲-Fe^{2+}反应的几个基本条件实验，研究分光光度法测定条件的选择。严格控制反应条件是提高灵敏度的有效办法。

邻二氮杂菲是测定微量铁（Ⅱ）的灵敏度高的显色剂。在 pH=2~9 的溶液中，邻二氮杂菲与 Fe^{2+} 生成稳定的橙红色配合物。此配合物的 $lgK_{稳}=21.3$，摩尔吸光系数 $\varepsilon_{510}=1.1\times10^4$。

三、实验仪器和试剂

仪器　721 型分光光度计。

试剂　$100\mu g\cdot mL^{-1}$ 铁标准溶液〔准确称取 0.864g 分析纯 $NH_4Fe(SO_4)_2\cdot12H_2O$ 置于烧杯中，以 30mL 2mol·L^{-1} 盐酸溶解后，移入 1000mL 容量瓶，稀释至刻度，摇匀〕，0.12%邻二氮杂菲水溶液（新鲜配制），10%盐酸羟胺水溶液（新鲜配制），HAc-NaAc 缓冲溶液（pH=4.5）。

四、实验内容

(1) $10\mu g\cdot mL^{-1}$ 铁标准溶液的配制：由 $100\mu g\cdot mL^{-1}$ 铁标准溶液准确稀释 10 倍而得。

(2) 吸收曲线的绘制。取 $10\mu g\cdot mL^{-1}$ 铁标准溶液 3.00mL 于 50mL 容量瓶中，加入 10%盐酸羟胺溶液，摇匀。2min 后，加入 HAc-NaAc 缓冲溶液 5mL，0.12%邻二氮杂菲溶液 2mL，以水稀释至刻度摇匀，记下时间，用 2cm 比色皿，以空白溶液为参比，测定并绘制吸收曲线，找出最大吸收波长。

(3) 邻二氮杂菲-亚铁配合物的稳定性。用上面的溶液继续进行测定，并绘制 A-t 曲线。

(4) 显色剂浓度的影响。设计实验研究显色剂浓度的影响，绘制 A-c 曲线，从曲线上确定显色剂的最适宜加入量。提示：显色剂加入量在 0.20~3.00mL 之间进行实验。

五、思考题

1. 加入显色剂之前为什么要预先加入盐酸羟胺和 HAc-NaAc 缓冲溶液？

2. 实验中哪些试剂的加入量必须很准确？哪些不必很准？

3. 根据测试数据计算邻二氮杂菲亚铁溶液在最大吸收波长处的摩尔吸光系数。

六、选做课题

设计实验研究邻二氮杂菲测定铁的最佳酸度条件，并绘制工作曲线，对试样中的铁含量进行测定。

实验十九　气相色谱法测定邻二甲苯中的杂质（内标法）

一、实验目的

学习内标法定量的基本原理和测定试样中杂质含量的方法。

二、实验原理

对于试样中少量杂质的测定或仅需测定试样中的某些组分时，可采用内标法定量。用内标法测定时，需在试样中加入一种已知的纯物质作内标物。内标物应符合下列条件：

① 应是试样中不存在的纯物质，且能与试样很好混匀；

② 其色谱峰位置应位于被测组分色谱峰的附近，并完全分离；

③ 其物理性质及物理化学性质应与被测组分相近；

④ 加入量应与被测组分含量接近。

设样品质量为 $m_样$，加入内标物的质量为 m_s，被测组分质量为 m_i，可根据测得的被测组分与内标物色谱峰面积之比 A_i/A_s 或峰高之比 h_i/h_s 进行定量计算：

$$\frac{m_i}{m_s}=\frac{f''_i h_i}{f''_s h_s} \tag{1}$$

$$m_i = m_s \frac{f''_i h_i}{f''_s h_s} \tag{2}$$

$$m_i = \frac{m_i}{m_样} \times 100\% \tag{3}$$

$$m_i = \frac{m_s}{m_样} \times \frac{f''_i h_i}{f''_s h_s} \times 100\% \tag{4}$$

式中，f''_i、f''_s 为峰高相对质量校正因子。若以内标物为标准，设 $f''_s=1.00$，则

$$m_i = \frac{m_s}{m_样} \times \frac{f''_i h_i}{h_s} \times 100\% \tag{5}$$

若采用内标标准曲线，可在校正因子未知的情况下进行定量测定。方法如下：配制一系列标准溶液，即 m_i、m_s 已知，测得相应的 h_i、h_s，根据式 (4) 绘制 h_i/h_s-m_i/m_s 标准曲线（见图 5-11）。称取一定量的未知样和内标物质混匀，进行测得相应的 h_i/h_s，便可根据标准曲线获知样品的 m_i/m_s，代入下式求得 m_i（%）。

$$m_i = \frac{m_s}{m_样} \times \frac{m_i}{m_s} \times 100\%$$

内标法定量结果准确，对于进样量及操作条件不需严格控制，内标标准曲线法更适用于工厂的控制分析。

本实验选用甲苯作内标物质，测定邻二甲苯中苯、乙苯、1,2,3-三甲苯杂质含量。

图 5-11 内标标准曲线

三、实验仪器和试剂

仪器 气相色谱仪（任一型号，色谱柱条件同第 4 章中实验十五），氢气、氦气或氮气钢瓶，微量进样器。

试剂 分析纯苯，甲苯，乙苯，邻二甲苯，1,2,3-三甲苯，乙醚。

四、实验内容

（1）色谱条件 同第 4 章中实验十七。

（2）操作步骤

① 标准系列的配制与测定 取 5 只容量瓶编序，分别准确称入一定量的甲苯，再分别准确称入不同量的苯、乙苯、邻二甲苯和 1,2,3-三甲苯，以乙醚定容，充分摇匀，作标准系列（列表记录）。然后，在选定色谱条件下分别进样，记录色谱图。重复进样两次。

② 未知样的测定　准确称取一定质量的未知试样及适量的甲苯于容量瓶内，以乙醚定容，充分摇匀，在同上色谱条件下进样测定，重复进样两次。

五、数据处理

(1) 记录实验条件（项目同第 4 章实验十七）。

(2) 测量色谱图上各组分色谱峰高值，列表。

编号	$h_{苯}$				$h_{甲苯}$				$h_{乙苯}$				$h_{1,2,3-三甲苯}$			
	1	2	3	平均值	1	2	3	平均值	1	2	3	平均值	1	2	3	平均值
1																
2																
3																
4																
5																
未知样																

(3) 以甲苯作为内标物质，计算 m_i/m_s、h_i/h_s 值，列表，并作标准曲线。

编号	苯/甲苯		乙苯/甲苯		1,2,3-三甲苯/甲苯	
	m_i/m_s	h_i/h_s	m_i/m_s	h_i/h_s	m_i/m_s	h_i/h_s
1						
2						
3						
4						
5						
未知样						

(4) 根据未知样的 h_i/h_s 值，在标准曲线上查出相应的 m_i/m_s 值，代入公式求得 m_i。

六、思考题

1. 内标法定量有何特点？它对内标物有何条件要求？

2. 内标标准曲线法中，为什么不需要知道各组分校正因子值？

实验二十　铵盐中氮含量的测定（甲醛法）

一、实验目的

1. 掌握以甲醛强化间接法测定铵盐中氮含量的原理和方法。

2. 学会除去试剂中的甲酸和试样中的游离酸的方法。

二、实验原理

铵盐 NH_4Cl 和 $(NH_4)_2SO_4$ 是常用的无机化肥，为强酸弱碱盐，可用酸碱滴定法测定其含氮量，但由于 NH_4^+ 的酸性太弱（$K_a = 5.6 \times 10^{-10}$），故不能用 NaOH 标准溶液直接滴定。因此生产和实验室中广泛采用甲醛法测定铵盐中的含氮量。

将甲醛与一定量的铵盐作用，生成一定量的酸（H^+）和六亚甲基四胺，反应如下：

$$4NH_4^+ + 6HCHO = (CH_2)_6N_4 + 4H^+ + 6H_2O$$

生成的 H^+ 可被 NaOH 标准溶液准确滴定：

$$4H^+ + 4OH^- =\!=\!= 4H_2O$$

化学计量点时，溶液中存在六亚甲基四胺，这种极弱的有机碱使溶液呈弱碱性，可选用酚酞作指示剂，滴定至溶液呈现微红色即为终点。

铵盐与甲醛的反应在室温下进行较慢，加甲醛后，需放置几分钟，使反应完全。

注意：（1）若甲醛中含有游离酸（甲醛受空气氧化所致），应事先以酚酞作指示剂，用 NaOH 溶液中和至微红色（pH≈8）。

（2）若试样中含有游离酸（应除去，否则会产生正误差），应事先以甲基红为指示剂，用 NaOH 溶液中和至黄色（pH≈6）（能否用酚酞作指示剂？）。

三、实验仪器和试剂

仪器　滴定管，烧杯。

试剂　1∶1 甲醛溶液，0.1mol·L^{-1} NaOH 溶液，0.2% 酚酞乙醇溶液，（NH$_4$）$_2$SO$_4$ 肥料，0.2% 甲基红溶液。

四、实验内容

1. 甲醛溶液的处理

取原装甲醛（40%）的上层清液于烧杯中，用一倍水稀释，加入 2～3 滴酚酞指示剂，用 0.1mol·L^{-1} NaOH 溶液中和至甲醛溶液呈微红色。

2. 试样中含氮量的测定

准确称取 1.2～1.6g（NH$_4$）$_2$SO$_4$ 肥料于小烧杯中，用适量蒸馏水溶解。然后定量地转移至 250mL 容量瓶中，用蒸馏水稀释至刻度，摇匀。用移液管移取试液 25.00mL 于锥形瓶中，加入 1～2 滴甲基红指示剂，用 0.1mol·L^{-1} NaOH 溶液中和至黄色。然后加入 10mL 已中和的 1∶1 甲醛溶液，再加入 1～2 滴酚酞指示剂摇匀，静置 1min 后，用 0.1mol·L^{-1} NaOH 标准溶液滴定至溶液呈微橙红色，并持续 30s 不褪色，即为终点（终点为甲基红的黄色和酚酞的红色的混合色），记录滴定所消耗的 NaOH 标准溶液的体积。平行测定 3 次，根据 NaOH 标准溶液的浓度和滴定消耗的体积，计算试样中氮的含量 W_N。

五、思考题

1. NH$_4^+$ 是 NH$_3$ 的共轭酸，为什么不能直接用 NaOH 标准溶液滴定？

2. NH$_4$NO$_3$、NH$_4$Cl 或 NH$_4$HCO$_3$ 中的含氮量能否用甲醛法测定？

3. 为什么中和甲醛中的游离酸用酚酞作指示剂，而中和（NH$_4$）$_2$SO$_4$ 中的游离酸用甲基红作指示剂？

实验二十一　食用醋中醋酸含量的测定

一、实验目的

1. 了解强碱滴定弱酸过程中的 pH 值变化，化学计量点以及指示剂的选择。

2. 进一步掌握移液管、滴定管的使用方法和滴定操作技术。

二、实验原理

食用醋的主要成分是醋酸（HAc），此外还含有少量其他弱酸如乳酸等。醋酸的解离常数 $K_a = 1.8 \times 10^{-5}$，用 NaOH 标准溶液滴定醋酸，其反应式是：

$$NaOH + HAc =\!=\!= NaAc + H_2O$$

滴定化学计量点的 pH 值约为 8.7，应选用酚酞作指示剂，滴定终点时由无色变为微红色，且 30s 内不褪色。滴定时，不仅 HAc 与 NaOH 反应，食醋中可能存在的其他各种形式的酸也与 NaOH 反应，故滴定所得为总酸度，以 ρ_{HAc}（g·L^{-1}）表示。

三、实验仪器和试剂

仪器　移液管，滴定管，锥形瓶。

试剂　邻苯二甲酸氢钾（$KHC_8H_4O_4$）基准试剂，NaOH 溶液（$0.1mol \cdot L^{-1}$），酚酞指示剂（$2g \cdot L^{-1}$ 乙醇溶液），食醋试液。

四、实验内容

1. $0.1mol \cdot L^{-1}$ NaOH 溶液的标定

以减量法准确称取邻苯二甲酸氢钾 $0.37 \sim 0.45g$ 三份，分别置于 250mL 锥形瓶中，加入 $20 \sim 30mL$ 蒸馏水溶解后，加入 $1 \sim 2$ 滴酚酞指示剂，用 NaOH 滴定至溶液呈微红色且 30s 内不褪色即为终点。根据所消耗的 NaOH 标准溶液的体积，计算 NaOH 标准溶液的浓度及平均值。

2. 食用醋总酸度的测定

准确吸取食用醋试液 10.00mL 于 100mL 容量瓶中，用新煮沸并冷却的蒸馏水稀释至刻度，摇匀。用移液管吸取 25.00mL 上述稀释后溶液于 250mL 锥形瓶中，加入 25mL 新煮沸并冷却的蒸馏水，再加入 $1 \sim 2$ 滴酚酞指示剂。用 $0.1mol \cdot L^{-1}$ NaOH 标准溶液滴至溶液呈微红色且 30s 内不褪色即为终点。根据 NaOH 标准溶液的用量，计算食醋的总酸量。

五、思考题

1. 写出本实验中标定 c_{NaOH} 和测定 ρ_{HAc} 的计算公式。
2. 以 NaOH 溶液滴定 HAc 溶液，属于哪类滴定？怎样选择指示剂？
3. 草酸、柠檬酸、酒石酸等多元有机酸能否用 NaOH 溶液分步滴定？
4. 为什么称取的 $KHC_8H_4O_4$ 基准物质要在 $0.37 \sim 0.45g$ 范围内？

实验二十二　蛋壳中钙、镁含量的测定

一、实验目的

1. 学习固体试样的酸溶方法。
2. 掌握配位滴定法测定蛋壳中钙、镁含量的方法和原理。
3. 了解配位滴定中，指示剂的选用原则和应用范围。

二、实验原理

鸡蛋壳的主要成分为 $CaCO_3$，其次为 $MgCO_3$、蛋白质、色素以及少量 Fe 和 Al。由于试样中含酸不溶物较少，可用 HCl 溶液将其溶解，制成试液，采用配位滴定法测定钙、镁的含量，特点是快速、简便。

试样经溶解后，Ca^{2+}、Mg^{2+} 共存于溶液中。Fe^{3+}、Al^{3+} 等干扰离子，可用三乙醇胺或酒石酸钾钠掩蔽。调节溶液的酸度至 $pH > 12$，使 Mg^{2+} 生成氢氧化物沉淀，以钙试剂作指示剂，用 EDTA 标准溶液滴定，单独测定钙的含量。另取一份试样，调节其酸度至 $pH = 10$，以铬黑 T 作指示剂，用 EDTA 标准溶液滴定，可直接测定溶液中钙和镁的总量。由总量减去钙的含量即得镁的含量。

三、实验仪器和试剂

仪器　小型台式破碎机，标准筛（80 目）。

试剂　EDTA 标准溶液（$0.02mol \cdot L^{-1}$），HCl 溶液（$6mol \cdot L^{-1}$），NaOH 溶液（10%），钙试剂 [应配成 1∶100（NaCl）的固体指示剂]，铬黑 T 指示剂 [也应配成 1∶100（NaCl）的固体指示剂]，NH_3-NH_4Cl 缓冲溶液（$pH = 10$），三乙醇胺水溶液（33%）。

四、实验内容

1. 试样的溶解及试液的制备

将鸡蛋壳洗净并除去内膜，烘干后用小型台式破碎机粉碎，使其通过 80 目的标准筛，装入广口瓶或称量瓶中备用。准确称取上述试样 0.25～0.30g，置于 250mL 烧杯中，加少量水润湿，盖上表面皿，从烧杯嘴处用滴管滴加约 5mL HCl 溶液，使其完全溶解，必要时用小火加热。冷却后转移至 250mL 容量瓶中，用水稀释至刻度，摇匀。

2. 钙含量的测定

准确吸取 25.00mL 上述待测试液于锥形瓶中，加入 20mL 蒸馏水和 5mL 三乙醇胺溶液，摇匀。再加入 10mL NaOH 溶液、少量钙指示剂，摇匀后，用 EDTA 标准溶液滴定至由红色恰好变为蓝色，即为终点。根据所消耗的 EDTA 标准溶液的体积，自己推导公式计算试样中 CaO 的质量分数。

3. 钙、镁总量的测定

准确吸取 25.00mL 待测试液于锥形瓶中，加入 20mL 水和 5mL 三乙醇胺溶液，摇匀。再加入 10mL NH_3-NH_4Cl 缓冲溶液，摇匀。最后加入铬黑 T 指示剂少许，然后用 EDTA 标准溶液滴定至溶液由紫红色恰好变为纯蓝色，即为终点，测得钙、镁的总量。自己推导公式计算试样中钙、镁的总量，由总量减去钙的含量即得镁的含量，以镁的质量分数表示。

钙、镁总量的测定也可用 K-B 指示剂，终点的颜色变化是由紫红色变为蓝绿色。

五、数据记录与处理

记录相关数据，表格自行设计。

六、思考题

1. 将烧杯中已经溶解好的试样转移到容量瓶以及稀释到刻度时，应注意什么问题？
2. 查阅资料，说明还有哪些方法可以测定蛋壳中钙、镁的含量。

实验二十三 维生素 C 片中抗坏血酸含量的测定（直接碘量法）

一、实验目的

1. 掌握碘标准溶液的配制及标定。
2. 了解直接碘量法测定维生素 C 的原理及操作过程。

二、实验原理

抗坏血酸又称维生素 C，分子式为 $C_6H_8O_6$，由于分子中的烯二醇基具有还原性，能被氧化成二酮基，维生素 C 的半反应式为：

$$C_6H_8O_6 \Longrightarrow C_6H_6O_6 + 2H^+ + 2e \qquad \varphi^\ominus \approx +0.18V$$

1mol 维生素 C 与 1mol I_2 定量反应，维生素 C 的摩尔质量为 176.12g·mol^{-1}。该反应可以用于测定药片、注射液及果蔬中维生素 C 的含量。由于维生素 C 的还原性很强，在空气中极易被氧化，尤其在碱性介质中，测定时加入 HAc 使溶液呈弱酸性，减少维生素 C 的副反应。维生素 C 在医药和化学上应用非常广泛。在分析化学中常用在分光光度法和配位滴定法中作为还原剂，如使 Fe^{3+} 还原为 Fe^{2+}，Cu^{2+} 还原为 Cu^+，硒（Ⅳ）还原为硒（Ⅲ）等。

三、实验仪器和试剂

仪器 分析天平，酸式滴定管，容量瓶，移液管，洗瓶等常规分析仪器。

试剂 I_2 溶液 $\left[c\left(\frac{1}{2}I_2\right) = 0.10mol \cdot L^{-1}, 0.01mol \cdot L^{-1} I_2 标准溶液\right]$，$As_2O_3$ 基准物质（于 105℃ 干燥 2h），0.01mol·L^{-1} $Na_2S_2O_3$ 标准溶液，5g·L^{-1} 淀粉溶液，2mol·L^{-1} 醋

酸，NaHCO$_3$ 固体，6mol·L^{-1} NaOH。

四、实验内容

1. 0.05mol·L^{-1} I$_2$ 溶液和 0.1mol·L^{-1} Na$_2$S$_2$O$_3$ 溶液的配制

用台式天平称取 Na$_2$S$_2$O$_3$·5H$_2$O 约 6.2g，溶于适量刚煮沸并已冷却的水中，加入 Na$_2$CO$_3$ 约 0.05g 后，稀释至 250mL，倒入细口瓶中，放置 1～2 周后标定。

在台式天平上称取 I$_2$（预先磨细过）约 3.2g，置于 250mL 烧杯中，加 6g KI，再加少量水，搅拌，待 I$_2$ 全部溶解后，加水稀释至 250mL，混合均匀。储藏在棕色细口瓶中，放于暗处。

2. Na$_2$S$_2$O$_3$ 溶液的标定

准确称取 0.15～0.16g K$_2$Cr$_2$O$_7$ 基准试剂三份，分别置于 250mL 锥形瓶中，加入 10～20mL 蒸馏水使之溶解。加 2g KI，10mL 2mol·L^{-1} 的盐酸，充分混合溶解后，盖好塞子以防止 I$_2$ 因挥发而损失。在暗处放置 5min，然后加 50mL 水稀释，用 Na$_2$S$_2$O$_3$ 溶液滴定到溶液呈浅绿黄色时，加 2mL 淀粉溶液。继续滴入 Na$_2$S$_2$O$_3$ 溶液，直至蓝色刚刚消失而 Cr^{3+} 绿色出现为止。记下消耗 Na$_2$S$_2$O$_3$ 溶液的体积，计算 Na$_2$S$_2$O$_3$ 溶液的浓度。

3. 用 Na$_2$S$_2$O$_3$ 标准溶液标定 I$_2$ 溶液

分别移取 25.00mL Na$_2$S$_2$O$_3$ 溶液 3 份，分别依次加入 50mL 水、2mL 淀粉溶液，用 I$_2$ 溶液滴定至稳定的蓝色 30s 不褪，记下 I$_2$ 溶液的体积，计算 I$_2$ 溶液的浓度。

4. 维生素 C 片中抗坏血酸含量的测定

将准确称取好的维生素 C 片约 0.2g 置于 250mL 锥形瓶中，加入煮沸过的冷却蒸馏水 50mL，立即加入 10mL 2mol·L^{-1} HAc，加入 3mL 淀粉溶液，立即用 I$_2$ 标准溶液滴定呈现稳定的蓝色。记下消耗 I$_2$ 标准溶液的体积，计算维生素 C 含量（平行三份）。

五、实验数据的记录与处理

（1）Na$_2$S$_2$O$_3$ 溶液的标定

实验编号	I	II	III
m(K$_2$Cr$_2$O$_7$)/g			
V(Na$_2$S$_2$O$_3$)/mL			
c(Na$_2$S$_2$O$_3$)/mol·L^{-1}			
平均 c(Na$_2$S$_2$O$_3$)/mol·L^{-1}			
相对平均偏差/%			
V(Na$_2$S$_2$O$_3$)/mL			
V(I$_2$)/mL			
平均 c(I$_2$)/mol·L^{-1}			
相对平均偏差/%			

（2）维生素 C 片中抗坏血酸含量的测定

实验编号	I	II	III
维生素 C 片/g			
V(I$_2$)/mL			
维生素 C/%			
维生素 C 平均含量/%			
相对平均偏差/%			

六、思考题

1. 果浆中加入醋酸的作用是什么？

2. 配制 I_2 溶液时加入 KI 的目的是什么？

3. 以 As_2O_3 标定 I_2 溶液时，为什么加入 $NaHCO_3$？

实验二十四　植物中某些元素的分离与鉴定

一、实验目的

了解从周围植物中分离和鉴定化学元素的方法。

二、实验原理

植物是有机体，主要由 C、H、O、N 等元素组成，此外，还含有 P、I 和某些金属元素，如 Ca、Mg、Al、Fe 等。把植物烧成灰烬，然后用酸浸溶，即可从中分离和鉴定出某些元素。本实验只要求分离和检出植物中 Ca、Mg、Al、Fe 四种金属元素和 P、I 两种非金属元素。

三、实验仪器和试剂

试剂　HCl（$2mol \cdot L^{-1}$），HNO_3（浓），HAc（$1mol \cdot L^{-1}$），NaOH（$2mol \cdot L^{-1}$），广泛 pH 试纸及鉴定 Ca^{2+}、Mg^{2+}、Al^{3+}、Fe^{3+}、PO_4^{3-}、I^- 所用的试剂。

松枝、柏枝、海带等。

四、实验步骤

1. 从松枝、柏枝、海带等植物中任选一种鉴定 Ca、Mg、Al、Fe

取约 5g 已洗净且干燥的植物枝叶（青叶用量适当增加），放在蒸发皿中，在通风橱内用煤气（酒精）灯加热灰化，然后用研钵将植物灰研细。取一勺灰粉（约 0.5g）于 10mL $2mol \cdot L^{-1}$ HCl 中，加热并搅拌促使溶解，过滤。

自拟方案鉴定滤液中 Ca^{2+}、Mg^{2+}、Al^{3+}、Fe^{3+}。

2. 从松枝、柏枝、海带等植物中任选一种鉴定磷

用同上的方法制得植物灰粉，取一勺溶于 2mL 浓 HNO_3 中，温热并搅拌促使溶解，然后加水 30mL 稀释，过滤。

自拟方案鉴定滤液中的 PO_4^{3-}。

3. 海带中碘的鉴定

将海带用上述方法灰化，取一勺溶于 10mL $1mol \cdot L^{-1}$ HAc 中，温热并搅拌促使溶解，过滤。

自拟方案鉴定滤液中的 I^-。

五、提示

1. 以上各离子的鉴定方法可参考前面实验内容和附录，注意鉴定的条件及干扰离子。

2. 由于植物中以上欲鉴定元素的含量一般都不高，所得滤液中这些离子浓度往往较低，鉴定时取量不宜太少，一般可取 1mL 左右进行鉴定。

3. Fe^{3+} 对 Mg^{2+}、Al^{3+} 鉴定均有干扰，鉴定前应加以分离。可采用控制 pH 值的方法先将 Ca^{2+}、Mg^{2+} 与 Al^{3+}、Fe^{3+} 分离（参照前面实验内容和附录），然后再将 Al^{3+} 与 Fe^{3+} 分离。

六、思考题

1. 植物中可能含有哪些元素？如何鉴定？

2. 为了鉴定 Mg^{2+}，某学生进行如下实验：植物灰用较浓的 HCl 浸溶后，过滤。滤液用 $NH_3 \cdot H_2O$ 中和至 pH＝7，过滤。在所得的滤液中加几滴 NaOH 溶液和镁试剂，发现得不到蓝色沉淀。试解释实验失败的原因。

实验二十五　含重金属离子污水的净化处理（方案设计与实验）

一、实验目的

1. 查阅资料，了解我国水资源及水处理现状。

2. 了解目前国内外对重金属离子污水的处理方法。

3. 设计一种对重金属离子（Cr^{3+}，Pb^{2+}，Cu^{2+}）污水的处理方法。

二、方案设计的条件

待净化处理的污水含重金属离子：Cr^{3+}，Pb^{2+}，Cu^{2+}。

三、方案设计的内容

1. 实验目的

2. 实验原理

3. 仪器和试剂

4. 净化操作

① 净化处理污水的操作步骤

② 已净化水的检验方法与步骤

5. 实验结果（净化处理水的检验结果）

6. 问题讨论

四、方案设计的要求

① 文字叙述简明扼要，原理清晰，数字准确。

② 操作步骤以框图、箭头标明反应条件，配以少量说明文字进行表述。

③ 实验设计方案与实验报告合二为一。

第6章

附　录

6.1　原子量表（2013）

符号	名称	英文名	原子序数	原子量	符号	名称	英文名	原子序数	原子量
H	氢	Hydrogen	1	1.008	Cu	铜	Copper	29	63.546(3)
He	氦	Helium	2	4.002602(2)	Zn	锌	Zinc	30	65.38(2)
Li	锂	Lithium	3	6.94	Ga	镓	Gallium	31	69.723(1)
Be	铍	Beryllium	4	9.0121831(5)	Ge	锗	Germanium	32	72.630(8)
B	硼	Boron	5	10.81	As	砷	Arsenic	33	74.921595(6)
C	碳	Carbon	6	12.011	Se	硒	Selenium	34	78.971(8)
N	氮	Nitrogen	7	14.007	Br	溴	Bromine	35	79.904
O	氧	Oxygen	8	15.999	Kr	氪	Krypton	36	83.798(2)
F	氟	Fluorine	9	18.998403163(6)	Rb	铷	Rubidium	37	85.4678(3)
Ne	氖	Neon	10	20.1797(6)	Sr	锶	Strontium	38	87.62(1)
Na	钠	Sodium	11	22.98976928(2)	Y	钇	Yttrium	39	88.90584(2)
Mg	镁	Magnesium	12	24.305	Zr	锆	Zirconium	40	91.224(2)
Al	铝	Aluminum	13	26.9815385(7)	Nb	铌	Niobium	41	92.90637(2)
Si	硅	Silicon	14	28.085	Mo	钼	Molybdenum	42	95.95(1)
P	磷	Phosphorus	15	30.973761998(5)	Tc	锝	Technetium	43	97.90721(3) *
S	硫	Sulphur	16	32.06	Ru	钌	Ruthenium	44	101.07(2)
Cl	氯	Chlorine	17	35.45	Rh	铑	Rhodium	45	102.90550(2)
Ar	氩	Argon	18	39.948(1)	Pd	钯	Palladium	46	106.42(1)
K	钾	Potassium	19	39.0983(1)	Ag	银	Silver	47	107.8682(2)
Ca	钙	Calcium	20	40.078(4)	Cd	镉	Cadmium	48	112.414(4)
Sc	钪	Scandium	21	44.955908(5)	In	铟	Indium	49	114.818(1)
Ti	钛	Titanium	22	47.867(1)	Sn	锡	Tin	50	118.710(7)
V	钒	Vanadium	23	50.9415(1)	Sb	锑	Antimony	51	121.760(1)
Cr	铬	Chromium	24	51.9961(6)	Te	碲	Tellurium	52	127.60(3)
Mn	锰	Manganese	25	54.938044(3)	I	碘	Iodine	53	126.90447(3)
Fe	铁	Iron	26	55.845(2)	Xe	氙	Xenon	54	131.293(6)
Co	钴	Cobalt	27	58.933194(4)	Cs	铯	Cesium	55	132.90545196(6)
Ni	镍	Nickel	28	58.6934(4)	Ba	钡	Barium	56	137.327(7)

元素			原子序数	原子量	元素			原子序数	原子量
符号	名称	英文名			符号	名称	英文名		
La	镧	Lanthanum	57	138.90547(7)	Ra	镭	Radium	88	226.02541(2) *
Ce	铈	Cerium	58	140.116(1)	Ac	锕	Actinium	89	227.02775(2) *
Pr	镨	Praseodymium	59	140.90766(2)	Th	钍	Thorium	90	232.0377(4) *
Nd	钕	Neodymium	60	144.242(3)	Pa	镤	Protactinium	91	231.03588(2) *
Pm	钷	Promethium	61	144.91276(2)	U	铀	Uranium	92	238.02891(3) *
Sm	钐	Samarium	62	150.36(2)	Np	镎	Neptunium	93	237.04817(2) *
Eu	铕	Europium	63	151.964(1)	Pu	钚	Plutonium	94	244.06421(4) *
Gd	钆	Gadolinium	64	157.25(3)	Am	镅	Americium	95	243.06138(2) *
Tb	铽	Terbium	65	158.92535(2)	Cm	锔	Curium	96	247.07035(3) *
Dy	镝	Dysprosium	66	162.500(1)	Bk	锫	Berkelium	97	247.07031(4) *
Ho	钬	Holmium	67	164.93033(2)	Cf	锎	Californium	98	251.07959(3) *
Er	铒	Erbium	68	167.259(3)	Es	锿	Einsteinium	99	252.0830(3) *
Tm	铥	Thulium	69	168.93422(2)	Fm	镄	Fermium	100	257.09511(5) *
Yb	镱	Ytterbium	70	173.045(10)	Md	钔	Mendelevium	101	258.09843(3) *
Lu	镥	Lutetium	71	174.9668(1)	No	锘	Nobelium	102	259.1010(7) *
Hf	铪	Hafnium	72	178.49(2)	Lr	铹	Lawrencium	103	262.110(2) *
Ta	钽	Tantalum	73	180.94788(2)	Rf	𬬻	Rutherfordium	104	267.122(4) *
W	钨	Tungsten	74	183.84(1)	Db	𬭊	Dubnium	105	270.131(4) *
Re	铼	Rhenium	75	186.207(1)	Sg	𬭳	Seaborgium	106	269.129(3) *
Os	锇	Osmium	76	190.23(3)	Bh	𬭛	Bohrium	107	270.133(2) *
Ir	铱	Iridium	77	192.217(3)	Hs	𬭶	Hassium	108	270.134(2) *
Pt	铂	Platinum	78	195.084(9)	Mt	鿏	Meitnerium	109	278.156(5) *
Au	金	Gold	79	196.966569(5)	Ds	𫟼	Darmstadtium	110	281.165(4) *
Hg	汞	Mercury	80	200.592(3)	Rg	𬬭	Roentgenium	111	281.166(6) *
Tl	铊	Thallium	81	204.38	Cn	鿔	Copernicium	112	285.177(4) *
Pb	铅	Lead	82	207.2(1)	Nh	𫓧	Nihonium	113	286.182(5) *
Bi	铋	Bismuth	83	208.98040(1)	Fl	𫓧	Flerovium	114	289.190(4) *
Po	钋	Polonium	84	208.98243(2) *	Mc	镆	Moscovium	115	289.194(6) *
At	砹	Astatine	85	209.98715(5) *	Lv	𫟷	Livermorium	116	293.204(4) *
Rn	氡	Radon	86	222.01758(2) *	Ts	鿬	Tennessine	117	293.208(6) *
Fr	钫	Francium	87	223.01974(2) *	Og	𬆖	Oganesson	118	294.214(5) *

注：1. 数据源自 2013 年 IUPAC 元素周期表，以 $^{12}C = 12$ 为基准。

2. 中国科学技术名词审定委员会于 2017 年 5 月公布 113、115、117、118 号元素的中文名称。

6.2 常用化合物分子量表

分 子 式	分子量	分 子 式	分子量
AgBr	187.78	$H_2C_2O_4$	90.04
AgCl	143.32	HCl	36.46
AgI	234.7	$HClO_4$	100.46
AgCN	133.84	HNO_2	47.01
$AgNO_3$	169.87	HNO_3	63.01
Al_2O_3	101.96	H_2O	18.02
$Al_2(SO_4)_3$	342.15	H_2O_2	34.02
As_2O_3	197.84	H_3PO_4	98.00
$BaCl_2$	208.25	H_2S	34.08
$BaCl_2 \cdot 2H_2O$	244.28	HF	20.01
$BaCO_3$	197.35	HCN	27.03
BaO	153.34	H_2SO_4	98.08
$Ba(OH)_2$	171.36	$HgCl_2$	271.50
$BaSO_4$	233.40	KBr	19.01
$CaCO_3$	100.09	KCl	74.56
CaC_2O_4	128.10	K_2CO_3	138.21
CaO	56.08	$KMnO_4$	158.04
$Ca(OH)_2$	74.09	K_2O	94.20
$CaSO_4$	136.14	KOH	56.11
$Ce(SO_4)_2$	332.25	KSCN	97.18
$Ce(SO_4)_2 \cdot (HN_4)_2SO_4 \cdot 2H_2O$	632.56	K_2SO_4	174.26
CO_2	44.01	$KAl(SO_4)_2 \cdot 12H_2O$	474.39
CH_3COOH	60.05	KNO_3	85.10
$C_6H_8O_7 \cdot H_2O$(柠檬酸)	210.11	$K_4Fe(CN)_6$	368.36
$C_4H_8O_6$(酒石酸)	150.09	$K_3Fe(CN)_6$	329.26
CH_3COCH_3	58.08	KCN	65.12
C_6H_5OH	94.11	K_2CrO_4	194.20
$C_2H_2(COOH)_2$（丁二烯二酸）	116.07	$K_2Cr_2O_7$	294.19
CuO	79.54	$C_6H_4COOHCOOK$	204.23
$CuSO_4$	159.60	KI	166.01
$CuSO_4 \cdot 5H_2O$	249.68	KIO_3	214.00
CuSCN	121.62	$MgSO_4 \cdot 7H_2O$	246.47
FeO	71.85	$MgCl_2 \cdot 6H_2O$	203.23
Fe_2O_3	159.69	$MgCO_3$	84.32
Fe_3O_4	231.54	MgO	40.31
$FeSO_4 \cdot 7H_2O$	278.02	$MgNH_4PO_4$	137.33
$Fe_2(SO_4)_3$	399.87	$Mg_2P_2O_7$	222.60
$FeSO_4 \cdot (NH_4)_2SO_4 \cdot 6H_2O$	392.14	MnO_2	86.94
$NH_4Fe(SO_4)_2 \cdot 12H_2O$	482.19	$Na_2B_4O_7 \cdot 10H_2O$	381.37
HCHO	30.03	NaBr	102.90
HCOOH	46.03	Na_2CO_3	105.99

分 子 式	分子量	分 子 式	分子量
$Na_2C_2O_4$	134.00	$NH_3 \cdot H_2O$	36.05
$NaCl$	58.44	$(NH_4)_2SO_4$	132.14
$NaCN$	49.01	P_2O_5	141.95
$Na_2C_{10}H_{14}O_6N_2 \cdot 2H_2O$	372.09	PbO_2	239.19
Na_2O	61.98	$PbCrO_4$	323.18
$NaOH$	40.01	SiF_4	104.08
Na_2SO_4	142.01	SiO_2	60.08
$Na_2S_2O_3 \cdot 5H_2O$	248.18	SO_2	64.06
Na_2SiF_6	188.06	SO_3	80.06
Na_2S	78.04	$SnCl_2$	189.60
Na_2SO_3	126.04	TiO_2	79.90
NH_4Cl	53.49	ZnO	81.39
NH_3	17.03	$ZnSO_4 \cdot 7H_2O$	287.54

6.3 化学中与国际单位并用的一些单位

量的名称	单位名称	单位代号		相 互 关 系
		中文	符号	
压力(压强)	帕斯卡	帕	Pa	1atm＝760mmHg＝101325Pa(1 标准大气
	毫米汞柱	毫米汞柱	mmHg	压＝760 毫米汞柱＝101325 帕)
	标准大气压	标准大气压	atm	
能、功、热量	焦耳	焦	J	$1J＝1N \cdot m＝1Pa \cdot m^3$
		千焦	kJ	(1 焦＝1 牛·米＝1 帕·米^3)
				1kJ＝1000J
面积	平方米	米^2	m^2	
体积(容积)	立方米	米^3	m^3	
	立方分米(升)	分米^3(升)	dm^3(L)	$1m^3＝10^3dm^3(L)＝10^6cm^3(mL)$
	立方厘米	厘米^3	cm^3	1 米^3＝10^3 分米^3＝10^6 厘米^3
	(毫升)	(毫升)	(mL)	$1L＝10^3mL$
密度	千克每立方米	千克·米$^{-3}$	$kg \cdot m^{-3}$	
	克每立方分米	克·分米$^{-3}$	$g \cdot dm^{-3}$	$1kg \cdot m^{-3}＝1g \cdot dm^{-3}＝1g \cdot L^{-1}＝1mg \cdot mL^{-1}$
		(克·升$^{-1}$)	($g \cdot L^{-1}$)	$1g \cdot L^{-1}＝10^{-3}g \cdot mL^{-1}$
	克每立方厘米	克·厘米$^{-3}$	$g \cdot cm^{-3}$	
		(克·毫升$^{-1}$)	($g \cdot mL^{-1}$)	
温度	热力学温度(T)	开尔文	K	$T＝273.15＋t(K)$
	摄氏温度(t)	摄氏度	℃	$t＝T－273.15(℃)$
摩尔质量	千克每摩尔	千克·摩$^{-1}$	$kg \cdot mol^{-1}$	
摩尔体积	立方米每摩尔	米^3·摩$^{-1}$	$m^3 \cdot mol^{-1}$	
质量	克、毫克	克、毫克	g,mg	
	微克、纳克	微克、纳克	μg,ng	$1g＝10^3mg＝10^6\mu g＝10^9ng$
物质的量	摩尔	摩尔	mol	

续表

量的名称	单位名称	单位代号		相 互 关 系
		中文	符号	
体积摩尔浓度(c)	摩尔每立方米	摩·米$^{-3}$	mol·m^{-3}	$1mol·m^{-3}=10^{-3}mol·dm^{-3}=10^{-6}mol·cm^{-3}$
	摩尔每立方分米	摩·分米$^{-3}$	mol·dm^{-3}	
		（摩·升$^{-1}$）	（mol·L^{-1}）	$1mol·dm^{-3}=1mol·L^{-1}$
	摩尔每立方厘米	摩·厘米$^{-3}$	mol·cm^{-3}	$1mol·cm^{-3}=1mol·mL^{-1}$
		（摩·毫升$^{-1}$）	mol·mL^{-1}	
质量摩尔浓度(m)	摩尔每千克	摩·千克$^{-1}$	mol·kg^{-1}	滴定度是指 1mL 标准溶液相当于被测组分
滴定度($T_{X/S}$)	克每毫升	克·毫升$^{-1}$	g·mL^{-1}	的质量
				$1mg·L^{-1}=10^{3}\mu g·L^{-1}=10^{6}ng·L^{-1}$
微量组分浓度	毫克每升	毫克·升$^{-1}$	mg·L^{-1}	$1mg·L^{-1}=1ppm$（百万分之一）
（浓度＜0.1mg·	微克每升	微克·升$^{-1}$	$\mu g·L^{-1}$	$1\mu g·L^{-1}=1ppb$（十亿分之一）
L^{-1} 时常用）	纳克每升	纳克·升$^{-1}$	ng·L^{-1}	$1ng·L^{-1}=1ppt$（万亿分之一）

6.4　几种常见酸碱的浓度和密度

酸或碱	分子式	密度/g·mL^{-1}	溶质质量分数	浓度/mol·L^{-1}
冰醋酸	CH_3COOH	1.05	0.995	17
稀醋酸		1.04	0.341	6
浓盐酸	HCl	1.18	0.36	12
稀盐酸		1.10	0.20	6
浓硝酸	HNO_3	1.42	0.72	16
稀硝酸		1.19	0.32	6
浓硫酸	H_2SO_4	1.84	0.96	18
稀硫酸		1.18	0.25	3
磷酸	H_3PO_4	1.69	0.85	15
浓氨水	$NH_3·H_2O$	0.90	0.28～0.30(NH_3)	15
稀氨水		0.96	0.10	6
稀氢氧化钠	NaOH	1.22	0.20	6

6.5　常用基准物及其干燥条件

基　准　物	干燥后的组成	干燥温度及时间
$Na_2B_4O_7·10H_2O$	$Na_2B_4O_7·10H_2O$	NaCl-蔗糖饱和溶液干燥器中室温保存
$KHC_6H_4(COO)_2$	$KHC_6H_4(COO)_2$	105～110℃干燥
$Na_2C_2O_4$	$Na_2C_2O_4$	105～110℃干燥 2h
$K_2Cr_2O_7$	$K_2Cr_2O_7$	130～140℃加热 0.5～1h
$KBrO_3$	$KBrO_3$	120℃干燥 1～2h
KIO_3	KIO_3	105～120℃干燥
As_2O_3	As_2O_3	硫酸干燥器中干燥至恒重
$(NH_4)_2Fe(SO_4)_2·6H_2O$	$(NH_4)_2Fe(SO_4)_2·6H_2O$	室温空气干燥
$AgNO_3$	$AgNO_3$	120℃干燥 2h
$CuSO_4·5H_2O$	$CuSO_4·5H_2O$	室温空气干燥
无水 Na_2CO_3	Na_2CO_3	260～270℃加热 0.5h
$CaCO_3$	$CaCO_3$	150～110℃干燥
ZnO	ZnO	约 800℃灼烧至恒重

6.6 常见离子的鉴定方法

(1) 常见阳离子的鉴定方法

阳离子	鉴 定 方 法	条 件 及 干 扰
Na^+	取 2 滴 Na^+ 试液,加 8 滴醋酸铀酰锌试剂,放置数分钟,用玻璃棒摩擦器壁,淡黄色的晶状沉淀出现,表示有 Na^+ $$3UO_2^{2+} + Zn^{2+} + Na^+ + 9Ac^- + 9H_2O ===$$ $$3UO_2(Ac)_2 \cdot Zn(Ac)_2 \cdot NaAc \cdot 9H_2O(s)$$	1. 鉴定宜在中性或 HAc 酸性溶液中进行,强酸、强碱均能使试剂分解 2. 大量 K^+ 存在时,可干扰鉴定,Ag^+、Hg^{2+}、Sb^{3+} 有干扰,PO_4^{3-}、AsO_4^{3-} 能使试剂分解
K^+	取 2 滴 K^+ 试液,加入 3 滴六硝基合钴酸钠 $Na_3[Co(NO_2)_6]$ 溶液,放置片刻,黄色的 $K_2Na[Co(NO_2)_6]$ 沉淀析出,表示有 K^+	1. 鉴定宜在中性、微酸性溶液中进行。因强酸、强碱均能使 $[Co(NO_2)_6]^{3-}$ 分解 2. NH_4^+ 与试剂生成橙色沉淀而干扰,但在沸水浴中加热 1~2min 后,$(NH_4)_2Na[Co(NO_2)_6]$ 完全分解,而 $K_2Na[Co(NO_2)_6]$ 不变
NH_4^+	气室法:用干燥、洁净的表面皿两块(一大一小),在大的一块表面皿中心放 3 滴 NH_4^+ 试液,再加 3 滴 $6mol \cdot L^{-1}$ NaOH 溶液,混合均匀。在小的一块表面皿中心黏附一小条润湿的酚酞试纸,盖在大的表现皿上形成气室。将此气室放在水浴上微热 2min,酚酞试纸变红,表示有 NH_4^+	这是 NH_4^+ 的特征反应
Ca^{2+}	取 2 滴 Ca^{2+} 试液,滴加饱和 $(NH_4)_2C_2O_4$ 溶液,有白色的 CaC_2O_4 沉淀形成,表示有 Ca^{2+}	1. 反应宜在 HAc 酸性、中性、碱性溶液中进行 2. Mg^{2+}、Sr^{2+}、Ba^{2+} 有干扰,但 MgC_2O_4 溶于醋酸,Sr^{2+}、Ba^{2+} 应在鉴定前除去
Mg^{2+}	取 2 滴 Mg^{2+} 试液,加入 2 滴 $2mol \cdot L^{-1}$ NaOH 溶液,1 滴镁试剂 I,沉淀呈天蓝色,表示有 Mg^{2+}	1. 反应宜在碱性溶液中进行,NH_4^+ 浓度过大,会影响鉴定,故需在鉴定前加碱煮沸,除去 NH_4^+ 2. Ag^+、Hg^{2+}、Hg_2^{2+}、Cu^{2+}、Co^{2+}、Ni^{2+}、Mn^{2+}、Cr^{3+}、Fe^{3+} 及大量 Ca^{2+} 干扰反应,应预先分离
Ba^{2+}	取 2 滴 Ba^{2+} 试液,加 1 滴 $0.1mol \cdot L^{-1}$ K_2CrO_4 溶液,有黄色沉淀生成,表示有 Ba^{2+}	鉴定宜在 $HAc-NH_4Ac$ 的缓冲溶液中进行
Al^{3+}	取 1 滴 Al^{3+} 试液,加 2~3 滴水,2 滴 $3mol \cdot L^{-1}$ NH_4Ac 及 2 滴铝试剂,搅拌,微热,加 $6mol \cdot L^{-1}$ $NH_3 \cdot H_2O$ 至碱性,红色沉淀不消失,表示有 Al^{3+}	1. 鉴定宜在 $HAc-NH_4Ac$ 的缓冲溶液中进行 2. Cr^{3+}、Fe^{3+}、Bi^{3+}、Cu^{2+}、Ca^{2+} 对鉴定有干扰,但加入氨水后,Cr^{3+}、Cu^{2+} 生成的红色化合物即分解,$(NH_4)_2CO_3$ 加入可使 Ca^{2+} 生成 $CaCO_3$,Fe^{3+}、Bi^{3+}、Cu^{2+} 可预先加 NaOH 形成沉淀而分离
Sn^{4+} Sn^{2+}	1. Sn^{4+} 还原:取 2~3 滴 Sn^{4+} 溶液,加镁片 2~3 片,不断搅拌,待反应完全后,加 2 滴 $6mol \cdot L^{-1}$ HCl,微热,Sn^{4+} 即被还原为 Sn^{2+} 2. Sn^{2+} 的鉴定:取 2 滴 Sn^{2+} 试液,加 1 滴 $0.1mol \cdot L^{-1}$ $HgCl_2$ 溶液,生成白色沉淀,表示有 Sn^{2+}	反应的特效性较好。注意:若白色沉淀生成后,颜色迅速变灰、变黑,这是由于 Hg_2Cl_2 进一步被还原为 Hg
Pb^{2+}	取 2 滴 Pb^{2+} 试液,加 2 滴 $0.1mol \cdot L^{-1}$ K_2CrO_4 溶液,生成黄色沉淀,表示有 Pb^{2+}	1. 鉴定在 HAc 溶液中进行,因为沉淀在强酸强碱中均可溶解 2. Ba^{2+}、Bi^{3+}、Hg^{2+}、Ag^+ 等干扰
Cr^{3+}	取 3 滴 Cr^{3+} 试液,加 $6mol \cdot L^{-1}$ NaOH 溶液直至生成的沉淀溶解,搅动后加 4 滴 3% 的 H_2O_2,水浴加热,待溶液变为黄色后,继续加热将剩余的 H_2O_2 完全分解,冷却,加 $6mol \cdot L^{-1}$ HAc 酸化,加 2 滴 $0.1mol \cdot L^{-1}$ $Pb(NO_3)_2$ 溶液,生成黄色沉淀,表示有 Cr^{3+}	鉴定反应中,Cr^{3+} 的氧化需在强碱性条件下进行;而形成 $PbCrO_4$ 的反应,须在弱酸性(HAc)溶液中进行
Mn^{2+}	取 1 滴 Mn^{2+} 试液,加 10 滴水,5 滴 $2mol \cdot L^{-1}$ HNO_3 液,然后加少许 $NaBiO_3(s)$,搅拌,水浴加热,形成紫色溶液,表示有 Mn^{2+}	1. 鉴定反应可在 HNO_3 或者 H_2SO_4 酸性溶液中进行 2. 还原剂(Cl^-、Br^-、I^-、H_2O_2 等)有干扰

续表

阳离子	鉴 定 方 法	条 件 及 干 扰
Fe^{2+}	取 1 滴试液于点滴板上,加 1 滴 $0.2mol \cdot L^{-1}$ HCl,加 1 滴 $K_3[Fe(CN)_6](0.1mol \cdot L^{-1})$ 有蓝色沉淀,表明有 Fe^{2+}	溶液的 pH<7
Fe^{3+}	1. 取 1 滴试液于点滴板上,加 1 滴 $0.2mol \cdot L^{-1}$ HCl,加 1 滴 K SCN($0.1mol \cdot L^{-1}$)显红色,表明有 Fe^{3+} 2. 取 1 滴试液于点滴板上,加 1 滴 $0.2mol \cdot L^{-1}$ HCl,加 1 滴 $K_4[Fe(CN)_6](0.1mol \cdot L^{-1})$ 有蓝色沉淀,表明有 Fe^{3+}	溶液的 pH<7
Cu^{2+}	取 1 滴试液于点滴板上,加 1 滴 $2mol \cdot L^{-1}$ HCl,加 2 滴 $K_4[Fe(CN)_6](0.1mol \cdot L^{-1})$ 有红棕色沉淀,表明有 Cu^{2+}	反应需在中性或弱酸性条件下进行,Fe^{3+} 干扰,需加 NaF 掩蔽,或加 $NH_3 \cdot H_2O(6mol \cdot L^{-1})$ 和 $NH_4Cl(0.1mol \cdot L^{-1})$ 除去 Fe^{3+}
Co^{2+}	取 5 滴试液于试管中,加数滴丙酮,加少量 KSCN 和 NH_4SCN 晶体有鲜艳蓝色,表明有 Co^{2+}	反应需在中性或弱酸性条件下进行,有 Fe^{3+} 干扰,需加 NaF 掩蔽
Ni^{2+}	取 5 滴试液于试管中,加 5 滴氨水,加丁二酮肟(1%),有鲜红色沉淀,表明有 Ni^{2+}	Co^{2+}、Cu^{2+}、Fe^{3+}、Fe^{2+} 有干扰,需预先除去这些离子再鉴定
Ag^+	取 5 滴试液于试管中,加 5 滴 $2mol \cdot L^{-1}$ HCl,生成沉淀,加入过量的 $6mol \cdot L^{-1}$ 氨水,使沉淀溶解,加入 $2mol \cdot L^{-1}$ HNO_3 沉淀溶解,表明有 Ag^+	生成沉淀应在水浴上微热,使沉淀聚集,离心分离后用热的去离子水洗一次再加氨水
Cd^{2+}	取 3 滴试液于试管中,加 10 滴 $2mol \cdot L^{-1}$ HCl,加 3 滴 $Na_2S(0.1mol \cdot L^{-1})$ 使 Cu^{2+} 沉淀,离心分离,在清液中加入 $NH_4Ac(30\%)$ 有黄色沉淀,表明有 Cd^{2+}	Cu^{2+}、Co^{2+}、Ni^{2+} 会影响鉴定,先除去 Cu^{2+} 再控制 pH 值鉴定
Hg^{2+}	取 3 滴试液于试管中,加 2 滴 KI(4%)和 2 滴 $CuSO_4$($0.1mol \cdot L^{-1}$)再加入少量的 Na_2SO_3,如生成红色沉淀 $Cu_2[HgI_4]$,表示有 Hg^{2+}	Na_2SO_3 可除去黄色的 I_2
Hg^+	取 3 滴试液于试管中,加 2~3 滴 $SnCl_2$($0.1mol \cdot L^{-1}$),若生成白色沉淀,并逐渐转化为灰色或黑色,表示有 Hg^+	过程中需持续观察数分钟

（2）常见阴离子鉴定方法

阴离子	鉴 定 方 法	条 件 及 干 扰
Cl^-	取 2 滴 Cl^- 试液,加 $6mol \cdot L^{-1}$ HNO_3 酸化,加 $0.1mol \cdot L^{-1}$ $AgNO_3$ 至沉淀完全,离心分离,在沉淀上加 5~8 滴银氨溶液,搅匀,加热,沉淀溶解,再加 $6mol \cdot L^{-1}$ HNO_3 酸化,白色沉淀又出现,表示有 Cl^-	
Br^-	取 2 滴 Br^- 试液,加入数滴 CCl_4,滴加氯水,振荡,有机层呈橙色或橙黄色,表示有 Br^-	氯水宜边滴加边振荡,若氯水过量了,生成 BrCl,有机层反而呈淡黄色
I^-	取 2 滴 I^- 试液,加入数滴 CCl_4,滴加氯水,振荡,有机层显紫色,表示有 I^-	1. 反应宜在酸性、中性或弱碱性条件下进行 2. 过量氯水将 I_2 氧化成 IO_3^-,有机层紫色将褪去
SO_4^{2-}	取 2 滴 SO_4^{2-} 试液,用 $6mol \cdot L^{-1}$ HCl 酸化,加 2 滴 $0.1mol \cdot L^{-1}$ $BaCl_2$ 溶液,白色沉淀析出,表示有 SO_4^{2-}	
SO_3^{2-}	取 1 滴饱和 $ZnSO_4$ 溶液,加 1 滴 $0.1mol \cdot L^{-1}$ $K_4[Fe(CN)_6]$ 溶液,即有白色沉淀产生,继续加 1 滴 $Na_2[Fe(CN)_5NO]$,1 滴 SO_3^{2-} 试液(中性),白色沉淀转化为红色 $Zn_2[Fe(CN)_5NOSO_3]$ 沉淀,表示有 SO_3^{2-}	1. 酸能使沉淀消失,酸性溶液需用氨水中和 2. S^{2-} 有干扰,须预先除去

阴离子	鉴定方法	条件及干扰
$S_2O_3^{2-}$	1. 取 2 滴 $S_2O_3^{2-}$ 试液,加 2 滴 2mol·L^{-1} HCl 溶液,微热,白色浑浊出现,表示有 $S_2O_3^{2-}$ 2. 取 2 滴 $S_2O_3^{2-}$ 试液,加 5 滴 0.1mol·L^{-1} $AgNO_3$ 溶液,振荡之,若生成的白色沉淀迅速变黄→棕→黑色,表示有 $S_2O_3^{2-}$	1. S^{2-} 存在时,$AgNO_3$ 溶液加入后,由于有黑色 Ag_2S 沉淀生成,对观察 $Ag_2S_2O_3$ 沉淀颜色的变化产生干扰 2. $Ag_2S_2O_3$(s) 可溶于过量可溶性硫代硫酸盐溶液中
S^{2-}	1. 取 3 滴 S^{2-} 试液,加稀 H_2SO_4 酸化,用 $Pb(Ac)_2$ 试纸检验析出的气体,试纸变黑,表示有 S^{2-} 2. 取 1 滴 S^{2-} 试液,放在白瓷板上,加一滴 $Na_2[Fe(CN)_5NO]$ 试剂,溶液变紫色,表示有 S^{2-}。配合物 $Na_4[Fe(CN)_5NOS]$ 为紫色	反应须在碱性条件下进行
CO_3^{2-}	 附图　气瓶法装置 1. 浓度较大的 CO_3^{2-} 溶液,用 6mol·L^{-1} HCl 溶液酸化后,产生的 CO_2 气体使澄清的石灰水或 $Ba(OH)_2$ 溶液变浑浊,表示有 CO_3^{2-} 2. 当 CO_3^{2-} 量较少,或同时存在其他能与酸产生气体的物质时,可用 $Ba(OH)_2$ 气瓶法检出。取出滴管,在玻璃瓶中加少量 CO_3^{2-} 试样,从滴管上口加入 1 滴饱和 $Ba(OH)_2$ 溶液,然后往玻璃瓶中加 5 滴 6mol·L^{-1} HCl,立即将滴管插入瓶中,塞紧,轻敲瓶底,放置数分钟,如果 $Ba(OH)_2$ 溶液浑浊,表示有 CO_3^{2-}	1. 如果 $Ba(OH)_2$ 溶液浑浊程度不大,可能由于吸收空气中 CO_2 所致,需作空白实验加以比较 2. 如果试液中含有 SO_3^{2-} 或 $S_2O_3^{2-}$,会干扰 CO_3^{2-} 的检出,需预先加入数滴 H_2O_2 将它们氧化为 SO_4^{2-},再检验 CO_3^{2-}
NO_3^-	1. 当 NO_2^- 同时存在时,取试液 3 滴,加 12mol·L^{-1} H_2SO_4 6 滴及 3 滴 α-萘胺,生成淡紫红色化合物,表示有 NO_3^- 2. 当 NO_2^- 不存在时,取 3 滴 NO_3^- 试液用 6mol·L^{-1} HAc 酸化,并过量数滴,加少许镁片搅动,NO_3^- 被还原为 NO_2^-;取 3 滴上层清液,按照 NO_2^- 的鉴定方法进行鉴定	
NO_2^-	取试液 3 滴,用 HAc 酸化,加 1mol·L^{-1} KI 和 CCl_4,振荡,有机层呈紫红色,表示有 NO_2^-	
PO_4^{3-}	取 2 滴 PO_4^{3-} 试液,加入 8~10 滴钼酸铵试剂,用玻璃棒摩擦内壁,黄色磷钼酸铵沉淀生成,表示有 PO_4^{3-} $$PO_4^{3-}+3NH_4^++12MoO_4^{2-}+24H^+ \Longrightarrow$$ $$(NH_4)_3P(Mo_3O_{10})_4+12H_2O$$	1. 沉淀溶于碱及氨水中,反应须在酸性中进行 2. 还原剂的存在使 Mo^{6+} 还原为"钼蓝"而使溶液呈深蓝色,须预先除去 3. 与 PO_3^{3-}、$P_2O_7^{4-}$ 的冷溶液无反应,煮沸时由于 PO_4^{3-} 的生成而生成黄色沉淀

6.7 标准电极电势表

(1) 在酸性溶液中

电极反应	$\varphi^{\ominus}$/V	电极反应	$\varphi^{\ominus}$/V
$Ag^++e^- \Longrightarrow Ag$	+0.7996	$AgBr+e^- \Longrightarrow Ag+Br^-$	+0.0713

电极反应	$\varphi^{\ominus}$/V	电极反应	$\varphi^{\ominus}$/V
$AgCl+e^- \Longrightarrow Ag+Cl^-$	$+0.2223$	$HClO_2+2H^++2e^- \Longrightarrow HClO+H_2O$	$+1.64$
$AgI+e^- \Longrightarrow Ag+I^-$	-0.1519	$ClO_2+H^++e^- \Longrightarrow HClO_2$	$+1.275$
$[Ag(S_2O_3)_2]^{3-}+e^- \Longrightarrow Ag+2S_2O_3^{2-}$	$+0.01$	$ClO_3^-+6H^++6e^- \Longrightarrow Cl^-+3H_2O$	$+1.45$
$Ag_2CrO_4+2e^- \Longrightarrow 2Ag+CrO_4^{2-}$	$+0.4463$	$ClO_3^-+6H^++5e^- \Longrightarrow \frac{1}{2}Cl_2+3H_2O$	$+1.47$
$Ag^{2+}+e^- \Longrightarrow Ag^+$	$+2.00$	$ClO_3^-+3H^++2e^- \Longrightarrow HClO_2+H_2O$	$+1.21$
$Ag_2O_3(s)+6H^++4e^- \Longrightarrow 2Ag^++3H_2O$	$+1.76$	$ClO_3^-+2H^++e^- \Longrightarrow ClO_2(g)+H_2O$	$+1.15$
$Ag_2O_3(s)+2H^++2e^- \Longrightarrow 2AgO\downarrow+H_2O$	$+1.71$	$ClO_4^-+8H^++8e^- \Longrightarrow Cl^-+4H_2O$	$+1.37$
$Al^{3+}+3e^- \Longrightarrow Al$	-1.66	$ClO_4^-+8H^++7e^- \Longrightarrow \frac{1}{2}Cl_2+4H_2O$	$+1.34$
$[AlF_6]^{3-}+e^- \Longrightarrow Al+6F^-$	-2.07	$ClO_4^-+2H^++2e^- \Longrightarrow ClO_3^-+H_2O$	$+1.19$
$As+3H^++3e^- \Longrightarrow AsH_3$	-0.54	$Co^{2+}+2e^- \Longrightarrow Co$	-0.28
$HAsO_2(aq)+3H^++3e^- \Longrightarrow As+2H_2O$	$+0.2475$	$Co^{3+}+e^- \Longrightarrow Co^{2+}$ (3mol/L HNO_3)	$+1.842$
$H_3AsO_4+2H^++2e^- \Longrightarrow HAsO_2+2H_2O$ (1mol/L HCl)	$+0.58$	$Cr^{3+}+3e^- \Longrightarrow Cr$	-0.74
$Au^++e^- \Longrightarrow Au$	$+1.68$	$Cr^{2+}+2e^- \Longrightarrow Cr$	-0.86
$[AuCl_2]^-+e^- \Longrightarrow Au(s)+2Cl^-$	$+1.15$	$Cr^{3+}+e^- \Longrightarrow Cr^{2+}$	-0.41
$Au^{3+}+3e^- \Longrightarrow Au$	$+1.42$	$Cr_2O_7^{2-}+14H^++6e^- \Longrightarrow 2Cr^{3+}+7H_2O$	$+1.33$
$[AuCl_4]^-+3e^- \Longrightarrow Au(s)+4Cl^-$	$+0.994$	$HCrO_4^-+7H^++3e^- \Longrightarrow Cr^{3+}+4H_2O$	$+1.195$
$Au^{3+}+2e^- \Longrightarrow Au^+$	$+1.29$	$Cs^++e^- \Longrightarrow Cs$	-2.923
$H_3BO_3+3H^++3e^- \Longrightarrow B+3H_2O$	-0.73	$Cu^++e^- \Longrightarrow Cu$	$+0.522$
$Ba^{2+}+2e^- \Longrightarrow Ba$	-2.90	$Cu_2O(s)+2H^++2e^- \Longrightarrow 2Cu+H_2O$	-0.36
$Be^{2+}+2e^- \Longrightarrow Be$	-1.70 (-1.85)	$CuI+e^- \Longrightarrow Cu+I^-$	-0.185
$Bi^{3+}+3e^- \Longrightarrow Bi(s)$	$+0.293$	$CuBr+e^- \Longrightarrow Cu+Br^-$	$+0.033$
$BiO^++2H^++3e^- \Longrightarrow Bi+H_2O$	$+0.32$	$CuCl+e^- \Longrightarrow Cu+Cl^-$	$+0.137$
$BiOCl+2H^++3e^- \Longrightarrow Bi+Cl^-+H_2O$	$+0.1583$	$Cu^{2+}+2e^- \Longrightarrow Cu$	$+0.3402$
$Bi_2O_6+6H^++4e^- \Longrightarrow 2BiO^++3H_2O$	$+1.6$	$Cu^{2+}+e^- \Longrightarrow Cu^+$	$+0.153$
$Br_2(aq)+2e^- \Longrightarrow 2Br^-$	$+1.087$	$Cu^{2+}+Br^-+e^- \Longrightarrow CuBr$	$+0.640$
$Br_2(l)+2e^- \Longrightarrow 2Br^-$	$+1.065$	$Cu^{2+}+Cl^-+e^- \Longrightarrow CuCl$	$+0.538$
$HBrO+H^++2e^- \Longrightarrow Br^-+H_2O$	$+1.33$	$Cu^{2+}+I^-+e^- \Longrightarrow CuI$	$+0.86$
$HBrO+H^++e^- \Longrightarrow \frac{1}{2}Br_2+H_2O$	$+1.6$	$F_2+2e^- \Longrightarrow 2F^-$	$+2.87$
$BrO_3^-+6H^++6e^- \Longrightarrow Br^-+3H_2O$	$+1.44$	$F_2(g)+2H^++2e^- \Longrightarrow 2HF(aq)$	$+3.06$
$BrO_3^-+6H^++5e^- \Longrightarrow \frac{1}{2}Br_2(l)+3H_2O$	$+1.52$	$Fe^{2+}+2e^- \Longrightarrow Fe$	-0.409
$CO_2(g)+2H^++2e^- \Longrightarrow HCOOH(aq)$	-0.2	$Fe^{3+}+3e^- \Longrightarrow Fe$	-0.036
$CO_2(g)+2H^++2e^- \Longrightarrow CO(g)+H_2O$	-0.12	$Fe^{3+}+e^- \Longrightarrow Fe^{2+}$ (1mol/L HCl)	$+0.770$
$2CO_2+2H^++2e^- \Longrightarrow H_2C_2O_4(aq)$	-0.49	$[Fe(CN)_6]^{3-}+e^- \Longrightarrow [Fe(CN)_6]^{4-}$	$+0.36$
$2HCNO+2H^++2e^- \Longrightarrow (CN)_2+2H_2O$	$+0.33$	$FeO_4^{2-}+8H^++3e^- \Longrightarrow Fe^{3+}+4H_2O$	$+1.9$
$Ca^{2+}+2e^- \Longrightarrow Ca$	-2.76	$Fe_3O_4(s)+8H^++2e^- \Longrightarrow 3Fe^{2+}+4H_2O$	$+1.23$
$Cd^{2+}+2e^- \Longrightarrow Cd$	-0.4026	$Ga^{3+}+3e^- \Longrightarrow Ga$	-0.560
$Cd^{2+}+(Hg)+2e^- \Longrightarrow Cd(Hg)$	-0.3521	$H_2GeO_3+4H^++4e^- \Longrightarrow Ge+3H_2O$	-0.13
$Ce^{3+}+3e^- \Longrightarrow Ce$	-2.335	$H_2(g)+2e^- \Longrightarrow 2H^-$	-2.25
$Ce^{4+}+e^- \Longrightarrow Ce^{3+}$ (1mol/L H_2SO_4)	$+1.443$	$2H^++2e^- \Longrightarrow H_2(g)$	0.0000
$Ce^{4+}+e^- \Longrightarrow Ce^{3+}$ (0.5~2mol/L HNO_3)	$+1.61$	$2H^+([H^+]=10^{-7}\text{mol/L})+2e^- \Longrightarrow H_2$	-0.414
$Ce^{4+}+e^- \Longrightarrow Ce^{3+}$ (1mol/L $HClO_4$)	$+1.70$	$Hg_2^{2+}+2e^- \Longrightarrow 2Hg$	$+0.7961$
$Cl_2(g)+2e^- \Longrightarrow 2Cl^-$	$+1.3583$	$Hg_2Cl_2+2e^- \Longrightarrow 2Hg+2Cl^-$	$+0.2415$
$HOCl+H^++2e^- \Longrightarrow Cl^-+H_2O$	$+1.49$	$Hg_2I_2+2e^- \Longrightarrow 2Hg+2I^-$	-0.0405
$HOCl+H^++e^- \Longrightarrow \frac{1}{2}Cl_2+H_2O$	$+1.63$	$Hg^{2+}+2e^- \Longrightarrow Hg$	$+0.851$

电极反应	$\varphi^{\ominus}/V$	电极反应	$\varphi^{\ominus}/V$
$[HgI_4]^{2-}+2e^-\Longrightarrow Hg+4I^-$	-0.04	$\frac{1}{2}O_2+2H^+(10^{-7}mol/L)+2e^-\Longrightarrow H_2O$	$+0.815$
$2Hg^{2+}+2e^-\Longrightarrow Hg_2^{2+}$	$+0.905$	$O_2+2H^++2e^-\Longrightarrow H_2O_2$	$+0.682$
$I_2+2e^-\Longrightarrow 2I^-$	$+0.5355$	$H_2O_2+2H^++2e^-\Longrightarrow 2H_2O$	$+1.776$
$I_3^-+2e^-\Longrightarrow 3I^-$	$+0.5338$	$F_2O+2H^++4e^-\Longrightarrow H_2O+2F^-$	$+2.87$
$HIO+H^++2e^-\Longrightarrow I^-+H_2O$	$+0.99$	$P+3H^++3e^-\Longrightarrow PH_3(g)$	-0.04
$HIO+H^++e^-\Longrightarrow \frac{1}{2}I_2+H_2O$	$+1.45$	$H_3PO_2+H^++e^-\Longrightarrow P+2H_2O$	-0.51
$IO_3^-+6H^++6e^-\Longrightarrow I^-+3H_2O$	$+1.085$	$H_3PO_3+2H^++2e^-\Longrightarrow H_3PO_2+H_2O$	$-0.50(-0.59)$
$IO_3^-+6H^++5e^-\Longrightarrow \frac{1}{2}I_2+3H_2O$	$+1.195$	$H_3PO_4+2H^++2e^-\Longrightarrow H_3PO_3+H_2O$	-0.276
$H_5IO_6+H^++2e^-\Longrightarrow IO_3^-+3H_2O$	约$+1.7$	$Pb^{2+}+2e^-\Longrightarrow Pb$	-0.1263 (-0.126)
$In^++e^-\Longrightarrow In$	-0.18	$PbCl_2+2e^-\Longrightarrow Pb+2Cl^-$	-0.268
$In^{3+}+3e^-\Longrightarrow In$	-0.343	$PbI_2+2e^-\Longrightarrow Pb+2I^-$	-0.365
$K^++e^-\Longrightarrow K$	-2.924 (-2.923)	$PbSO_4+2e^-\Longrightarrow Pb+SO_4^{2-}$	-0.356
$La^{3+}+3e^-\Longrightarrow La$	-2.37	$PbSO_4+(Hg)+2e^-\Longrightarrow Pb(Hg)+SO_4^{2-}$	-0.3505
$Li^++e^-\Longrightarrow Li$	-3.045 (-3.02)	$PbO_2+4H^++2e^-\Longrightarrow Pb^{2+}+2H_2O$	$+1.46$
$Mg^{2+}+2e^-\Longrightarrow Mg$	-2.375	$PbO_2+SO_4^{2-}+4H^++2e^-\Longrightarrow PbSO_4+2H_2O$	$+1.685$
$Mn^{2+}+2e^-\Longrightarrow Mn$	-1.029	$PbO_2+2H^++2e^-\Longrightarrow PbO(s)+H_2O$	$+0.28$
$Mn^{3+}+e^-\Longrightarrow Mn^{2+}$	$+1.51$	$Pd^{2+}+2e^-\Longrightarrow Pd$	$+0.83$
$MnO_2+4H^++2e^-\Longrightarrow Mn^{2+}+2H_2O$	$+1.208$	$[PdCl_6]^{2-}+2e^-\Longrightarrow [PdCl_4]^{2-}+2Cl^-$	$+1.29$
$2MnO_2(s)+2H^++2e^-\Longrightarrow Mn_2O_3(s)+H_2O$	$+1.04$	$Pt^{2+}+2e^-\Longrightarrow Pt$	约$+1.2$
$MnO_4^-+8H^++5e^-\Longrightarrow Mn^{2+}+4H_2O$	$+1.491$	$[PtCl_4]^{2-}+2e^-\Longrightarrow Pt+4Cl^-$	$+0.73$
$MnO_4^-+4H^++3e^-\Longrightarrow MnO_2+2H_2O$	$+1.679$	$Pt(OH)_2+2H^++2e^-\Longrightarrow Pt+2H_2O$	$+0.98$
$MnO_4^-+e^-\Longrightarrow MnO_4^{2-}$	$+0.564$	$[PtCl_6]^{2-}+2e^-\Longrightarrow [PtCl_4]^{2-}+2Cl^-$	$+0.74$
$Mo^{3+}+3e^-\Longrightarrow Mo$	约-0.2	$Rb^++e^-\Longrightarrow Rb$	-2.925 (-2.99)
$H_2MoO_4+6H^++6e^-\Longrightarrow Mo+4H_2O$	0.0	$(CNS)_2+2e^-\Longrightarrow 2CNS^-$	$+0.77$
$N_2O+2H^++2e^-\Longrightarrow N_2+H_2O$	$+1.77$	$S+2H^++2e^-\Longrightarrow H_2S(aq)$	$+0.141$
$2NO+2H^++2e^-\Longrightarrow N_2O+H_2O$	$+1.59$	$H_2SO_3+4H^++4e^-\Longrightarrow S+3H_2O$	$+0.45$
$2HNO_2+4H^++4e^-\Longrightarrow N_2O+3H_2O$	$+1.27$	$S_2O_4^{2-}+6H^++4e^-\Longrightarrow 2S+3H_2O$	$+0.50$
$HNO_2+H^++e^-\Longrightarrow NO+H_2O$	$+1.00$	$2H_2SO_3+2H^++4e^-\Longrightarrow S_2O_3^{2-}+3H_2O$	$+0.40$
$N_2O_4+4H^++4e^-\Longrightarrow 2NO+2H_2O$	$+1.03$	$4H_2SO_3+4H^++6e^-\Longrightarrow S_4O_6^{2-}+6H_2O$	$+0.51$
$N_2O_4+2H^++2e^-\Longrightarrow 2HNO_2$	$+1.07$	$SO_4^{2-}+4H^++2e^-\Longrightarrow H_2SO_3+H_2O$	$+0.172$
$NO_3^-+3H^++2e^-\Longrightarrow HNO_2+H_2O$	$+0.94$	$S_2O_8^{2-}+2e^-\Longrightarrow 2SO_4^{2-}$	$+2.01$
$NO_3^-+4H^++3e^-\Longrightarrow NO+2H_2O$	$+0.96$	$Sb_2O_3+6H^++6e^-\Longrightarrow 2Sb+3H_2O$	$+0.1445$ $(+0.152)$
$2NO_3^-+4H^++2e^-\Longrightarrow N_2O_4+2H_2O$	$+0.81$	$SbO^++2H^++3e^-\Longrightarrow Sb+H_2O$	$+0.21$
$Na^++e^-\Longrightarrow Na$	-2.7109	$Sb_2O_5+6H^++4e^-\Longrightarrow 2SbO^++3H_2O$	$+0.581$
$Na^++(Hg)+e^-\Longrightarrow Na(Hg)$	-1.84	$Se+2e^-\Longrightarrow Se^{2-}$	-0.78
$Ni^{2+}+2e^-\Longrightarrow Ni$	-0.23	$Se+2H^++2e^-\Longrightarrow H_2Se(aq)$	-0.36
$Ni(OH)_3+3H^++e^-\Longrightarrow Ni^{2+}+3H_2O$	$+2.08$	$H_2SeO_3+4H^++4e^-\Longrightarrow Se+3H_2O$	$+0.74$
$NiO_2+4H^++2e^-\Longrightarrow Ni^{2+}+2H_2O$	$+1.93$	$SeO_4^{2-}+4H^++2e^-\Longrightarrow H_2SeO_3+H_2O$	$+1.15$
$O_3+2H^++2e^-\Longrightarrow O_2+H_2O$	$+2.07$	$Si+4H^++4e^-\Longrightarrow SiH_4(g)$	$+0.102$
$O_2+4H^++4e^-\Longrightarrow 2H_2O$	$+1.229$	$SiO_2+4H^++4e^-\Longrightarrow Si+2H_2O$	-0.84
$O(g)+2H^++2e^-\Longrightarrow H_2O$	$+2.42$	$[SiF_6]^{2-}+4e^-\Longrightarrow Si+6F^-$	-1.2
		$Sn^{2+}+2e^-\Longrightarrow Sn$	-0.1364
		$Sn^{4+}+2e^-\Longrightarrow Sn^{2+}$	$+0.15$
		$Sr^{2+}+2e^-\Longrightarrow Sr$	-2.89

电极反应	$\varphi^{\ominus}/V$	电极反应	$\varphi^{\ominus}/V$
$Ti^{2+}+2e^-\!=\!=\!Ti$	-1.63	$V^{4+}+2e^-\!=\!=\!V^{2+}$	-1.186
$TiO^{2+}+2H^++4e^-\!=\!=\!Ti+H_2O$	-0.89	$VO^{2+}+2H^++e^-\!=\!=\!V^{3+}+H_2O$	$+0.359$
$TiO_2+4H^++4e^-\!=\!=\!Ti+2H_2O$	-0.86	$V(OH)_4^++4H^++5e^-\!=\!=\!V+4H_2O$	-0.253
$TiO^{2+}+2H^++e^-\!=\!=\!Ti^{3+}+H_2O$	$+0.1$	$V(OH)_4^++2H^++e^-\!=\!=\!VO^{2+}+3H_2O$	$+1.00$
$Ti^{3+}+e^-\!=\!=\!Ti^{2+}$	-0.369	$VO_2^++4H^++2e^-\!=\!=\!V^{4+}+2H_2O$	$+0.62$
$V^{2+}+2e^-\!=\!=\!V$	-0.255	$Zn^{2+}+2e^-\!=\!=\!Zn$	-0.7628
$V^{3+}+e^-\!=\!=\!V^{2+}$	约-1.2		

（2）在碱性溶液中

电极反应	$\varphi^{\ominus}/V$	电极反应	$\varphi^{\ominus}/V$
$AgCN+e^-\!=\!=\!Ag+CN^-$	-0.02	$Co(OH)_3+e^-\!=\!=\!Co(OH)_2+OH^-$	$+0.2$
$[Ag(CN)_2]^-+e^-\!=\!=\!Ag+2CN^-$	-0.31	$[Co(NH_3)_6]^{3+}+e^-\!=\!=\![Co(NH_3)_6]^{2+}$	$+0.1$
$[Ag(NH_3)_2]^++e^-\!=\!=\!Ag+2NH_3$	$+0.373$	$Cr(OH)_3+3e^-\!=\!=\!Cr+3OH^-$	-1.3
$Ag_2O+H_2O+2e^-\!=\!=\!2Ag+2OH^-$	$+0.342$	$CrO_2^-+3H_2O+3e^-\!=\!=\!Cr+4OH^-$	-1.2
$Ag_2S+2e^-\!=\!=\!2Ag+S^{2-}$	-0.7051	$CrO_4^{2-}+4H_2O+3e^-\!=\!=\!Cr(OH)_3+5OH^-$	-0.13
$2AgO+H_2O+2e^-\!=\!=\!Ag_2O+2OH^-$	$+0.599$	$[Cu(CN)_2]^-+e^-\!=\!=\!Cu+2CN^-$	-0.429
$H_2AlO_3^-+H_2O+3e^-\!=\!=\!Al+4OH^-$	-2.35	$[Cu(NH_3)_2]^++e^-\!=\!=\!Cu+2NH_3$	-0.12
$AsO_2^-+2H_2O+3e^-\!=\!=\!As+4OH^-$	-0.68	$Cu_2O+H_2O+2e^-\!=\!=\!2Cu+2OH^-$	-0.361
$AsO_4^{3-}+2H_2O+2e^-\!=\!=\!AsO_2^-+4OH^-$	-0.71	$Fe(OH)_2+2e^-\!=\!=\!Fe+2OH^-$	-0.877
$[Au(CN)_2]^-+e^-\!=\!=\!Au+2CN^-$	-0.60	$Fe(OH)_3+e^-\!=\!=\!Fe(OH)_2+OH^-$	-0.56
$H_2BO_3^-+H_2O+3e^-\!=\!=\!B+4OH^-$	-2.5	$[Fe(CN)_6]^{3-}+e^-\!=\!=\![Fe(CN)_6]^{4-}$	$+0.46$
$Ba(OH)_2\cdot 8H_2O+2e^-\!=\!=\!Ba+2OH^-+8H_2O$	-2.97	$(0.01mol/L\ NaOH)$	
$Be_2O_3^{2-}+3H_2O+4e^-\!=\!=\!2Be+6OH^-$	-2.28	$2H_2O+2e^-\!=\!=\!H_2+2OH^-$	-0.8277
$Bi_2O_3+3H_2O+6e^-\!=\!=\!2Bi+6OH^-$	-0.46	$HgO+H_2O+2e^-\!=\!=\!Hg+2OH^-$	$+0.0984$
$BrO^-+H_2O+2e^-\!=\!=\!Br^-+2OH^-$（1mol/L NaOH）	$+0.76$	$IO^-+H_2O+2e^-\!=\!=\!I^-+2OH^-$	$+0.26$
$2BrO^-+2H_2O+2e^-\!=\!=\!Br_2+4OH^-$	$+0.45$	$IO_3^-+3H_2O+6e^-\!=\!=\!I+6OH^-$	约$+0.70$
$BrO_3^-+3H_2O+6e^-\!=\!=\!Br^-+6OH^-$	$+0.61$	$H_3IO_6^{2-}+2e^-\!=\!=\!IO_3^-+3OH^-$	-2.76
$Ca(OH)_2+2e^-\!=\!=\!Ca+2OH^-$	-3.02	$La(OH)_3+3e^-\!=\!=\!La+3OH^-$	-2.76
$Cd(OH)_2+2e^-\!=\!=\!Cd+2OH^-$	-0.761	$Mg(OH)_2+2e^-\!=\!=\!Mg+2OH^-$	-1.47
$ClO^-+H_2O+2e^-\!=\!=\!Cl^-+2OH^-$	$+0.90$	$Mn(OH)_2+2e^-\!=\!=\!Mn+2OH^-$	-0.05
$ClO_2^-+2H_2O+4e^-\!=\!=\!Cl^-+4OH^-$	$+0.76$	$MnO_2+2H_2O+2e^-\!=\!=\!Mn(OH)_2+2OH^-$	$+0.60$
$ClO_2^-+H_2O+2e^-\!=\!=\!ClO^-+2OH^-$	$+0.59$	$MnO_4^{2-}+2H_2O+2e^-\!=\!=\!MnO_2+4OH^-$	$+0.588$
$ClO_3^-+3H_2O+6e^-\!=\!=\!ClO^-+6OH^-$	$+0.62$	$MnO_4^-+2H_2O+3e^-\!=\!=\!MnO_2+4OH$	-0.92
$ClO_3^-+H_2O+2e^-\!=\!=\!ClO_2^-+2OH^-$	$+0.35$	$NO_3^-+H_2O+2e^-\!=\!=\!NO_2^-+2OH^-$	-0.85
$ClO_4^-+H_2O+2e^-\!=\!=\!ClO_3^-+2OH^-$	$+0.36$	$2NO_3^-+2H_2O+2e^-\!=\!=\!N_2O_4+4OH^-$	-0.66
$Co(OH)_2+2e^-\!=\!=\!Co+2OH^-$	-0.73	$Ni(OH)_2+2e^-\!=\!=\!Ni+2OH^-$	$+0.48$
		$Ni(OH)_3+e^-\!=\!=\!Ni(OH)_2+OH^-$	$+0.49$

电极反应	$\varphi^{\ominus}$/V	电极反应	$\varphi^{\ominus}$/V
$O_2+2H_2O+4e^- \Longrightarrow 4OH^-$	$+0.401$	$H_3SbO_6^{4-}+H_2O+2e^- \Longrightarrow SbO_2^-+5OH^-$	-0.40
$O_3+H_2O+2e^- \Longrightarrow O_2+2OH^-$	$+1.24$	$SeO_4^{2-}+H_2O+2e^- \Longrightarrow SeO_3^{2-}+2OH^-$	$+0.05$
$P+3H_2O+3e^- \Longrightarrow PH_3(g)+3OH^-$	-0.87	$SiO_3^{2-}+3H_2O+4e^- \Longrightarrow Si+6OH^-$	-1.73
$PO_4^{3-}+2H_2O+2e^- \Longrightarrow HPO_3^{2-}+3OH^-$	-1.05	$SnS+2e^- \Longrightarrow Sn+S^{2-}$	-0.94
$PbO_2+H_2O+2e^- \Longrightarrow PbO+2OH^-$	$+0.28$	$HSnO_2^-+H_2O+2e^- \Longrightarrow Sn+3OH^-$	-0.79
$Pt(OH)_2+2e^- \Longrightarrow Pt+2OH^-$	$+0.16$	$[Sn(OH)_6]^{2-}+2e^- \Longrightarrow HSnO_2^-+3OH^-+H_2O$	-0.96
$S+2e^- \Longrightarrow S^{2-}$	-0.508	$[Zn(CN)_4]^{2-}+2e^- \Longrightarrow Zn+4CN^-$	-1.26
$S_4O_6^{2-}+2e^- \Longrightarrow 2S_2O_3^{2-}$	$+0.09$ (0.10)	$[Zn(NH_3)_4]^{2+}+2e^- \Longrightarrow Zn+4NH_3(aq)$	-1.04
$SO_3^{2-}+3H_2O+6e^- \Longrightarrow S^{2-}+6OH^-$	-0.66	$Zn(OH)_2+2e^- \Longrightarrow Zn+2OH^-$	-1.245
$2SO_3^{2-}+3H_2O+4e^- \Longrightarrow S_2O_3^{2-}+6OH^-$	-0.58	$ZnO_2^{2-}+2H_2O+2e^- \Longrightarrow Zn+4OH^-$	-1.216
$SO_4^{2-}+H_2O+2e^- \Longrightarrow SO_3^{2-}+2OH^-$	-0.92	$ZnS+2e^- \Longrightarrow Zn+S^{2-}$	-1.44
$SbO_2^-+2H_2O+3e^- \Longrightarrow Sb+4OH^-$	-0.66		

6.8 弱电解质的解离常数 ($t=25℃$)

化合物名称	电离方程式	K
亚硝酸	$HNO_2 \Longrightarrow H^+ + NO_2^-$	6.31×10^{-4}
硼酸	$H_3BO_3 \Longrightarrow H^+ + H_2BO_3^-$	5.8×10^{-10}
草酸	$H_2C_2O_4 \Longrightarrow H^+ + HC_2O_4^-$	5.4×10^{-2}
	$HC_2O_4^- \Longrightarrow H^+ + C_2O_4^{2-}$	5.4×10^{-5}
次氯酸	$HOCl \Longrightarrow H^+ + OCl^-$	2.88×10^{-8}
硅酸	$H_2SiO_3 \Longrightarrow H^+ + HSiO_3^-$	1.70×10^{-10}
砷酸	$H_3AsO_4 \Longrightarrow H^+ + H_2AsO_4^-$	6.03×10^{-8}
	$H_2AsO_4^- \Longrightarrow H^+ + HAsO_4^{2-}$	1.05×10^{-7}
	$HAsO_4^{2-} \Longrightarrow H^+ + AsO_4^{3-}$	3.15×10^{-12}
亚砷酸	$H_3AsO_3 \Longrightarrow H^+ + H_2AsO_3^-$	6×10^{-10}
氢氟酸	$HF \Longrightarrow H^+ + F^-$	6.6×10^{-4}
亚硫酸	$H_2SO_3 \Longrightarrow H^+ + HSO_3^-$	1.26×10^{-2}
	$HSO_3^- \Longrightarrow H^+ + SO_3^{2-}$	6.17×10^{-8}
氢硫酸	$H_2S \Longrightarrow H^+ + HS^-$	1.07×10^{-7}
	$HS^- \Longrightarrow H^+ + S^{2-}$	1.26×10^{-13}

化合物名称	电离方程式	K
碳酸	$H_2CO_3 \rightleftharpoons H^+ + HCO_3^-$	4.47×10^{-7}
	$HCO_3^- \rightleftharpoons H^+ + CO_3^{2-}$	4.68×10^{-11}
醋酸	$CH_3COOH \rightleftharpoons H^+ + CH_3COO^-$	1.74×10^{-5}
磷酸	$H_3PO_4 \rightleftharpoons H^+ + H_2PO_4^-$	7.08×10^{-3}
	$H_2PO_4^- \rightleftharpoons H^+ + HPO_4^{2-}$	6.30×10^{-3}
	$HPO_4^{2-} \rightleftharpoons H^+ + PO_4^{3-}$	4.17×10^{-13}
氢氰酸	$HCN \rightleftharpoons H^+ + CN^-$	6.17×10^{-10}
氨水	$NH_3 + H_2O \rightleftharpoons NH_4^+ + OH^-$	1.74×10^{-5}

6.9　溶度积常数（298.15K）

化合物	K_{sp}	pK_{sp}	化合物	K_{sp}	pK_{sp}
AgAc	1.94×10^{-3}	2.71	$BaSO_4$	1.07×10^{-10}	9.97
AgBr	5.35×10^{-13}	12.27	$BiAsO_4$	4.43×10^{-10}	9.35
$AgBrO_3$	5.34×10^{-5}	4.27	Bi_2S_3	1.82×10^{-99}	98.74
AgCN	5.97×10^{-17}	16.22	$CaCO_3$	9.9×10^{-7}	6.00
AgCl	1.77×10^{-10}	9.75	$CaC_2O_4 \cdot H_2O$	2.34×10^{-9}	8.63
AgI	8.51×10^{-17}	16.07	CaF_2	1.46×10^{-10}	9.84
$AgIO_3$	3.17×10^{-8}	7.50	$Ca(IO_3)_2$	6.47×10^{-6}	5.19
AgSCN	1.03×10^{-12}	11.99	$Ca(IO_3)_2 \cdot 6H_2O$	7.54×10^{-7}	6.12
Ag_2CO_3	8.45×10^{-12}	11.07	$Ca(OH)_2$	4.68×10^{-6}	5.33
$Ag_2C_2O_4$	5.40×10^{-12}	11.27	$CaSO_4$	7.10×10^{-5}	4.15
Ag_2CrO_4	1.12×10^{-12}	11.95	$Co(IO_3)_2 \cdot 2H_2O$	1.21×10^{-2}	1.92
α-Ag_2S	6.69×10^{-50}	49.17	$Co(OH)_2$（粉红）	1.09×10^{-15}	14.96
β-Ag_2S	1.09×10^{-49}	18.96	$Co(OH)_2$（蓝）	5.92×10^{-15}	14.23
Ag_2SO_3	1.49×10^{-14}	13.83	$Co_3(AsO_4)_2$	6.79×10^{-29}	28.17
$AgSO_4$	1.20×10^{-5}	4.92	$Co_3(PO_4)_2$	2.05×10^{-35}	34.69
Ag_3AsO_4	1.03×10^{-22}	21.99	CuBr	6.27×10^{-9}	8.20
Ag_3PO_4	8.88×10^{-17}	16.05	CuC_2O_4	4.43×10^{-10}	9.35
$Al(OH)_3$	1.1×10^{-33}	32.97	CuCl	1.72×10^{-12}	6.76
$AlPO_4$	9.83×10^{-21}	20.01	CuI	1.27×10^{-12}	11.90
$BaCO_3$	2.58×10^{-9}	8.59	$Cu(IO_3)_2 \cdot H_2O$	6.94×10^{-4}	7.16
$BaCrO_4$	1.17×10^{-10}	9.93	CuS	1.27×10^{-36}	35.90
BaF_2	1.84×10^{-7}	6.41	CuSCN	1.77×10^{-13}	12.75
$Ba(IO_3)_2$	4.01×10^{-9}	8.40	Cu_2S	2.26×10^{-48}	47.64
$Ba(IO_3)_2 \cdot H_2O$	1.67×10^{-9}	8.78	$Cu_3(AsO_4)_2$	7.93×10^{-36}	35.10
$Ba(OH)_2 \cdot H_2O$	2.55×10^{-4}	3.59	$Cu_3(PO_4)_2$	1.39×10^{-37}	36.86

化合物	K_{sp}	pK_{sp}	化合物	K_{sp}	pK_{sp}
$FeCO_3$	3.07×10^{-11}	10.51	PdS	2.03×10^{-58}	57.69
FeF_2	2.36×10^{-6}	5.63	$Pd(SCN)_2$	4.38×10^{-23}	22.36
$Fe(OH)_2$	4.87×10^{-17}	16.31	PtS	9.91×10^{-74}	73.00
$Fe(OH)_3$	2.64×10^{-39}	38.58	$Sn(OH)_2$	5.45×10^{-27}	26.26
$FePO_4 \cdot 2H_2O$	9.92×10^{-29}	28.00	SnS	3.25×10^{-28}	27.49
FeS	1.59×10^{-19}	18.80	$SrCO_3$	5.60×10^{-10}	9.25
HgI_2	2.82×10^{-29}	28.55	SrF_2	4.33×10^{-19}	8.39
$Hg(OH)_2$	3.13×10^{-26}	25.50	$Sr(IO_3)_2$	1.14×10^{-7}	6.94
$HgS(黑)$	6.44×10^{-53}	52.19	$Sr(IO_3)_2 \cdot H_2O$	3.58×10^{-7}	6.45
$HgS(红)$	2.00×10^{-53}	52.70	$Sr(IO_3)_2 \cdot 6H_2O$	4.65×10^{-7}	6.33
Hg_2Br_2	6.41×10^{-23}	22.19	$SrSO_4$	3.44×10^{-7}	6.46
Hg_2CO_3	3.67×10^{-17}	16.44	$Sr_3(AsO_4)_2$	4.29×10^{-19}	18.34
$Hg_2C_2O_4$	1.75×10^{-13}	12.76	$ZnCO_3$	1.19×10^{-10}	9.92
Hg_2Cl_2	1.45×10^{-18}	17.84	$Ca_3(PO_4)_2$	2.07×10^{-33}	32.68
Hg_2F_2	3.10×10^{-6}	5.51	$CdCO_3$	6.18×10^{-12}	11.21
Hg_2I_2	5.33×10^{-29}	28.27	$CdC_2O_4 \cdot 3H_2O$	1.42×10^{-8}	7.85
Hg_2SO_4	7.99×10^{-7}	6.10	CdF_2	6.44×10^{-3}	2.19
$Hg_2(SCN)_2$	3.12×10^{-20}	19.51	$Cd(IO_3)_2$	2.49×10^{-8}	7.60
$KClO_4$	1.05×10^{-2}	1.98	$Cd(OH)_2$	5.27×10^{-15}	14.28
$MnCO_3$	2.24×10^{-11}	10.65	CdS	1.40×10^{-29}	28.85
$MnC_2O_4 \cdot 2H_2O$	1.70×10^{-7}	6.77	$Cd_3(AsO_4)_2$	2.17×10^{-33}	32.66
$Mn(IO_3)_2$	4.37×10^{-7}	6.36	$Cd_3(PO_4)_2$	2.53×10^{-33}	32.60
$Mn(OH)_2$	2.06×10^{-13}	12.69	$K_2[PtCl_6]$	7.48×10^{-6}	5.13
MnS	4.65×10^{-1}	13.33	Li_2CO_3	8.15×10^{-4}	3.09
$NiCO_3$	1.42×10^{-7}	6.85	$MgCO_3$	6.82×10^{-6}	5.17
$Ni(IO_3)_2$	4.71×10^{-5}	4.33	$MgCO_3 \cdot 3H_2O$	2.38×10^{-6}	5.62
$Ni(OH)_2$	5.47×10^{-16}	15.26	$MgCO_3 \cdot 5H_2O$	3.79×10^{-6}	5.42
NiS	1.07×10^{-21}	20.97	$MgC_2O_4 \cdot 2H_2O$	4.83×10^{-6}	5.32
$Ni_2(PO_4)_2$	4.73×10^{-32}	31.33	MgF_2	7.42×10^{-11}	10.13
$PbBr_2$	6.60×10^{-6}	5.18	$Mg(OH)_2$	5.61×10^{-12}	11.25
$PbCO_3$	1.46×10^{-13}	12.84	$Mg_3(PO_4)_2$	9.86×10^{-25}	24.01
PbC_2O_4	8.51×10^{-10}	9.07	$ZnCO_3 \cdot H_2O$	5.41×10^{-11}	10.27
$PbCrO_4$	1.77×10^{-14}	13.75	$ZnC_2O_4 \cdot 2H_2O$	1.37×10^{-9}	8.86
$PbCl_2$	1.17×10^{-5}	4.93	ZnF_2	3.04×10^{-2}	1.52
PbF_2	7.12×10^{-7}	6.15	$Zn(IO_3)_2$	4.29×10^{-6}	5.37
PbI_2	8.49×10^{-9}	8.07	$\gamma\text{-}Zn(OH)_2$	6.86×10^{-17}	16.16
$Pb(IO_3)_2$	3.68×10^{-13}	12.43	$\beta\text{-}Zn(OH)_2$	7.71×10^{-17}	16.11
$Pb(OH)_2$	1.42×10^{-20}	19.85	$\varepsilon\text{-}Zn(OH)_2$	4.12×10^{-17}	16.38
PbS	9.04×10^{-29}	28.04	ZnS	2.93×10^{-25}	24.53
$PbSO_4$	1.82×10^{-8}	7.74	$Zn_3(AsO_4)_2$	3.12×10^{-28}	27.51
$Pb(SCN)_2$	2.11×10^{-5}	74.68			

6.10 某些离子及化合物的颜色

离子或化合物	颜色	离子或化合物	颜色	离子或化合物	颜色
Ag^+	无	$Bi(OH)CO_3$	白	$CoSiO_3$	紫
$AgBr$	淡黄	$BiONO_3$	白	$CoSO_4 \cdot 7H_2O$	红
$AgCl$	白	Bi_2S_3	黑	Cr^{2+}	蓝
$AgCN$	白	Ca^{2+}	白	Cr^{3+}	蓝紫
Ag_2CO_3	白	$CaCO_3$	白	$CrCl_3 \cdot 6H_2O$	绿
$Ag_2C_2O_4$	白	CaC_2O_4	白	Cr_2O_3	绿
Ag_2CrO_4	砖红	CaF_2	白	CrO_3	橙红
$Ag_3[Fe(CN)_6]$	橙	CaO	白	CrO_2^-	绿
$Ag_4[Fe(CN)_6]$	白	$Ca(OH)_2$	白	CrO_4^{2-}	黄
AgI	黄	$CaHPO_4$	白	$Cr_2O_7^{2-}$	橙
$AgNO_3$	白	$Ca_3(PO_4)_2$	白	$Cr(OH)_3$	灰绿
Ag_2O	褐	$CaSO_3$	白	$Cr_2(SO_4)_3$	桃红
Ag_3PO_4	黄	$CaSO_4$	白	$Cr_2(SO_4)_3 \cdot 6H_2O$	绿
$Ag_4P_2O_7$	白	$CaSiO_3$	白	$Cr_2(SO_4)_3 \cdot 18H_2O$	蓝紫
Ag_2S	黑	Cd^{2+}	无	Cu^{2+}	蓝
$AgSCN$	白	$CdCO_3$	白	$CuBr$	白
Ag_2SO_3	白	CdC_2O_4	白	$CuCl$	白
Ag_2SO_4	白	$Cd_3(PO_4)_2$	白	$CuCl_2^-$	无
$Ag_2S_2O_3$	白	CdS	黄	$CuCl_4^{2-}$	黄
As_2S_3	黄	Co^{2+}	粉红	$CuCN$	白
As_2S_5	黄	$CoCl_2$	蓝	$Cu_2[Fe(CN)_6]$	红棕
Ba^{2+}	无	$CoCl_2 \cdot 2H_2O$	紫红	CuI	白
$BaCO_3$	白	$CoCl_2 \cdot 6H_2O$	粉红	$Cu(IO_3)_2$	淡蓝
BaC_2O_4	白	$Co(CN)_6^{3-}$	紫	$Cu(NH_3)_4^{2+}$	深蓝
$BaCrO_4$	黄	$Co(NH_3)_6^{2+}$	黄	$Cu(NH_3)_2^+$	无
$BaHPO_4$	白	$Co(NH_3)_6^{3+}$	橙黄	CuO	黑
$Ba_3(PO_4)$	白	CoO	灰绿	Cu_2O	暗红
$BaSO_3$	白	Co_2O_3	黑	$Cu(OH)_2$	浅蓝
$BaSO_4$	白	$Co(OH)_2$	粉红	$Cu(OH)_4^{2-}$	蓝
BaS_2O_3	白	$Co(OH)_3$	棕褐	$Cu_2(OH)_2CO_3$	淡蓝
Bi^{3+}	无	$Co(OH)Cl$	蓝	$Cu_3(PO_4)_2$	淡蓝
$BiOCl$	白	$Co_2(OH)_2CO_3$	红	CuS	黑
Bi_2O_3	黄	$Co_3(PO_4)_2$	紫	Cu_2S	深棕
$Bi(OH)_3$	白	CoS	黑	$CuSCN$	白
$BiO(OH)$	灰黄	$Co(SCN)_4^{2-}$	蓝	$CuSO_4 \cdot 5H_2O$	蓝

离子或化合物	颜色	离子或化合物	颜色	离子或化合物	颜色
Fe^{2+}	浅绿	MgF_2	白	$Pb(OH)_2$	白
Fe^{3+}	淡紫	$MgNH_4PO_4$	白	$Pb_2(OH)_2CO_3$	白
$FeCl_3 \cdot 6H_2O$	黄棕	$Mg(OH)_2$	白	PbS	黑
$[Fe(CN)_6]^{4-}$	黄	$Mg_2(OH)_2CO_3$	白	$PbSO_4$	白
$[Fe(CN)_6]^{3-}$	红棕	Mn^{2+}	肉色	$SbCl_6^{3-}$	无
$FeCO_3$	白	$MnCO_3$	白	$SbCl_6^-$	无
$FeC_2O_4 \cdot 2H_2O$	淡黄	MnC_2O_4	白	Sb_2O_3	白
FeF_6^{3-}	无	MnO_4^{2-}	绿	Sb_2O_5	淡黄
$Fe(HPO_4)_2^-$	无	MnO_4^-	紫红	$SbOCl$	白
FeO	黑	MnO_2	棕	$Sb(OH)_3$	白
Fe_2O_3	砖红	$Mn(OH)_2$	白	SbS_3^{3-}	无
Fe_3O_4	黑	MnS	肉色	SbS_4^{3-}	无
$Fe(OH)_2$	白	$NaBiO_3$	黄	SnO	黑/绿
$Fe(OH)_3$	红棕	$Na[Sb(OH)_6]$	白	SnO_2	白
$FePO_4$	浅黄	$NaZn(UO_2)_3(Ac)_9 \cdot 9H_2O$	黄	$Sn(OH)_2$	白
FeS	黑	$(NH_4)_2Fe(SO_4)_2 \cdot 6H_2O$	蓝绿	$Sn(OH)_4$	白
Fe_2S_3	黑	$NH_4Fe(SO_4)_2 \cdot 12H_2O$	浅紫	$Sn(OH)Cl$	白
$Fe(SCN)^{2+}$	血红	$(NH_4)_3PO_4 \cdot 12MoO_3 \cdot 6H_2O$	黄	SnS	棕
$Fe_2(SiO_3)_3$	棕红	Ni^{2+}	亮绿	SnS_2	黄
Hg^{2+}	无	$Ni(CN)_4^{2-}$	黄	SnS_3^{2-}	无
Hg_2^{2+}	无	$NiCO_3$	绿	$SrCO_3$	白
$HgCl_4^{2-}$	无	$Ni(NH_3)_6^{2+}$	蓝紫	SrC_2O_4	白
Hg_2Cl_2	白	NiO	暗蓝	$SrCrO_4$	黄
HgI_2	红	Ni_2O_3	黑	$SrSO_4$	白
HgI_4^{2-}	无	$Ni(OH)_2$	浅绿	Ti^{3+}	紫
Hg_2I_2	黄	$Ni(OH)_3$	黑	TiO^{2+}	无
$HgNH_2Cl$	白	$Ni_2(OH)_2CO_3$	淡绿	$Ti(H_2O_2)^{2+}$	橘黄
HgO	红/黄	$Ni_3(PO_4)_2$	绿	V^{2+}	蓝紫
HgS	黑/红	NiS	黑	V^{3+}	绿
Hg_2S	黑	Pb^{2+}	无	VO^{2+}	蓝
Hg_2SO_4	白	$PbBr_2$	白	VO_2^+	黄
I_2	紫	$PbCl_2$	白	VO_3^-	无
I_3^-	棕黄	$PbCl_4^{2-}$	无	V_2O_3	红棕
$K[Fe(CN)_6Fe]$	蓝	$PbCO_3$	白	ZnC_2O_4	白
$KHC_4H_4O_6$	白	PbC_2O_4	白	$Zn(NH_3)_4^{2+}$	无
$K_2Na[Co(NO_2)_6]$	黄	$PbCrO_4$	黄	ZnO	白
$K_3[Co(NO_2)_6]$	黄	PbI_2	黄	$Zn(OH)_4^{2-}$	无
$K_2[PtCl_6]$	黄	PbO	黄	$Zn(OH)_2$	白
$MgCO_3$	白	PbO_2	棕褐	$Zn_2(OH)_2CO_3$	白
MgC_2O_4	白	Pb_3O_4	红	ZnS	白

6.11　某些氢氧化物沉淀和溶解时所需的 pH

氢氧化物	pH				
	开始沉淀		沉淀完全	沉淀开始溶解	沉淀完全溶解
	原始 c_M^{n+} 浓度 $(1\text{mol}\cdot\text{L}^{-1})$	原始 c_M^{n+} 浓度 $(0.01\text{mol}\cdot\text{L}^{-1})$			
$Sn(OH)_2$	0	0.5	1.0	13	>14
$TiO(OH)_2$	0	0.5	2.0		
$Sn(OH)_2$	0.9	2.1	4.7	10	13.5
$ZrO(OH)_2$	1.3	2.3	3.8		
$Fe(OH)_3$	1.5	2.3	4.1	14	
HgO	1.3	2.4	5.0	11.5	
$Al(OH)_3$	3.3	4.0	5.2	7.8	10.8
$Cr(OH)_3$	4.0	4.9	6.8	12	
$Be(OH)_2$	5.2	6.2	8.8		
$Zn(OH)_2$	5.4	6.4	8.0	10.5	>14
$Fe(OH)_2$	6.5	7.5	9.7	13.5	
$Co(OH)_2$	6.6	7.6	9.2	14	12~13
$Ni(OH)_2$	6.7	7.7	9.5		
$Cd(OH)_2$	7.2	8.2	9.7		
Ag_2O	6.2	8.2	11.2	12.7	
$Mn(OH)_2$	7.8	8.8	10.4	14	
$Mg(OH)_2$	9.4	10.4	12.4		

6.12　常用缓冲溶液的配制

pH	配　制　方　法
0	$1\text{mol}\cdot\text{L}^{-1}$ HCl 溶液①
1	$0.1\text{mol}\cdot\text{L}^{-1}$ HCl 溶液
2	$0.01\text{mol}\cdot\text{L}^{-1}$ HCl 溶液
3.6	$NaAc\cdot 3H_2O$ 8g 溶于适量水中,加 $6\text{mol}\cdot\text{L}^{-1}$ HAc 溶液 134mL,稀释至 500mL
4.0	将 60mL 冰醋酸和 16g 无水醋酸钠溶于 100mL 水中,稀释至 500mL
4.5	将 30mL 冰醋酸和 30g 无水醋酸钠溶于 100mL 水中,稀释至 500mL
5.0	将 30mL 冰醋酸和 60g 无水醋酸钠溶于 100mL 水中,稀释至 500mL
5.4	将 40g 六亚甲基四胺溶于 90mL 水中,加入 20mL $6\text{mol}\cdot\text{L}^{-1}$ HCl 溶液
5.7	100g $NaAc\cdot 3H_2O$ 溶于适量水中,加 $6\text{mol}\cdot\text{L}^{-1}$ HAc 溶液 13mL,稀释至 500mL
7	NH_4Ac 77g 溶于适量水中,稀释至 500mL
7.5	NH_4Cl 60g 溶于适量水中,加浓氨水 1.4mL,稀释至 500mL
8.0	NH_4Cl 50g 溶于适量水中,加浓氨水 3.5mL,稀释至 500mL
8.5	NH_4Cl 40g 溶于适量水中,加浓氨水 8.8mL,稀释至 500mL
9.0	NH_4Cl 35g 溶于适量水中,加浓氨水 24mL,稀释至 500mL
9.5	NH_4Cl 30g 溶于适量水中,加浓氨水 65mL,稀释至 500mL
10	NH_4Cl 27g 溶于适量水中,加浓氨水 195mL,稀释至 500mL
11	NH_4Cl 3g 溶于适量水中,加浓氨水 207mL,稀释至 500mL
12	$0.01\text{mol}\cdot\text{L}^{-1}$ NaOH 溶液②
13	$0.1\text{mol}\cdot\text{L}^{-1}$ NaOH 溶液

① 不能有 Cl^- 存在时,可用硝酸。

② 不能有 Na^+ 存在时,可用 KOH 溶液。

6.13 标准缓冲溶液在不同温度下的 pH

温度/℃	$0.05\text{mol} \cdot \text{L}^{-1}$ 草酸三氢钾	25℃饱和 酒石酸氢钾	$0.05\text{mol} \cdot \text{L}^{-1}$ 邻苯二甲酸氢钾	$0.025\text{mol} \cdot \text{L}^{-1}$ KH_2PO_4 + $0.025\text{mol} \cdot \text{L}^{-1}$ Na_2HPO_4	$0.01\text{mol} \cdot \text{L}^{-1}$ 硼砂	25℃饱和 氢氧化钙
0	1.666	—	4.003	6.984	9.464	13.423
5	1.668	—	3.999	6.951	9.395	13.207
10	1.670	—	3.998	6.923	9.332	13.003
15	1.672	—	3.999	6.900	9.276	12.810
20	1.675	—	4.002	6.881	9.225	12.627
25	1.679	3.557	4.008	6.865	9.180	12.454
30	1.683	3.552	4.015	6.853	9.139	12.289
35	1.688	3.549	4.024	6.844	9.102	12.133
38	1.691	3.548	4.030	6.840	9.081	12.043
40	1.694	3.547	4.035	6.838	9.068	11.984
45	1.700	3.547	4.047	6.834	9.038	11.841
50	1.707	3.549	4.060	6.833	9.011	11.705
55	1.715	3.554	4.075	6.834	8.985	11.574
60	1.723	3.560	4.091	6.836	8.962	11.449
70	1.743	3.580	4.126	6.845	8.921	—
80	1.766	3.609	4.164	6.859	8.885	—
90	1.792	3.650	4.205	6.877	8.850	—
95	1.806	3.674	4.227	6.886	8.833	

6.14 定性分析试液的配制方法

(1) 阳离子试液（$10\text{g} \cdot \text{L}^{-1}$）

阳离子	试 剂	配 制 方 法
Na^+	$NaNO_3$	37g 溶于水，稀至 1L
K^+	KNO_3	26g 溶于水，稀至 1L
NH_4^+	NH_4NO_3	44g 溶于水，稀至 1L
Mg^{2+}	$Mg(NO_3)_2 \cdot 6H_2O$	106g 溶于水，稀至 1L
Ca^{2+}	$Ca(NO_3)_2 \cdot 4H_2O$	60g 溶于水，稀至 1L
Sr^{2+}	$Sr(NO_3)_2 \cdot 4H_2O$	32g 溶于水，稀至 1L
Ba^{2+}	$Ba(NO_3)_2$	19g 溶于水，稀至 1L
Al^{3+}	$Al(NO_3)_3 \cdot 9H_2O$	139g 加 1:1 HNO_3 10mL，用水稀至 1L
Pb^{2+}	$Pb(NO_3)_2$	16g 加 1:1 HNO_3 10mL，用水稀至 1L
Cr^{3+}	$Cr(NO_3)_3 \cdot 9H_2O$	77g 溶于水，稀至 1L
Mn^{2+}	$Mn(NO_3)_2 \cdot 6H_2O$	53g 加 1:1 HNO_3 5mL，用水稀至 1L
Fe^{2+}	$(NH_4)_2SO_4 \cdot FeSO_4 \cdot 6H_2O$	70g 加 1:1 H_2SO_4 20mL，用水稀至 1L
Fe^{3+}	$Fe(NO_3)_3 \cdot 9H_2O$	72g 加 1:1 HNO_3 20mL，用水稀至 1L
Co^{2+}	$Co(NO_3)_2 \cdot 6H_2O$	50g 溶于水，稀至 1L
Ni^{2+}	$Ni(NO_3)_2 \cdot 6H_2O$	50g 溶于水，稀至 1L
Cu^{2+}	$Cu(NO_3)_2 \cdot 3H_2O$	38g 加 1:1 HNO_3 5mL，用水稀至 1L
Ag^+	$AgNO_3$	16g 溶于水，稀至 1L
Zn^{2+}	$Zn(NO_3)_2 \cdot 6H_2O$	46g 加 1:1 HNO_3 5mL，用水稀至 1L
Hg^{2+}	$Hg(NO_3)_2 \cdot H_2O$	17g 加 1:1 HNO_3 20mL，用水稀至 1L
Sn^{4+}	$SnCl_4$	22g 加 1:1 HCl 溶解，并用该酸稀至 1L

（2）阴离子试液（10g·L^{-1}）

阴离子	试 剂	配 制 方 法
CO_3^{2-}	$Na_2CO_3 \cdot 10H_2O$	48g溶于水,稀至1L
NO_3^-	$NaNO_3$	14g溶于水,稀至1L
PO_4^{3-}	$Na_2HPO_4 \cdot 12H_2O$	38g溶于水,稀至1L
SO_4^{2-}	$Na_2SO_4 \cdot 10H_2O$	34g溶于水,稀至1L
SO_3^{2-}	Na_2SO_3	16g溶于水,稀至1L[①]
$S_2O_3^{2-}$	$Na_2S_2O_3 \cdot 5H_2O$	22g溶于水,稀至1L[①]
S^{2-}	$Na_2S \cdot 9H_2O$	75g溶于水,稀至1L
Cl^-	$NaCl$	17g溶于水,稀至1L
I^-	KI	13g溶于水,稀至1L
CrO_4^{2-}	K_2CrO_4	17g溶于水,稀至1L

① 该溶液不稳定,需要临时配制。

6.15　常用酸碱的配制

（1）酸溶液的配制

名称	化学式	浓度或质量浓度(约数)	配 制 方 法
硝酸	HNO_3	16mol·L^{-1}	(相对密度为1.42的HNO_3)
		6mol·L^{-1}	取16mol·L^{-1} HNO_3 375mL,加水稀释成1L
		3mol·L^{-1}	取16mol·L^{-1} HNO_3 188mL,加水稀释成1L
盐酸	HCl	12mol·L^{-1}	(相对密度为1.19的HCl)
		8mol·L^{-1}	取12mol·L^{-1} HCl 666.7mL,加水稀释成1L
		6mol·L^{-1}	将12mol·L^{-1} HCl 与等体积的蒸馏水混合
		3mol·L^{-1}	将12mol·L^{-1} HCl 250mL,加水稀释成1L
硫酸	H_2SO_4	18mol·L^{-1}	(相对密度为1.84的H_2SO_4)
		3mol·L^{-1}	将167mL的18mol·L^{-1} H_2SO_4 慢慢加到835mL的水中
		1mol·L^{-1}	将56mL的18mol·L^{-1} H_2SO_4 慢慢加到944mL的水中
醋酸	HAc	17mol·L^{-1}	(相对密度为1.05的HAc)
		6mol·L^{-1}	取17mol·L^{-1} HAc 353mL,加水稀释成1L
		3mol·L^{-1}	取17mol·L^{-1} HAc 177mL,加水稀释成1L
酒石酸	$H_2C_4H_4O_6$	饱和	将酒石酸溶于水中,使之饱和
草酸	$H_2C_2O_4$	10g·L^{-1}	称取 $H_2C_2O_2 \cdot 2H_2O$ 1g溶于少量水中,加水稀释成100mL

（2）碱溶液的配制

名　称	化学式	浓度或质量浓度(约数)	配 制 方 法
氢氧化钠	$NaOH$	6mol·L^{-1}	将240g $NaOH$ 溶于水中,加水稀释成1L
氨水	NH_3	15mol·L^{-1}	(相对密度为0.9的氨水)
		6mol·L^{-1}	取15mol·L^{-1}氨水400mL,加水稀释成1L
氢氧化钡	$Ba(OH)_2$	0.2mol·L^{-1}(饱和)	将63g $Ba(OH)_2 \cdot 8H_2O$ 溶于1L水中
氢氧化钾	KOH	6mol·L^{-1}	将336g KOH 溶于水中,加水稀释成1L

6.16 常用指示剂及其配制

(1) 酸碱指示剂（18～25℃）

指示剂名称	变色 pH 范围	颜色变化	溶液配制方法
甲基紫（第一变色范围）	0.13～0.5	黄～绿	0.1%或 0.05%的水溶液
甲基绿	0.1～2.0	黄～绿～浅蓝	0.05%水溶液（绿蓝色）
甲酚红（第一变色范围）	0.2～1.8	红～黄	0.04g 指示剂溶于 100mL 50%乙醇
甲基紫（第二变色范围）	1.0～1.5	绿～蓝	0.1%水溶液
百里酚蓝（麝香草酚蓝）（第一变色范围）	1.2～2.8	红～黄	0.1g 指示剂溶于 100mL 20%乙醇
甲基紫（第三变色范围）	2.0～3.0	蓝～紫	0.1%水溶液
二甲基黄（别名：甲基黄）	2.9～4.0	红～黄	0.1%的 90%乙醇溶液
甲基橙	3.1～4.4	红～橙黄	0.1%水溶液
溴酚蓝	3.0～4.6	黄～蓝	0.1g 指示剂溶于 100mL 20%乙醇
刚果红	3.0～5.2	蓝紫～红	0.1%水溶液
溴甲酚绿	3.8～5.4	黄～蓝	0.1g 指示剂溶于 100mL 20%乙醇
甲基红	4.4～6.2	红～黄	0.1g 或 0.2g 指示剂溶于 100mL 60%乙醇
溴百里酚蓝	6.0～7.6	黄～蓝	0.05g 指示剂溶于 100mL 20%乙醇
中性红	6.8～8.0	红～亮黄	0.1g 指示剂溶于 100mL 60%乙醇
酚红	6.8～8.0	黄～红	0.1g 指示剂溶于 100mL 20%乙醇
甲酚红	7.2～8.8	亮黄～紫红	0.1g 指示剂溶于 100mL 50%乙醇
百里酚蓝（麝香草酚蓝）（第二变色范围）	8.0～9.0	黄～蓝	同第一变色范围
酚酞	8.2～10.0	无色～紫红	0.1g 指示剂溶于 10mL 60%乙醇
百里酚酞	9.4～10.6	无色～蓝	0.1g 指示剂溶于 100mL 90%乙醇
达旦黄	12.0～13.0	黄～红	溶于水、乙醇

(2) 混合酸碱指示剂

指示剂溶液组成	变色时 pH	颜色		备注
		酸色	碱色	
一份 0.1%甲基黄乙醇溶液 一份 0.1%亚甲基蓝乙醇溶液	3.25	蓝紫	绿	pH=3.2,蓝紫色 pH=3.4,绿色
一份 0.1%甲基橙水溶液 一份 0.25%靛蓝二磺酸水溶液	4.1	紫	黄绿	
一份 0.1%溴甲酚绿钠盐水溶液 一份 0.2%甲基橙水溶液	4.3	橙	蓝绿	pH=3.5,黄色 pH=4.05,绿色 pH=4.3,浅绿色

续表

指示剂溶液组成	变色时 pH	颜色		备　注
		酸色	碱色	
三份 0.1％溴甲酚绿乙醇溶液 一份 0.2％甲基红乙醇溶液	5.1	酒红	绿	
一份 0.1％溴甲酚绿钠盐水溶液 一份 0.1％氯酚红钠盐水溶液	6.1	黄绿	蓝绿	pH＝5.4,蓝绿色 pH＝5.8,蓝色 pH＝6.0,蓝带紫 pH＝6.2,蓝紫色
一份 0.1％中性红乙醇溶液 一份 0.1％亚甲基蓝乙醇溶液	7.0	紫蓝	绿	pH＝7.0,紫蓝色
一份 0.1％甲酚红钠盐水溶液 三份 0.1％百里酚蓝钠盐水溶液	8.3	黄	紫	pH＝8.2,玫瑰红 pH＝8.4,清晰的紫色
一份 0.1％百里酚蓝 50％乙醇溶液 三份 0.1％酚酞 50％乙醇溶液	9.0	黄	紫	从黄到绿,再到紫
一份 0.1％酚酞乙醇溶液 一份 0.1％百里酚酞乙醇溶液	9.9	无	紫	pH＝9.6,玫瑰红 pH＝10,紫色

（3）金属离子指示剂

指示剂名称	使用 pH 范围	颜色变化		直接滴定的金属离子	指示剂配制
		In	Min		
铬黑 T(EBT)	9～10.5	蓝	紫红	pH＝10;Mg^{2+}、Zn^{2+}、Cd^{2+}、Pb^{2+}、Mn^{2+}、稀土	0.5％水溶液
钙指示剂	10～13	蓝	酒红	pH＝12～13;Ca^{2+}	0.5％的乙醇溶液
二甲酚橙(XO)	＜6	黄	红	pH＜1;ZrO^{2+} pH＝1～3;Bi^{3+}、Th^{4+} pH＝5～6;Zn^{2+}、Cd^{2+}、Pb^{2+}、Hg^{2+}、稀土	0.2％水溶液(可保存 15d)
PAN	2～12	黄	红	pH＝2～3;Bi^{3+}、Th^{4+} pH＝4～5;Cu^{2+}、Ni^{2+}	0.1％的乙醇溶液

（4）氧化还原指示剂

指示剂名称	$\varphi^{\ominus}$/V $[H^+]$＝1mol·L^{-1}	颜色变化		溶液配制方法
		氧化态	还原态	
二苯胺磺酸钠	0.85	紫红	无色	0.5％的水溶液
N-邻苯氨基苯甲酸	1.08	紫红	无色	0.1g 指示剂加 20mL 5％的 Na_2CO_3 溶液,用水稀释至 100mL
邻二氮菲-Fe(Ⅱ)	1.06	浅蓝	红	1.485g 邻二氮菲加 0.965g $FeSO_4$,溶于 100mL 水(0.025mol·L^{-1} 水溶液)

（5）沉淀滴定指示剂

指示剂	被测离子	滴定剂	使用 pH 范围	溶液配制方法
荧光黄	Cl^-,Br^-,I^-	$AgNO_3$	7～10(一般 7～8)	0.2％乙醇溶液
二氯荧光黄	Cl^-,Br^-,I^-	$AgNO_3$	4～10(一般 5～8)	0.1％水溶液
曙红	Br^-,I^-,SCN^-	$AgNO_3$	2～10(一般 3～8)	0.5％水溶液
甲基紫	Ag^+	NaCl	酸性	

6.17 实验室中一些试剂的配制

名称	浓度 /mol·L^{-1}	配制方法
三氧化铋 $BiCl_3$	0.1	溶解 31.6g $BiCl_3$ 于 330mL 6mol·L^{-1} HCl 中,加水稀释至 1L
硝酸汞 $Hg(NO_3)_2$	0.1	33.4g $Hg(NO_3)_2 \cdot \frac{1}{2}H_2O$ 于 1L 0.6mol·L^{-1} HNO$_3$ 中
硝酸亚汞 $Hg_2(NO_3)_2$	0.1	56.1g $Hg_2(NO_3)_2 \cdot \frac{1}{2}H_2O$ 于 1L 0.6mol·L^{-1} HNO$_3$ 中,并加入少许金属汞
硫酸氧钛 $TiOSO_4$	0.1	溶解 19g 液态 $TiCl_4$ 于 220mL 1∶1 H_2SO_4 中,再用水稀释至 1L (注意:液态 $TiCl_4$ 在空气中强烈发烟,因此必须在通风橱中配制)
钼酸铵 $(NH_4)_6Mo_7O_{24} \cdot 4H_2O$	0.1	溶解 124g $(NH_4)_6Mo_7O_{24} \cdot 4H_2O$ 于 1L 水中,将所得溶液倒入 6mol·L^{-1} HNO$_3$ 中,放置 24h,取其澄清液
硫化铵 $(NH_4)_2S$	3	在 200mL 浓氨水中通入 H$_2$S,直至不再吸收为止。然后加入 200mL 浓氨水,稀释至 1L
氯化氧钒 VO_2Cl		将 1g 偏钒酸铵固体,加入 20mL 6mol·L^{-1} 盐酸和 10mL 水
三氯化锑 $SbCl_3$	0.1	溶解 22.8g $SbCl_3$ 于 330mL 6mol·L^{-1} HCl 中,加水稀释至 1L
氯化亚锡 $SnCl_2$	0.1	溶解 22.8g $SnCl_2 \cdot H_2O$ 于 330mL 6mol·L^{-1} HCl 中,加水稀释至 1L,加入数粒纯锡,以防止氧化
氯水		在水中通入氯气直至饱和
溴水		在水中滴入液溴至饱和
碘水	0.01	溶解 2.5g I$_2$ 和 3g KI 于尽可能少量的水中,加水稀释至 1L
镁试剂		溶解 0.01g 对硝基苯偶氮-间苯二酚于 1L 1mol·L^{-1} NaOH 溶液中
淀粉溶剂	1%	将 1g 淀粉和少量冷水调成糊状,倒入 100mL 沸水中,煮沸后冷却
奈斯勒试剂		溶解 115g HgI$_2$ 和 80g KI 于水中,稀释至 500mL,加入 500mL 6mol·L^{-1} NaOH 溶液,静置后,取其清液,保存在棕色瓶中
二苯硫腙		溶解 0.1g 二苯硫腙于 1000mL CCl$_4$ 或 CHCl$_3$ 中
铬黑 T		将铬黑 T 和烘干的 NaCl 按 1∶100 的比例研细,均匀混合,贮于棕色瓶中备用
钙指示剂		将钙指示剂和烘干的 NaCl 按 1∶50 的比例研细,均匀混合,贮于棕色瓶中备用
亚硝酰铁氰化钠 $Na_2[Fe(CN)_5NO]$	1%	溶解 1g 亚硝酰铁氰化钠于 100mL 水中,如溶液变成蓝色,即需重新配制(只能保存数天)
甲基橙	0.1%	溶解 1g 甲基橙于 1L 热水中
石蕊	0.5%~1%	5~10g 石蕊溶于 1L 水中
酚酞	0.1%	溶解 1g 酚酞于 900mL 乙醇与 100mL 水的混合液中

6.18 常用洗涤剂的配制

名 称	配 制 方 法	备 注
合成洗涤剂	将合成洗涤剂粉用热水搅拌配成浓溶液	用于一般的洗涤
皂角水[①]	将皂角捣碎,用水熬成溶液	用于一般的洗涤
铬酸洗液[②]	取 $K_2Cr_2O_7$(实验室用)20g 于 500mL 烧杯中,加水 40mL,加热溶解,冷却后,缓缓加入 320mL 粗浓 H_2SO_4 即成(注意边加边搅拌),贮于磨口细口瓶中	用于洗涤油污及有机物,使用时防止被水稀释。用后倒回原瓶,可反复使用,直至溶液变为绿色
$KMnO_4$ 碱性洗液	取 $KMnO_4$(实验室用)4g,溶于少量水中,缓缓加入 100mL 10%NaOH 溶液	用于洗涤油污及有机物。洗后玻璃壁上附着的 MnO_2 沉淀可用粗亚铁或 Na_2SO_3 溶液洗去
碱性酒精溶液	30%~40% NaOH 酒精溶液	用于洗涤油污
酒精-浓硝酸洗液	用于沾有有机物或油污的结构较复杂的仪器。洗涤时先加少量酒精于脏仪器中,再加入少量浓硝酸,即产生大量棕色 NO_2 将有机物氧化而破坏	

① 也可用肥皂水。

② 已还原为绿色的铬酸洗液,可加入固体 $KMnO_4$ 使其再生,这样,实际消耗的是 $KMnO_4$,可减少铬对环境的污染。

6.19 磁化率、反磁磁化率和结构改正数

（1）部分原子（离子）的摩尔磁化率

原子	$\chi_M \times 10^6$	原子	$\chi_M \times 10^6$	原 子	$\chi_M \times 10^6$
H	−2.93	Cl	−20.1	Mg	−10.0
C(链)	−6.00	Br	−30.6	Cu	−15.9
C(环)	−5.76	I	−44.6	Al	−13.0
N(链)	−5.55	S	−15.6	Zn	−13.5
N(环)	−4.61	Se	−23.0	Sb^{3+}	−74.0
N(酰胺)	−1.54	P	−26.3	Hg^{2+}	−33.0
N(酰二胺、酰亚胺)	−2.11	As(V)	−43.0	Sn^{4+}	−3.0
O(醇、醚)	−4.61	Bi	−192	K^+	−14.9
O(醛、酮)	+1.73	Li	−4.2	Cu^+	−15.0
O(羧基)	−3.36	Na	−9.2	Na^+	−7.0
F	−6.3	K	−18.5		

（2）部分配体的反磁磁化率

配　体	$\chi_D\times10^6$	配　体	$\chi_D\times10^6$	配　体	$\chi_D\times10^6$
Br^-	-35	$C_2H_3O_2^-$（醋酸根）	-30	SO_4^{2-}	-40
Cl^-	-23	$C_2H_8N_2$（乙二胺）	-46	H_2O	-13
I^-	-51	$C_2O_4^{2-}$（草酸根）	-25	O_2^{2-}	-7
CN^-	-13	ClO_4^-	-32	OH^-	-12
NCS^-	-31	IO_4^-	-52	NH_4^+	-13
CO	-10	NO_2^-	-10	NH_3	-18
CO_3^{2-}	-28	NO_3^-	-19		

（3）部分结构改正数

配　体	$\lambda_B\times10^6$	配　体	$\lambda_B\times10^6$	配　体	$\lambda_B\times10^6$
$C=C$	$+5.5$	$C=N$	$+8.2$	萘环	-31.0
$-C\equiv C-$	$+0.8$	$-C\equiv N$	$+0.8$	$CH(\alpha、\gamma、\varepsilon、\delta)^*$	-1.29
$C=C-C=C$	$+10.6$	$C-Cl$	$+3.1$	$-C-(\alpha、\gamma、\varepsilon、\delta)$	-1.55
$C=C-C-$	$+4.5$	$-C-Br$，$-C-I$	$+4.1$	$-CH-(\beta)$，$-C-(\beta)$	-0.48
$-N=N-$	$+1.8$	苯　环	-1.4		

* α、β、γ、ε、δ 相对于氧基（Oxygen group）的位置，如 α 表示最邻近氧基。

6.20　水的物性数据

温度 t /℃	蒸气压 p /kPa	密度 ρ /(kg·dm^{-3})	黏度 η /10^{-4} Pa·s	表面张力 σ /mN·m	折射率 n_D
0	0.6105	0.9998	1.7921	75.64	1.33395
5	0.8718	0.9999	1.5188		
10	1.227	0.9997	1.3077	74.22	1.33368
15	1.705	0.9992	1.1404	73.49	1.33337
16	1.187		1.1111		
17	1.937		1.0828		
18	2.063		1.0559		
19	2.197		1.0299		
20	2.338	0.9983	1.0050	72.75	1.33300
21	2.486		0.9810		
22	2.643		0.9579		
23	2.809		0.9359		
24	2.983		0.9142		
25	3.167	0.9971	0.8937	71.97	1.33254
26	3.360		0.8737		
27	3.564		0.8545		

续表

温度 t /℃	蒸气压 p /kPa	密度 ρ /(kg·dm^{-3})	黏度 η /10^{-4} Pa·s	表面张力 σ /mN·m	折射率 n_D
28	3.779		0.8360		
29	4.004		0.8180		
30	4.243	0.9958	0.8007	71.18	1.33192
31	4.492		0.7840		
32	4.753		0.7679		
33	5.029		0.7523		
34	5.319		0.7371		
35	5.623	0.9941	0.7225	70.38	
40	7.376	0.9922	0.6529	69.56	1.33051
45	9.579	0.9903	0.596	68.74	
50	12.334	0.9881	0.5468	67.91	1.32894
55	15.737	0.9857	0.504		
60	19.916	0.9832	0.4665	66.18	
65	25.003	0.9806	0.4335		
70	31.157	0.9778	0.4042	64.4	
75	38.544	0.9749	0.3781		
80	47.343	0.9718	0.3547	62.6	
85	57.809		0.3337		
90	70.096	0.9653	0.3147	60.7	
95	84.513		0.2975		
100	101.33	0.9584	0.2818	58.9	

①辛剑，孟长功. 基础化学实验. 北京：高等教育出版社，2004.
②上海师范大学，福建师范大学. 化工基础（第三版）. 北京：高等教育出版社，2000.

参 考 文 献

[1] 程建国. 无机及分析化学实验. 杭州：浙江科技出版社，2006.

[2] 贾素云主编. 基础化学实验（上册）. 北京：兵器工业出版社，2005.

[3] 张春晔，赵谦. 工程化学实验. 南京：南京大学出版社，2006.

[4] 吴泳. 大学化学新体系实验. 北京：科学出版社，1999.

[5] 蔡炳新，陈贻文. 基础化学实验. 北京：科学出版社，2001.

[6] 周其镇，方国女，樊行雪. 大学基础化学实验. 北京：化学工业出版社，2000.

[7] 黄应平. 化学创新实验教程. 武汉：华中师范大学出版社，2010.

[8] 蔡明招. 分析化学实验. 北京：化学工业出版社，2004.

[9] 中南工业大学化学化工学院. 物理化学实验. 长沙：中南工业大学出版社，1999.

[10] 古凤才，肖衍繁. 基础化学实验教程. 北京：科学出版社，2000.

[11] 北京大学化学系物理化学教研室. 基础化学实验教程. 北京：北京大学出版社，1995.

[12] 北京大学分析化学组. 基础分析化学实验. 北京：北京大学出版社，1998.

[13] 钱可萍，韩志坚，陈佩琴等. 无机及分析化学实验. 第2版. 北京：高等教育出版社，1987.

[14] 龚福忠. 大学基础化学实验. 武汉：华中科技大学出版社，2008.

[15] 韩春亮，陆艳琦，张泽志. 大学基础化学实验. 北京：电子科技大学出版社，2008.

[16] 成都科技大学，浙江大学分析化学系. 分析化学实验. 北京：高等教育出版社，1989.

[17] 华东化工学院无机化学教研室. 无机化学实验. 第2版. 北京：高等教育出版社，1985.

[18] 张荣. 无机化学实验. 北京：化学工业出版社，2008.

[19] 肖繁花，虞大红，苏克曼. 大学基础化学实验（Ⅱ）. 上海：华东理工大学，2000.

[20] 李季，邱海鸥，赵中一. 分析化学实验. 武汉：华中科技大学出版社，2008.

[21] 沈君朴. 化学无机实验. 第2版. 天津：天津大学出版社，1992.

[22] 张济新. 实验化学原理与方法（讲义）. 上海：华东理工大学，1998.

[23] 张剑英，戚苓，方惠群. 仪器分析实验. 北京：科学出版社，1999.

[24] 赵福岐. 基础化学实验. 成都：四川大学出版社，2006.

[25] 徐家宁，门瑞芝，张寒琦编. 基础化学实验（上册），北京：高等教育出版社，2006.

[26] 金若水，邵翠琪. 无机化学实验（高年级用）. 上海：复旦大学出版社，1993.

[27] 郑化桂. 实验无机化学. 合肥：中国科学技术大学出版社，1989.

[28] 神户博太郎. 热分析. 刘振海等译. 北京：化学工业出版社，1982.

[29] 王伯康. 新编无机化学实验. 南京：南京大学出版社，1998.

[30] 大连理工大学无机化学教研室. 无机化学实验. 北京：高等教育出版社，1990.

[31] 兰州大学和复旦大学化学系有机化学教研室编. 有机化学实验. 第二版. 北京：高等教育出版社，1994.

[32] 浙江大学普通化学教研组编，普通化学实验. 第2版，北京：高等教育出版社，1990.

[33] 徐功骅，蔡作乾主编. 大学化学实验. 第2版. 北京：清华大学出版社，1997.

[34] 郭炳南，吴琪之，任荷英等编，无机化学实验。北京：北京理工大学出版社，1988.

[35] 南京大学《无机及分析化学实验》编写组，无机及分析化学实验. 第3版，北京：高等教育出版社，1998.

[36] 朱湛，傅引霞. 无机化学实验. 北京：北京理工大学出版社，2007.

[37] 武汉大学化学与分子科学学院实验中心编. 无机化学实验. 武汉：武汉大学出版社，2011.